전자기학 연습

Problems and Solutions in Electromagnetics

강남룡 · 최상돈 공저

북스힐

머 리 말

이 책은 강남룡, 최상돈 공저 《전자기학》의 절 단위 연습문제와 각 장의 보충문제를 자세히 풀이하여 교과서 내용을 완전히 이해하고 응용하는 데 도움을 주기 위해 집필한 책이다.

교과서에서도 언급했듯이 전자기학에서 배우는 개념이나 수학지식들은 양자역학이나 고체물리학 등의 고급물리를 배우기 위해 필요할 뿐만 아니라 나노, 전기, 전자, 기계, 재료 통신 등의 공학 분야에도 폭넓게 응용이 되므로 전자기학은 물리학과 학생들에게는 물론 공과계열 학생들에게도 중요한 교과목이다. 전자기학에서는 전기, 자기, 전자기파, 전자기학의 특수해법 등의 다양한 내용들을 다루고 고급수학을 필요로 하기 때문에 학생들이 이를 교과서 순서대로 따라가다 보면 전자기학의 본질을 놓치는 경우가 많다. 따라서 각 장마다 소개된 다양한 기본 예제들을 먼저 익히고 절 단위 연습문제와 각 장의 보충문제를 스스로 풀어보면 개념을 이해하는 데 도움이 될 것이다.

다른 과목과 마찬가지로 문제를 많이 풀수록 전자기학의 내용을 제대로 이해하는 데 도움이 되지만, 이 책의 문제풀이에 너무 의존하게 되면 오히려 문제해결 능력이나 창의력 배양에는 독이 될 수 있다. 따라서 교과서 내용을 충분히 이해했는 데도 불구하고 문제풀이가 불가능한 경우에만 이 책을 제한적으로 참고하기 바란다. 끝으로 어려운 환경 속에서도 본 교재의 출판을 맡아주신 북스힐의 조승식 사장님과 관계자 여러분에게 감사드린다.

저자 일동

차 례

CHAPTER 01 벡터와 좌표계

1.1 벡터

[1.1] 다음을 증명하라.

(a) $\frac{d}{dt}(\mathbf{A}\cdot\mathbf{B})=\frac{d\mathbf{A}}{dt}\cdot\mathbf{B}+\mathbf{A}\cdot\frac{d\mathbf{B}}{dt}$

(b) $\frac{d}{dt}(\mathbf{A}\times\mathbf{B})=\frac{d\mathbf{A}}{dt}\times\mathbf{B}+\mathbf{A}\times\frac{d\mathbf{B}}{dt}$

(c) $(\mathbf{A}\times\mathbf{B})\cdot(\mathbf{C}\times\mathbf{D})=(\mathbf{A}\cdot\mathbf{C})(\mathbf{B}\cdot\mathbf{D})-(\mathbf{A}\cdot\mathbf{D})(\mathbf{B}\cdot\mathbf{C})$

풀이 (a)

$$\begin{aligned}\frac{d}{dt}(\mathbf{A}\cdot\mathbf{B})&=\frac{d}{dt}(A_xB_x+A_yB_y+A_zB_z)\\&=\frac{dA_x}{dt}B_x+\frac{dA_y}{dt}B_y+\frac{dA_z}{dt}B_z+A_x\frac{dB_x}{dt}+A_y\frac{dB_y}{dt}+A_z\frac{dB_z}{dt}\\&=\frac{d\mathbf{A}}{dt}\cdot\mathbf{B}+\mathbf{A}\cdot\frac{d\mathbf{B}}{dt}\end{aligned}$$

(b) x 성분 :

$$\frac{d}{dt}(\mathbf{A}\times\mathbf{B})_x=\frac{d}{dt}(A_yB_z-A_zB_y)$$

$$= \left(\frac{dA_y}{dt}B_z - \frac{dA_z}{dt}B_y\right) + \left(A_y\frac{dB_z}{dt} - A_z\frac{dB_y}{dt}\right)$$

$$= \left[\frac{d\mathbf{A}}{dt}\times\mathbf{B} + \mathbf{A}\times\frac{d\mathbf{B}}{dt}\right]_x$$

(c) 식 (1.8)로부터

$$(\mathbf{A}\times\mathbf{B})\cdot(\mathbf{C}\times\mathbf{D}) = \mathbf{C}\cdot[(\mathbf{D}\times(\mathbf{A}\times\mathbf{B})]$$

이므로 식 (1.9)를 적용하면

$$(\mathbf{A}\times\mathbf{B})\cdot(\mathbf{C}\times\mathbf{D}) = \mathbf{C}\cdot[\mathbf{A}(\mathbf{D}\cdot\mathbf{B}) - \mathbf{B}(\mathbf{D}\cdot\mathbf{A})].$$

[1.2] $\mathbf{r} = x\hat{\mathbf{x}} + y\hat{\mathbf{y}} + z\hat{\mathbf{z}}$와 $\mathbf{r}' = x'\hat{\mathbf{x}} + y'\hat{\mathbf{y}} + z'\hat{\mathbf{z}}$에 대해 $\mathbf{u} = \mathbf{r} - \mathbf{r}'$일 때 다음을 증명하라. $u = |\mathbf{u}|$이다.

(a) $\nabla\left(\frac{1}{u}\right) = -\frac{\hat{\mathbf{u}}}{u^2}$ (b) $\nabla'\left(\frac{1}{u}\right) = \frac{\hat{\mathbf{u}}}{u^2}$

풀이 (a) $u = \sqrt{(x-x')^2 + (y-y')^2 + (z-z')^2}$ 이므로

$$\nabla\left(\frac{1}{u}\right) = \left(\hat{\mathbf{x}}\frac{\partial}{\partial x} + \hat{\mathbf{y}}\frac{\partial}{\partial y} + \hat{\mathbf{z}}\frac{\partial}{\partial z}\right)[(x-x')^2 + (y-y')^2 + (z-z')^2]^{-1/2}$$

$$= -\frac{1}{2}\frac{2(x-x')\hat{\mathbf{x}} + 2(y-y')\hat{\mathbf{y}} + 2(z-z')\hat{\mathbf{z}}}{[(x-x')^2 + (y-y')^2 + (z-z')^2]^{3/2}} = -\frac{\hat{\mathbf{u}}}{u^2}$$

(b) $$\nabla'\left(\frac{1}{u}\right) = \left(\hat{\mathbf{x}}\frac{\partial}{\partial x'} + \hat{\mathbf{y}}\frac{\partial}{\partial y'} + \hat{\mathbf{z}}\frac{\partial}{\partial z'}\right)[(x-x')^2 + (y-y')^2 + (z-z')^2]^{-1/2}$$

$$= -\frac{1}{2}\frac{-2(x-x')\hat{\mathbf{x}} - 2(y-y')\hat{\mathbf{y}} - 2(z-z')\hat{\mathbf{z}}}{[(x-x')^2 + (y-y')^2 + (z-z')^2]^{3/2}} = \frac{\hat{\mathbf{u}}}{u^2}$$

[1.3] 스칼라 함수 Φ에 대해 다음의 기울기의 기본정리를 증명하라.

$$\int_{\mathrm{a}}^{\mathrm{b}}(\nabla\Phi)\cdot d\mathbf{l} = \Phi(\mathrm{b}) - \Phi(\mathrm{a})$$

풀이 $\Phi = \Phi(x, y, z)$일 때 식 (B.15)로부터 전미분 $d\Phi = \frac{\partial\Phi}{\partial x}dx + \frac{\partial\Phi}{\partial y}dy + \frac{\partial\Phi}{\partial z}dz$는

$$d\Phi = \left(\hat{\mathbf{x}}\frac{\partial \Phi}{\partial x} + \hat{\mathbf{y}}\frac{\partial \Phi}{\partial y} + \hat{\mathbf{z}}\frac{\partial \Phi}{\partial z}\right) \cdot (\hat{\mathbf{x}}\,dx + \hat{\mathbf{y}}\,dy + \hat{\mathbf{z}}\,dz) = \nabla\Phi \cdot d\mathbf{l}$$

이므로 양변을 적분하면 된다.

[1.4] 다음을 증명하라.

(a) $\nabla \cdot (f\mathbf{A}) = f(\nabla \cdot \mathbf{A}) + (\nabla f) \cdot \mathbf{A}$ (1.24)

(b) $\nabla \times (f\mathbf{A}) = f(\nabla \times \mathbf{A}) + (\nabla f) \times \mathbf{A}$ (1.25)

풀이 (a) $\frac{\partial}{\partial x}(fA_x) + \frac{\partial}{\partial y}(fA_y) + \frac{\partial}{\partial z}(fA_z)$

$$= \frac{\partial f}{\partial x}A_x + \frac{\partial f}{\partial y}A_y + \frac{\partial f}{\partial z}A_z + f\left(\frac{\partial A_x}{\partial x} + \frac{\partial A_y}{\partial y} + \frac{\partial A_z}{\partial z}\right)$$

(b) x성분 :

$$\frac{\partial}{\partial y}(fA_z) - \frac{\partial}{\partial z}(fA_y) = f\left(\frac{\partial A_z}{\partial y} - \frac{\partial A_y}{\partial z}\right) + \left(\frac{\partial f}{\partial y}A_z - \frac{\partial f}{\partial z}A_y\right)$$
$$= f(\nabla \times \mathbf{A})_x + [(\nabla f) \times \mathbf{A}]_x$$

[1.5] 다음을 증명하라.

(a) $\nabla \times (\nabla \times \mathbf{A}) = \nabla(\nabla \cdot \mathbf{A}) - \nabla^2\mathbf{A}$ (1.26)

(b) $\nabla \cdot (\mathbf{A} \times \mathbf{B}) = \mathbf{B} \cdot (\nabla \times \mathbf{A}) - \mathbf{A} \cdot (\nabla \times \mathbf{B})$ (1.27)

풀이 (a) x 성분 :

$$\frac{\partial}{\partial y}(\nabla \times \mathbf{A})_z - \frac{\partial}{\partial z}(\nabla \times \mathbf{A})_y = \frac{\partial}{\partial y}\left(\frac{\partial A_y}{\partial x} - \frac{\partial A_x}{\partial y}\right) - \frac{\partial}{\partial z}\left(\frac{\partial A_x}{\partial z} - \frac{\partial A_z}{\partial x}\right)$$
$$= \frac{\partial^2 A_y}{\partial x \partial y} + \frac{\partial^2 A_z}{\partial x \partial z} - \frac{\partial^2 A_x}{\partial y^2} - \frac{\partial^2 A_x}{\partial z^2} + \left(\frac{\partial^2 A_x}{\partial x^2} - \frac{\partial^2 A_x}{\partial x^2}\right)$$
$$= \frac{\partial}{\partial x}\left(\frac{\partial A_x}{\partial x} + \frac{\partial A_y}{\partial y} + \frac{\partial A_z}{\partial z}\right) - \left(\frac{\partial^2 A_x}{\partial x^2} + \frac{\partial^2 A_x}{\partial y^2} + \frac{\partial^2 A_x}{\partial z^2}\right)$$
$$= \frac{\partial}{\partial x}(\nabla \cdot \mathbf{A}) - \nabla^2 A_x$$

(b) 좌변 $= \frac{\partial}{\partial x}(A_y B_z - A_z B_y) + \frac{\partial}{\partial y}(A_z B_x - A_x B_z) + \frac{\partial}{\partial z}(A_x B_y - A_y B_x)$

$$= B_x\left(\frac{\partial A_z}{\partial y} - \frac{\partial A_y}{\partial z}\right) + B_y\left(\frac{\partial A_x}{\partial z} - \frac{\partial A_z}{\partial x}\right) + B_z\left(\frac{\partial A_y}{\partial x} - \frac{\partial A_x}{\partial y}\right)$$

$$- A_x\left(\frac{\partial B_z}{\partial y} - \frac{\partial B_y}{\partial z}\right) - A_y\left(\frac{\partial B_x}{\partial z} - \frac{\partial B_z}{\partial x}\right) - A_z\left(\frac{\partial B_y}{\partial x} - \frac{\partial B_x}{\partial y}\right)$$

$$= \mathbf{B} \cdot (\nabla \times \mathbf{A}) - \mathbf{A} \cdot (\nabla \times \mathbf{B})$$

[1.6] 다음을 증명하라.

(a) $\nabla(\mathbf{A} \cdot \mathbf{B}) = \mathbf{A} \times (\nabla \times \mathbf{B}) + \mathbf{B} \times (\nabla \times \mathbf{A}) + (\mathbf{A} \cdot \nabla)\mathbf{B} + (\mathbf{B} \cdot \nabla)\mathbf{A}$ (1.28)

(b) $\nabla \times (\mathbf{A} \times \mathbf{B}) = (\mathbf{B} \cdot \nabla)\mathbf{A} - (\mathbf{A} \cdot \nabla)\mathbf{B} + \mathbf{A}(\nabla \cdot \mathbf{B}) - \mathbf{B}(\nabla \cdot \mathbf{A})$ (1.29)

풀이 (a) 우변의 x 성분 :

$$A_y\left(\frac{\partial B_y}{\partial x} - \frac{\partial B_x}{\partial y}\right) - A_z\left(\frac{\partial B_x}{\partial z} - \frac{\partial B_z}{\partial x}\right) + B_y\left(\frac{\partial A_y}{\partial x} - \frac{\partial A_x}{\partial y}\right) - B_z\left(\frac{\partial A_x}{\partial z} - \frac{\partial A_z}{\partial x}\right)$$

$$+ A_x\frac{\partial B_x}{\partial x} + A_y\frac{\partial B_x}{\partial y} + A_z\frac{\partial B_x}{\partial z} + B_x\frac{\partial A_x}{\partial x} + B_y\frac{\partial A_x}{\partial y} + B_z\frac{\partial A_x}{\partial z}$$

$$= \frac{\partial}{\partial x}(A_x B_x + A_y B_y + A_z B_z) = \frac{\partial}{\partial x}(\mathbf{A} \cdot \mathbf{B})$$

(b) 우변의 x 성분 :

$$B_x\frac{\partial A_x}{\partial x} + B_y\frac{\partial A_x}{\partial y} + B_z\frac{\partial A_x}{\partial z} - A_x\frac{\partial B_x}{\partial x} - A_y\frac{\partial B_x}{\partial y} - A_z\frac{\partial B_x}{\partial z}$$

$$+ A_x\frac{\partial B_x}{\partial x} + A_x\frac{\partial B_y}{\partial y} + A_x\frac{\partial B_z}{\partial z} - B_x\frac{\partial A_x}{\partial x} - B_x\frac{\partial A_y}{\partial y} - B_x\frac{\partial A_z}{\partial z}$$

$$= B_y\frac{\partial A_x}{\partial y} + A_x\frac{\partial B_y}{\partial y} - A_y\frac{\partial B_x}{\partial y} - B_x\frac{\partial A_y}{\partial y}$$

$$- A_z\frac{\partial B_x}{\partial z} - B_x\frac{\partial A_z}{\partial z} + B_z\frac{\partial A_x}{\partial z} + A_x\frac{\partial B_z}{\partial z}$$

$$= \frac{\partial}{\partial y}(A_x B_y - A_y B_x) - \frac{\partial}{\partial z}(A_z B_x - A_x B_z)$$

$$= \nabla_y(\mathbf{A} \times \mathbf{B})_z - \nabla_z(\mathbf{A} \times \mathbf{B})_y$$

[1.7] $\mathbf{r} = x\hat{\mathbf{x}} + y\hat{\mathbf{y}} + z\hat{\mathbf{z}}$일 때 다음을 증명하라.

(a) $\nabla \cdot \mathbf{r} = 3$

(b) $\nabla \cdot \left(\dfrac{\hat{\mathbf{r}}}{r^2}\right) = 0 \ (r \neq 0)$

(c) $\nabla \times \mathbf{r} = 0 \ (r \neq 0)$

(d) $\nabla \times \left(\dfrac{\hat{\mathbf{r}}}{r^2}\right) = 0$

풀이 (a)

$$\nabla \cdot \mathbf{r} = \left(\hat{\mathbf{x}}\frac{\partial}{\partial x} + \hat{\mathbf{y}}\frac{\partial}{\partial y} + \hat{\mathbf{z}}\frac{\partial}{\partial z}\right) \cdot (\hat{\mathbf{x}}x + \hat{\mathbf{y}}y + \hat{\mathbf{z}}z)$$

$$= \frac{\partial x}{\partial x} + \frac{\partial y}{\partial y} + \frac{\partial z}{\partial z} = 3$$

(b)

$$\nabla \cdot \left(\frac{\hat{\mathbf{r}}}{r^2}\right) = \left(\hat{\mathbf{x}}\frac{\partial}{\partial x} + \hat{\mathbf{y}}\frac{\partial}{\partial y} + + \hat{\mathbf{z}}\frac{\partial}{\partial z}\right) \cdot \left(\frac{x\hat{\mathbf{x}} + y\hat{\mathbf{y}} + z\hat{\mathbf{z}}}{r^3}\right)$$

$$= \frac{\partial}{\partial x}\left[\frac{x}{(x^2+y^2+z^2)^{3/2}}\right] + \frac{\partial}{\partial y}\left[\frac{y}{(x^2+y^2+z^2)^{3/2}}\right] + \frac{\partial}{\partial z}\left[\frac{z}{(x^2+y^2+z^2)^{3/2}}\right]$$

$$= \frac{(x^2+y^2+z^2)^{3/2} - x(3/2)2x(x^2+y^2+z^2)^{1/2}}{(x^2+y^2+z^2)^3} + \frac{(x^2+y^2+z^2)^{3/2} - y(3/2)2y(x^2+y^2+z^2)^{1/2}}{(x^2+y^2+z^2)^3} + \frac{(x^2+y^2+z^2)^{3/2} - z(3/2)2z(x^2+y^2+z^2)^{1/2}}{(x^2+y^2+z^2)^3} = 0$$

(c)

$$\nabla \times \mathbf{r} = \left(\hat{\mathbf{x}}\frac{\partial}{\partial x} + \hat{\mathbf{y}}\frac{\partial}{\partial y} + \hat{\mathbf{z}}\frac{\partial}{\partial z}\right) \times (\hat{\mathbf{x}}x + \hat{\mathbf{y}}y + \hat{\mathbf{z}}z) = 0$$

(d) 식 (1.16)과 (1.18)로부터

$$\nabla \times \left(\frac{\hat{\mathbf{r}}}{r^2}\right) = -\nabla \times \nabla\left(\frac{1}{r}\right) = 0.$$

[1.8] 그림 1.12의 육면체 폐곡면에 대해 $\mathbf{A} = y^2\hat{\mathbf{x}} + (2xy + z^2)\hat{\mathbf{y}} + 2yz\hat{\mathbf{z}}$ 에 관한 발산정리가 성립함을 증명하라.

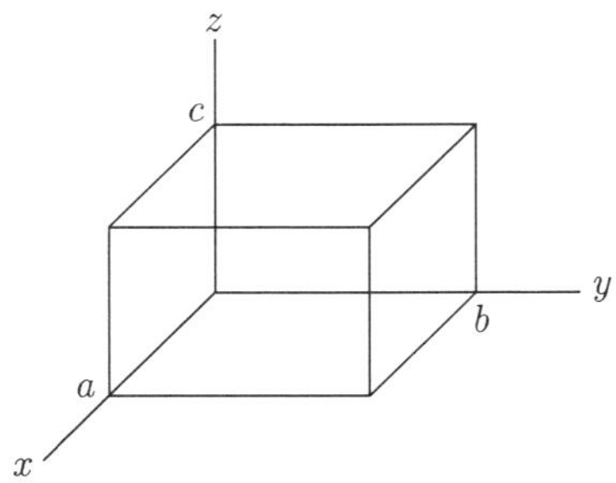

그림 1.12 연습문제 1.8

풀이 (i) $\nabla \cdot \mathbf{A} = 2(x+y)$이므로

$$\int_{V} (\nabla \cdot \mathbf{A}) d\tau = 2\int_0^a dx \int_0^b dy \int_0^c dz (x+y) = abc(a+b).$$

(ii)
$$(\mathbf{A} \cdot d\mathbf{a})_{앞} + (\mathbf{A} \cdot d\mathbf{a})_{뒤} = y^2(da_{앞} - da_{뒤}) = 0$$
$$(\mathbf{A} \cdot d\mathbf{a})_{아래} = -2yz\, da_{아래}[z=0] = 0$$

이므로

$$\begin{aligned}
&\oint_S \mathbf{A} \cdot d\mathbf{a} \\
&= \oint_{왼쪽} \mathbf{A} \cdot d\mathbf{a}[y=0] + \oint_{오른쪽} \mathbf{A} \cdot d\mathbf{a}[y=b] + \oint_{위} \mathbf{A} \cdot d\mathbf{a}[z=c] \\
&= -\int_0^c z^2 dz \int_0^a dx + \int_0^c dz \int_0^a (2bx + z^2) dx + 2c\int_0^b y dy \int_0^a dx \\
&= -\frac{ac^3}{3} + bca^2 + \frac{ac^3}{3} + ab^2c = abc(a+b).
\end{aligned}$$

[1.9] 그림 1.13의 삼각 폐곡선에 대해 $\mathbf{A} = 2yz\,\hat{\mathbf{y}} + 3zx\,\hat{\mathbf{z}}$ 에 관한 회전정리가 성립함을 증명하라.

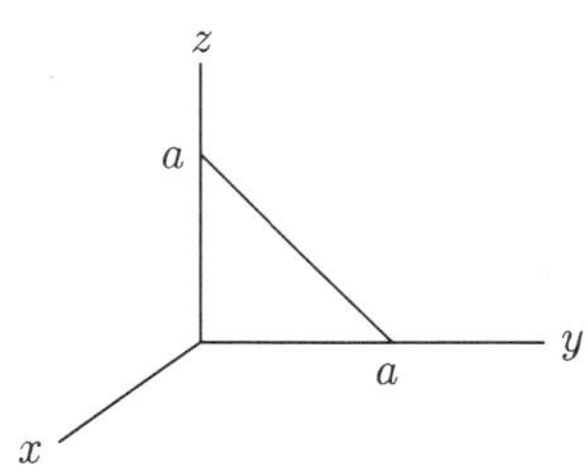

그림 1.13 연습문제 1.9

풀이 (i) $\nabla \times \mathbf{A} = -2y\hat{\mathbf{x}} - 3z\hat{\mathbf{y}}$, $d\mathbf{a} = dy\,dz\,\hat{\mathbf{x}}$이고 빗변은 $y = a - z$이므로

$$\int_S (\nabla \times \mathbf{A}) \cdot d\mathbf{a} = \int_0^a dz \int_0^{a-z} (-2y)dy = -\int_0^a (a-z)^2 dz$$

$$= -\int_0^a (a^2 - 2az + z^2)dz\,.$$

$$= -\left(a^3 - a^3 + \frac{a^3}{3}\right) = -\frac{a^3}{3}$$

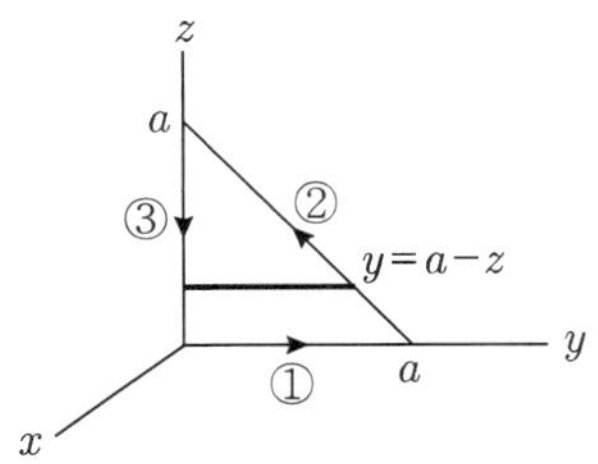

(ii) 그림과 같이 세 구간으로 쪼개면

① $z = 0$, $d\mathbf{l} = \hat{\mathbf{y}}\,dy$: $\mathbf{A} \cdot d\mathbf{l} = 0$

② $x = 0$, $d\mathbf{l} = -\hat{\mathbf{y}}\,dy + \hat{\mathbf{z}}\,dz$: $\mathbf{A} \cdot d\mathbf{l} = -2yz\,dy$

③ $x = 0$, $d\mathbf{l} = -\hat{\mathbf{z}}\,dz$: $\mathbf{A} \cdot d\mathbf{l} = 0$

이므로

$$\oint_C \mathbf{A} \cdot d\mathbf{l} = -2\int_0^a y(a-y)dy = -2\left(a\frac{a^2}{2} - \frac{a^3}{3}\right) = -\frac{a^3}{3}\,.$$

1.2 좌표계

[1.10] 원통좌표계에서 다음의 단위벡터 사이의 관계를 증명하라.

(a) $\dfrac{d\hat{\mathbf{r}}}{dt} = \hat{\boldsymbol{\phi}}\dfrac{d\phi}{dt}$ (1.35)

(b) $\dfrac{d\hat{\boldsymbol{\phi}}}{dt} = -\hat{\mathbf{r}}\dfrac{d\phi}{dt}$ (1.36)

풀이 식 (1.32)로부터

(a) $$\frac{d\hat{\mathbf{r}}}{dt} = \frac{d}{dt}(\hat{\mathbf{x}}\cos\phi + \hat{\mathbf{y}}\sin\phi) = \hat{\mathbf{x}}(-\sin\phi)\frac{d\phi}{dt} + \hat{\mathbf{y}}\cos\phi\frac{d\phi}{dt} = \hat{\boldsymbol{\phi}}\frac{d\phi}{dt}$$

(b) $$\frac{d\hat{\boldsymbol{\phi}}}{dt} = \frac{d}{dt}(-\hat{\mathbf{x}}\sin\phi + \hat{\mathbf{y}}\cos\phi) = -\hat{\mathbf{x}}\cos\phi\frac{d\phi}{dt} + \hat{\mathbf{y}}(-\sin\phi)\frac{d\phi}{dt} = -\hat{\mathbf{r}}\frac{d\phi}{dt}$$

[1.11] 구면좌표계에서 다음의 단위벡터 사이의 관계를 증명하라. $\dot{x} \equiv dx/dt$이다.

(a) $$\frac{d\hat{\mathbf{r}}}{dt} = \dot{\phi}\sin\theta\,\hat{\boldsymbol{\phi}} + \dot{\theta}\,\hat{\boldsymbol{\theta}} \tag{1.37}$$

(b) $$\frac{d\hat{\boldsymbol{\theta}}}{dt} = -\dot{\theta}\,\hat{\mathbf{r}} + \dot{\phi}\cos\theta\,\hat{\boldsymbol{\phi}} \tag{1.38}$$

(c) $$\frac{d\hat{\boldsymbol{\phi}}}{dt} = -\dot{\phi}\sin\theta\,\hat{\mathbf{r}} - \dot{\phi}\cos\theta\,\hat{\boldsymbol{\theta}} \tag{1.39}$$

풀이 식 (1.34)로부터

(a) $$\begin{aligned}\frac{d\hat{\mathbf{r}}}{dt} &= \hat{\mathbf{x}}[\dot{\theta}\cos\theta\cos\phi - \dot{\phi}\sin\theta\sin\phi] \\ &\quad + \hat{\mathbf{y}}[\dot{\theta}\cos\theta\sin\phi + \dot{\phi}\sin\theta\cos\phi] - \hat{\mathbf{z}}\,\dot{\theta}\sin\theta \\ &= [-\hat{\mathbf{x}}\sin\phi + \hat{\mathbf{y}}\cos\phi]\dot{\phi}\sin\theta + [\hat{\mathbf{x}}\cos\theta\cos\phi + \hat{\mathbf{y}}\cos\theta\sin\phi - \hat{\mathbf{z}}\sin\theta]\,\dot{\theta} \\ &= \hat{\boldsymbol{\phi}}\,\dot{\phi}\sin\theta + \hat{\boldsymbol{\theta}}\,\dot{\theta}\end{aligned}$$

(b) $$\begin{aligned}\frac{d\hat{\boldsymbol{\theta}}}{dt} &= \hat{\mathbf{x}}[-\dot{\theta}\sin\theta\cos\phi - \dot{\phi}\cos\theta\sin\phi] \\ &\quad + \hat{\mathbf{y}}[-\dot{\theta}\sin\theta\sin\phi + \dot{\phi}\cos\theta\cos\phi] - \hat{\mathbf{z}}\,\dot{\theta}\cos\theta \\ &= -\dot{\theta}[\hat{\mathbf{x}}\sin\theta\cos\phi + \hat{\mathbf{y}}\sin\theta\sin\phi + \hat{\mathbf{z}}\cos\theta] \\ &\quad + [-\hat{\mathbf{x}}\sin\phi + \hat{\mathbf{y}}\cos\theta]\,\dot{\phi}\cos\theta \\ &= -\hat{\mathbf{r}}\,\dot{\theta} + \hat{\boldsymbol{\phi}}\,\dot{\phi}\cos\theta\end{aligned}$$

(c) $$\begin{aligned}\text{우변} &= [\hat{\mathbf{x}}\sin\theta\cos\phi + \hat{\mathbf{y}}\sin\theta\sin\phi + \hat{\mathbf{z}}\cos\theta](-\dot{\phi}\sin\theta) \\ &\quad + [\hat{\mathbf{x}}\cos\theta\cos\phi + \hat{\mathbf{y}}\cos\theta\sin\phi - \hat{\mathbf{z}}\sin\theta](-\dot{\phi}\cos\theta) \\ &= -\hat{\mathbf{x}}\,\dot{\phi}\cos\phi - \hat{\mathbf{y}}\,\dot{\phi}\sin\phi = \frac{d\hat{\boldsymbol{\phi}}}{dt}\end{aligned}$$

1.3 일반좌표계

[1.12] 연습문제 1.7을 구면좌표계로 증명하라.

(a) $\nabla \cdot \mathbf{r} = 3$

(b) $\nabla \cdot \left(\dfrac{\hat{\mathbf{r}}}{r^2}\right) = 0 \quad (r \neq 0)$

(c) $\nabla \times \mathbf{r} = 0 \quad (r \neq 0)$

(d) $\nabla \times \left(\dfrac{\hat{\mathbf{r}}}{r^2}\right) = 0$

풀이 식 (1.52)와 (1.53)으로부터

(a) $\nabla \cdot \mathbf{r} = \dfrac{1}{r^2 \sin\theta}\left[\sin\theta \dfrac{\partial}{\partial r}(r^2 r)\right] = 3$

(b) $\nabla \cdot \left(\dfrac{\hat{\mathbf{r}}}{r^2}\right) = \dfrac{1}{r^2 \sin\theta}\left[\sin\theta \dfrac{\partial}{\partial r}\left(r^2 \dfrac{1}{r^2}\right)\right] = 0$

(c) $\nabla \times \mathbf{r} = \dfrac{1}{r^2 \sin\theta}\left[\hat{\boldsymbol{\theta}}\, r\left(\dfrac{\partial r}{\partial \phi}\right) + \hat{\boldsymbol{\phi}}\, r\sin\theta\left(-\dfrac{\partial r}{\partial \theta}\right)\right] = 0$

(d) $\nabla \times \dfrac{\hat{\mathbf{r}}}{r^2} = \dfrac{1}{r^2 \sin\theta}\left[\hat{\boldsymbol{\theta}}\, r\left(\dfrac{\partial(1/r^2)}{\partial \phi}\right) + \hat{\boldsymbol{\phi}}\, r\sin\theta\left(-\dfrac{\partial(1/r^2)}{\partial \theta}\right)\right] = 0$

[1.13] $\mathbf{A} = r(2+\sin^2\phi)\hat{\mathbf{r}} + r\sin\phi\cos\phi\,\hat{\boldsymbol{\phi}} + 5z\,\hat{\mathbf{z}}$일 때 $\nabla \cdot \mathbf{A}$를 계산하라.

풀이 식 (1.48)로부터

$$\begin{aligned}\nabla \cdot \mathbf{A} &= \frac{1}{r}\frac{\partial}{\partial r}[r^2(2+\sin^2\phi)] + \frac{1}{r}\frac{\partial}{\partial \phi}[r\sin\phi\cos\phi] + \frac{\partial}{\partial z}[5z] \\ &= 2(2+\sin^2\phi) + \cos^2\phi - \sin^2\phi + 5 = 10.\end{aligned}$$

1.4 델타함수

[1.14] 임의의 상수 k에 대해 다음을 증명하라.

$$\delta(kx) = \frac{1}{|k|}\delta(x) \tag{1.64}$$

풀이 $\displaystyle\int_{-\infty}^{\infty} f(x)\delta(kx)dx$ 에서

(i) $k>0$일 때 $y=kx$로 두면

$$\int_{-\infty}^{\infty} f(x)\,\delta(kx)\,dx = \int_{-\infty}^{\infty} f\left(\frac{y}{k}\right)\delta(y)\frac{dy}{k} = \frac{1}{k}f(0)$$

이므로 $\delta(kx)=\delta(x)/k$이다.

(ii) 델타함수는 우함수이므로 $k<0$일 때는

$$\delta(kx)=\delta(-|k|x)=\delta(|k|x)=\frac{1}{|k|}\delta(x).$$

[1.15] 점전하 q가 $\mathbf{r}'$에 있을 때 $\mathbf{r}$ 지점의 부피 전하밀도를 구하고 확인하라.

풀이 $\rho(\mathbf{r})=q\delta(\mathbf{r}-\mathbf{r}')$, $\quad \int_V \rho(\mathbf{r})\,d\tau = q\int_V \delta(\mathbf{r}-\mathbf{r}')\,d\tau = q$

1.5 보충문제

[1.1] 질점의 위치벡터가 $\mathbf{r}=b\cos\omega t\,\hat{\mathbf{x}}+b\sin\omega t\,\hat{\mathbf{y}}+c\,\hat{\mathbf{z}}$로 주어진다.

(a) 속도벡터와 가속도벡터를 구하라.

(b) 어떤 운동인가?

풀이

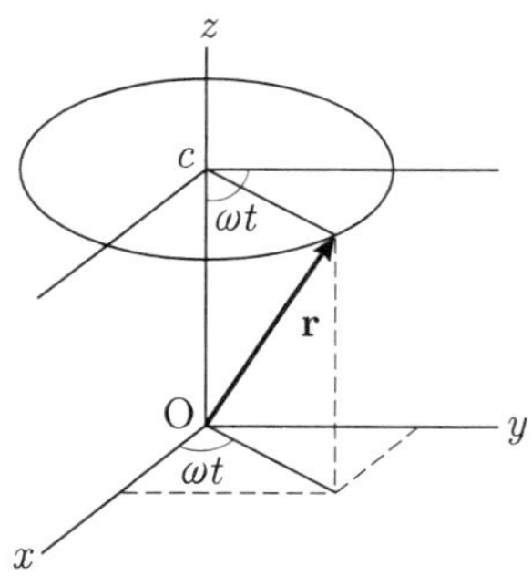

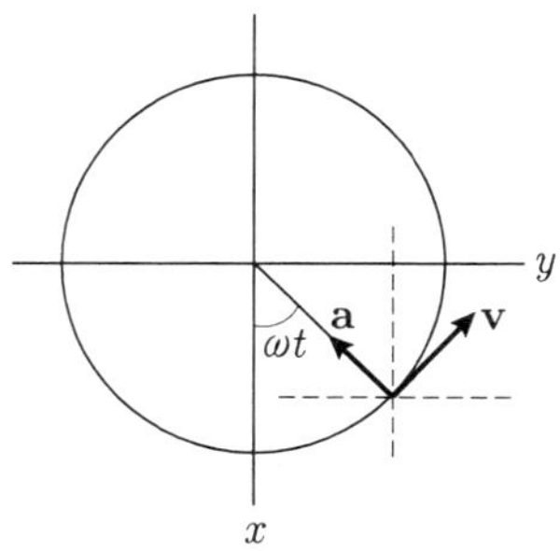

(a) $\mathbf{v}=\dfrac{d\mathbf{r}}{dt}=-b\omega\sin\omega t\,\hat{\mathbf{x}}+b\omega\cos\omega t\,\hat{\mathbf{y}}$: 접선 방향

$\mathbf{a}=\dfrac{d\mathbf{v}}{dt}=-b\omega^2\cos\omega t\,\hat{\mathbf{x}}-b\omega^2\sin\omega t\,\hat{\mathbf{y}}=-\omega^2\mathbf{r}$: 원의 중심 방향

(b) $z=c$인 평면상에서 반지름 a인 원운동. 속도는 접선 방향이고 가속도는 중심 방향이다.

[1.2] 다음을 증명하라.

(a) $\int_V \mathbf{B}\cdot(\nabla\times\mathbf{A})d\tau = \int_V \mathbf{A}\cdot(\nabla\times\mathbf{B})d\tau + \oint_S (\mathbf{A}\times\mathbf{B})\cdot d\mathbf{a}$

(b) $\int_S f(\nabla\times\mathbf{A})\cdot d\mathbf{a} = \int_S [\mathbf{A}\times(\nabla f)]\cdot d\mathbf{a} + \oint_C f\mathbf{A}\cdot d\mathbf{l}$

풀이 (a) 식 (1.27) $\mathbf{B}\cdot(\nabla\times\mathbf{A}) = \mathbf{A}\cdot(\nabla\times\mathbf{B}) + \nabla\cdot(\mathbf{A}\times\mathbf{B})$의 양변을 부피적분하고 발산정리를 적용한다.

(b) 식 (1.25) $f(\nabla\times\mathbf{A}) = \mathbf{A}\times(\nabla f) + \nabla\times(f\mathbf{A})$의 양변을 면적 벡터적분하고 회전정리를 적용한다.

[1.3] 다음을 증명하라.

(a) $\nabla\cdot[\mathbf{r}\Phi(r)] = 3\Phi(r) + r\dfrac{d\Phi}{dr}$

(b) $\nabla\times[\mathbf{r}\Phi(r)] = 0$

풀이 (a) $\nabla\cdot[\mathbf{r}\Phi(r)] = \dfrac{\partial}{\partial x}[x\Phi(r)] + \dfrac{\partial}{\partial y}[y\Phi(r)] + \dfrac{\partial}{\partial z}[z\Phi(r)]$

$$= 3\Phi(r) + \left(x\frac{\partial r}{\partial x} + y\frac{\partial r}{\partial y} + z\frac{\partial r}{\partial z}\right)\frac{\partial\Phi}{\partial r}$$

에서 $r=(x^2+y^2+z^2)^{1/2}$, $\dfrac{\partial r}{\partial x} = \dfrac{1}{2}\dfrac{2x}{(x^2+y^2+z^2)^{1/2}}$ 이므로

$$\nabla\cdot[\mathbf{r}\Phi(r)] = 3\Phi(r) + r\frac{\partial\Phi}{\partial r}.$$

(b) 식 (1.25)로부터

$$\nabla\times[\mathbf{r}\Phi(r)] = \Phi(r)(\nabla\times\mathbf{r}) + [\nabla\Phi(r)]\times\mathbf{r}$$

이다. 따라서 연습문제 1.7(c)에 의해 $\nabla\times\mathbf{r}=0$이고 Φ는 r만의 함수이므로 식 (1.47)에 의해 $\nabla\Phi(r) = \hat{\mathbf{r}}(d\Phi/dr)$이므로

$$\nabla\times[\mathbf{r}\Phi(r)] = (d\Phi(r)/dr)\hat{\mathbf{r}}\times\mathbf{r} = 0.$$

[1.4] 다음을 증명하라.

(a) $$\oint_S \Phi\, d\mathbf{a} = \int_V \nabla \Phi\, d\tau \tag{1.65}$$

(b) $$\int_S \mathbf{A} \times d\mathbf{a} = -\int_V (\nabla \times \mathbf{A})\, d\tau \tag{1.66}$$

(c) $$\oint_C \Phi\, d\mathbf{l} = -\int_S \nabla \Phi \times d\mathbf{a} \tag{1.67}$$

(d) $$\oint_S \Phi \mathbf{A} \cdot d\mathbf{a} = \int_V [\mathbf{A} \cdot (\nabla \Phi) + \Phi(\nabla \cdot \mathbf{A})]\, d\tau \tag{1.68}$$

풀이 (a) 식 (1.24)에 의해 B가 상수벡터일 때는 $\nabla \cdot (\Phi \mathbf{B}) = \mathbf{B} \cdot (\nabla \Phi)$이므로 발산정리를 적용하면

$$\mathbf{B} \cdot \int_V \nabla \Phi\, d\tau = \int_V \nabla \cdot (\Phi \mathbf{B})\, d\tau = \oint_S \Phi \mathbf{B} \cdot d\mathbf{a} = \mathbf{B} \cdot \oint_S \Phi\, d\mathbf{a}.$$

(b) 식 (1.8)에 의해 $\mathbf{B} \cdot (\mathbf{A} \times d\mathbf{a}) = d\mathbf{a} \cdot (\mathbf{B} \times \mathbf{A})$이므로 발산정리를 적용하면

$$\oint_S \mathbf{B} \cdot (\mathbf{A} \times d\mathbf{a}) = \oint_S (\mathbf{B} \times \mathbf{A}) \cdot d\mathbf{a} = \int_V \nabla \cdot (\mathbf{B} \times \mathbf{A})\, d\tau$$

이다. 따라서 식 (1.27)를 적용하면 B가 상수벡터일 때는

$$\mathbf{B} \cdot \oint_S \mathbf{A} \times d\mathbf{a} = \oint_V [\mathbf{A} \cdot (\nabla \times \mathbf{B}) - \mathbf{B} \cdot (\nabla \times \mathbf{A})]\, d\tau$$
$$= -\mathbf{B} \cdot \oint_V (\nabla \times \mathbf{A})\, d\tau.$$

(c) 식 (1.8)로부터

$$\int_S \mathbf{B} \cdot (\nabla \Phi \times d\mathbf{a}) = -\int_S (\nabla \Phi \times \mathbf{B}) \cdot d\mathbf{a}$$

이고 식 (1.25)에서 B가 상수벡터일 때는

$$\nabla \times (\Phi \mathbf{B}) = \Phi(\nabla \times \mathbf{B}) + (\nabla \Phi) \times \mathbf{B} = (\nabla \Phi) \times \mathbf{B}$$

이므로 회전정리를 적용하면

$$\mathbf{B} \cdot \int_S \nabla \Phi \times d\mathbf{a} = -\int_S \nabla \times (\Phi \mathbf{B}) \cdot d\mathbf{a}$$
$$= -\oint_C \Phi \mathbf{B} \cdot d\mathbf{l} = -\mathbf{B} \cdot \oint_C \Phi\, d\mathbf{l}.$$

(d) 발산정리로부터

$$\oint_S \Phi \mathbf{A} \cdot d\mathbf{a} = \int_V \nabla \cdot (\Phi \mathbf{A})\, d\tau$$

이므로 이 식에 식 (1.24)를 적용한다.

[1.5] 다음을 증명하라.

(a) $\nabla\left(\dfrac{f}{g}\right) = \dfrac{g\nabla f - f\nabla g}{g^2}$

(b) $\nabla \cdot \left(\dfrac{\mathbf{A}}{g}\right) = \dfrac{g(\nabla \cdot \mathbf{A}) - \mathbf{A} \cdot \nabla g}{g^2}$

(c) $\nabla \times \left(\dfrac{\mathbf{A}}{g}\right) = \dfrac{g(\nabla \times \mathbf{A}) + \mathbf{A} \times \nabla g}{g^2}$

풀이 (a) 식 (B.13)으로부터

$$\begin{aligned}\nabla\left(\frac{f}{g}\right) &= \hat{\mathbf{x}}\frac{\partial}{\partial x}\left(\frac{f}{g}\right) + \hat{\mathbf{y}}\frac{\partial}{\partial y}\left(\frac{f}{g}\right) + \hat{\mathbf{z}}\frac{\partial}{\partial z}\left(\frac{f}{g}\right) \\ &= \frac{1}{g^2}\left[g\left(\hat{\mathbf{x}}\frac{\partial f}{\partial x} + \hat{\mathbf{y}}\frac{\partial f}{\partial y} + \hat{\mathbf{z}}\frac{\partial f}{\partial z}\right) - f\left(\hat{\mathbf{x}}\frac{\partial g}{\partial x} + \hat{\mathbf{y}}\frac{\partial g}{\partial y} + \hat{\mathbf{z}}\frac{\partial g}{\partial z}\right)\right] \\ &= \frac{g\nabla f - f\nabla g}{g^2}.\end{aligned}$$

(b) 식 (1.24)로부터

$$\nabla \cdot \left(\frac{\mathbf{A}}{g}\right) = \frac{1}{g}(\nabla \cdot \mathbf{A}) + \left(\nabla\frac{1}{g}\right) \cdot \mathbf{A} = \frac{g(\nabla \cdot \mathbf{A}) - \mathbf{A} \cdot \nabla g}{g^2}.$$

(c) 식 (1.25)로부터

$$\nabla \times \left(\frac{\mathbf{A}}{g}\right) = \frac{1}{g}(\nabla \times \mathbf{A}) + \nabla\left(\frac{1}{g}\right) \times \mathbf{A} = \frac{g(\nabla \times \mathbf{A}) + \mathbf{A} \times \nabla g}{g^2}.$$

[1.6] $\mathbf{r}$이 곡선 C 위의 임의의 지점의 위치벡터일 때 상수벡터 $\mathbf{d}$에 대해 다음을 증명하라. $\mathbf{a}$는 곡선 C로 둘러싸인 면의 면적벡터이다.

$$\int_C (\mathbf{d} \cdot \mathbf{r})\, d\mathbf{l} = \mathbf{a} \times \mathbf{d} \tag{1.69}$$

풀이 $G=\mathbf{d}\cdot\mathbf{r}$이라 두면 식 (1.28)로부터

$$\nabla G=\nabla(\mathbf{d}\cdot\mathbf{r})=\mathbf{d}\times(\nabla\times\mathbf{r})+\mathbf{r}\times(\nabla\times\mathbf{d})+(\mathbf{d}\cdot\nabla)\mathbf{r}+(\mathbf{r}\cdot\nabla)\mathbf{d}$$

이다. 첫째 항은 연습문제 1.7(c)에 의해 0이고 둘째 항과 넷째 항은 $\mathbf{d}$가 상수벡터이므로 0이다. 따라서

$$\nabla G=(\mathbf{d}\cdot\nabla)\mathbf{r}=\left(d_x\frac{\partial}{\partial x}+d_y\frac{\partial}{\partial y}+d_z\frac{\partial}{\partial z}\right)(x\hat{\mathbf{x}}+y\hat{\mathbf{y}}+z\hat{\mathbf{z}})$$

$$=d_x\hat{\mathbf{x}}+d_y\hat{\mathbf{y}}+d_z\hat{\mathbf{z}}=\mathbf{d} \qquad (*-1)$$

이고, 식 (1.25)로부터

$$\nabla\times(G\mathbf{d})=G(\nabla\times\mathbf{d})-\mathbf{d}\times(\nabla G)=-\mathbf{d}\times(\nabla G)$$

이므로 이것을 면적적분하고 회전정리[식 (1.23)]를 적용하면

$$-\int_S(\mathbf{d}\times\nabla G)\cdot d\mathbf{a}=\int_S[\nabla\times(G\mathbf{d})]\cdot d\mathbf{a}$$

$$=\oint_C G\mathbf{d}\cdot d\mathbf{l}=\mathbf{d}\cdot\oint_C G\,d\mathbf{l} \qquad (*-2)$$

이다. 식 (1.8)로부터 $[\mathbf{d}\times(\nabla G)]\cdot d\mathbf{a}=\mathbf{d}\cdot(\nabla G\times d\mathbf{a})$이고 이것을 면적적분하면

$$\int_S\mathbf{d}\times(\nabla G)\cdot d\mathbf{a}=\mathbf{d}\cdot\int_S(\nabla G)\times d\mathbf{a}$$

이므로 이것을 식 (*−2)와 비교하면

$$\int_S(\nabla G)\times d\mathbf{a}=-\oint_C G\,d\mathbf{l}$$

이다. 따라서 식 (*−1)을 대입하면

$$\oint_C(\mathbf{d}\cdot\mathbf{r})\,d\mathbf{l}=\oint_C G\,d\mathbf{l}=-\int_S(\nabla G)\times d\mathbf{a}=-\int_S\mathbf{d}\times d\mathbf{a}$$

$$=-\mathbf{d}\times\int_S d\mathbf{a}=-\mathbf{d}\times\mathbf{a}.$$

[1.7] 반지름이 R인 구에 대해 $\mathbf{A}=z\hat{\mathbf{z}}$에 관한 발산정리가 성립함을 증명하라.

풀이 (i) 예 1.16으로부터 $d\mathbf{a} = \dfrac{x\hat{\mathbf{x}} + y\hat{\mathbf{y}} + z\hat{\mathbf{z}}}{R}\,da$, $da = R^2 \sin\theta\, d\theta\, d\phi$ 이고 $z = R\cos\theta$ 이므로

$$\oint_S \mathbf{A} \cdot d\mathbf{a} = \frac{1}{R}\oint z^2\, da = \frac{1}{R}\oint R^2\cos^2\theta\,(R^2\sin\theta\, d\theta\, d\phi) = \frac{4\pi R^3}{3}$$

(ii) $\displaystyle\int_V (\nabla \cdot \mathbf{A})\, d\tau = \int_V d\tau = \frac{4\pi R^3}{3}$

[1.8] 그림 1.22의 yz 평면상의 반지름 R의 4분원에 대해 $\mathbf{A} = y\hat{\mathbf{z}}$에 관한 회전정리가 성립함을 증명하라.

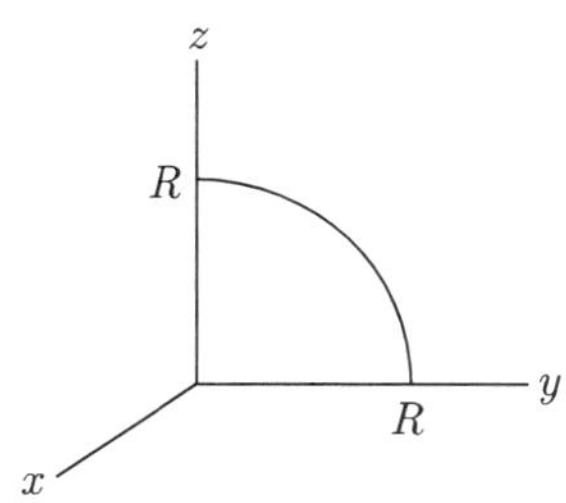

그림 1.22 보충문제 1.8

풀이 (i) 그림과 같이 세 구간으로 쪼개면

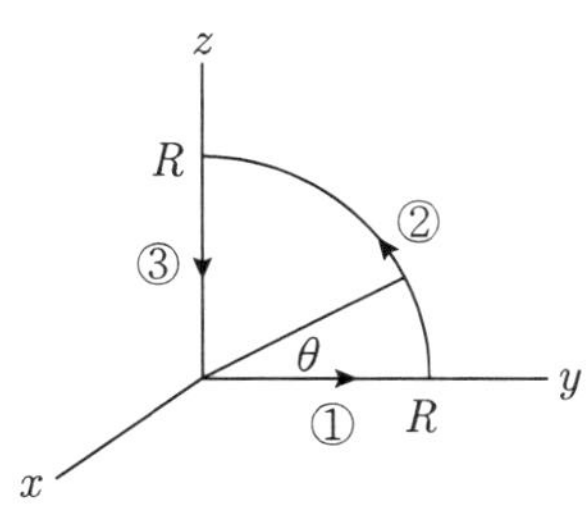

① $d\mathbf{l} = \hat{\mathbf{y}}\, dy$, $\mathbf{A} \cdot d\mathbf{l} = 0$

② $d\mathbf{l} = \hat{\boldsymbol{\theta}}\, dl$에서 $dl = R d\theta$이고 식 (1.30)으로부터[$\phi \to \theta$] $d\mathbf{l} = (-\sin\theta\,\hat{\mathbf{y}} + \cos\theta\,\hat{\mathbf{z}}) R d\theta$이다. 따라서

$$\mathbf{A} \cdot d\mathbf{l} = Ry\cos\theta\, d\theta,\ \ y = R\cos\theta.$$

③ $x=y=0$이므로 $\mathbf{A}\cdot d\mathbf{l}=0$. 따라서 ①, ②, ③으로부터

$$\oint_C \mathbf{A}\cdot d\mathbf{l}=\int_0^{\pi/2} Ry\cos\theta\, d\theta = R^2\int_0^{\pi/2}\frac{\cos 2\theta+1}{2}\,d\theta=\frac{\pi R^2}{4}.$$

(ii) $\nabla\times\mathbf{A}=\hat{\mathbf{x}}$, $d\mathbf{a}=\hat{\mathbf{x}}\,da$이므로

$$\int_S(\nabla\times\mathbf{A})\cdot d\mathbf{a}=\int da=\frac{\pi R^2}{4}.$$

[1.9] 반지름이 R이고 높이가 H인 원통에 대해 $\mathbf{A}=x\hat{\mathbf{x}}+y\hat{\mathbf{y}}+z\hat{\mathbf{z}}$에 관한 발산정리가 성립함을 증명하라.

풀이 (i) 윗면에 대해서는

$$(\mathbf{A}\cdot d\mathbf{a})_{윗면}=z\,da_{윗면}\,[z=H]$$

이고 아랫면에 대해서는

$$(\mathbf{A}\cdot d\mathbf{a})_{아래면}=-z\,da_{아래면}\,[z=0].$$

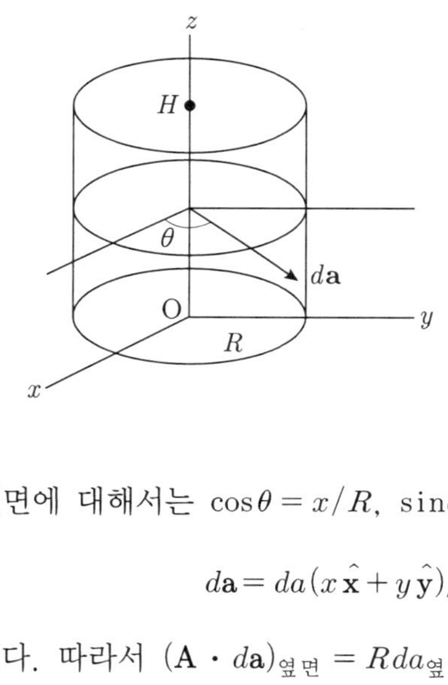

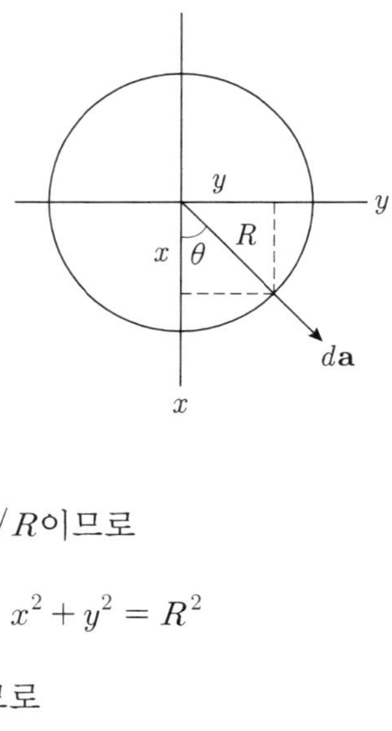

옆면에 대해서는 $\cos\theta=x/R$, $\sin\theta=y/R$이므로

$$d\mathbf{a}=da(x\hat{\mathbf{x}}+y\hat{\mathbf{y}})/R,\quad x^2+y^2=R^2$$

이다. 따라서 $(\mathbf{A}\cdot d\mathbf{a})_{옆면}=R\,da_{옆면}$이므로

$$\oint_S\mathbf{A}\cdot d\mathbf{a}=H\int da_{윗면}+R\int da_{옆면}=H\pi R^2+R2\pi RH=3\pi R^2H$$

(ii) $\int_V (\nabla \cdot \mathbf{A}) d\tau = 3\int_V d\tau = 3\pi R^2 H$

[1.10] 평면 극좌표계에서 물체의 위치는 $\mathbf{r} = r\hat{\mathbf{r}}$ 로 주어진다.

(a) 속도와 (b) 가속도를 구하고

(c) 원운동일 때의 속도가

$$\mathbf{v} = \boldsymbol{\omega} \times \mathbf{r} \tag{1.70}$$

임을 증명하라. ω는 각속도이다. 등속도 원운동일 때의 가속도는 어떻게 되는가?

풀이 (a) 식 (1.35)과 (1.36)를 사용한다. $\dot{x} \equiv dx/dt$, $\ddot{x} \equiv d^2x/dt^2$ 이다.

$$\mathbf{v} = \frac{d\mathbf{r}}{dt} = \frac{d(r\hat{\mathbf{r}})}{dt} = \frac{dr}{dt}\hat{\mathbf{r}} + r\frac{d\hat{\mathbf{r}}}{dt} = \dot{r}\hat{\mathbf{r}} + r\dot{\phi}\hat{\boldsymbol{\phi}}$$

(b) $\mathbf{a} = \frac{d\mathbf{v}}{dt} = \frac{d}{dt}(\dot{r}\hat{\mathbf{r}} + r\dot{\phi}\hat{\boldsymbol{\phi}}) = \ddot{r}\hat{\mathbf{r}} + \dot{r}\frac{d\hat{\mathbf{r}}}{dt} + \dot{r}\dot{\phi}\hat{\boldsymbol{\phi}} + r\ddot{\phi}\hat{\boldsymbol{\phi}} + r\dot{\phi}\frac{d\hat{\boldsymbol{\phi}}}{dt}$

$$= \ddot{r}\hat{\mathbf{r}} + \dot{r}\dot{\phi}\hat{\boldsymbol{\phi}} + (\dot{r}\dot{\phi} + r\ddot{\phi})\hat{\boldsymbol{\phi}} + r\dot{\phi}(-\dot{\phi}\hat{\mathbf{r}}) = (\ddot{r} - r\dot{\phi}^2)\hat{\mathbf{r}} + (r\ddot{\phi} + 2\dot{r}\dot{\phi})\hat{\boldsymbol{\phi}}$$

(c) $r =$(일정)이므로 $\mathbf{v} = r\dot{\phi}\hat{\boldsymbol{\phi}}$ 이다. 각속도 ω를 그림과 같이 선택하면 즉, 방향은 지면 바깥쪽이고 크기는 $\omega = \dot{\phi}$로 두면

$$\mathbf{v} = \boldsymbol{\omega} \times \mathbf{r}.$$

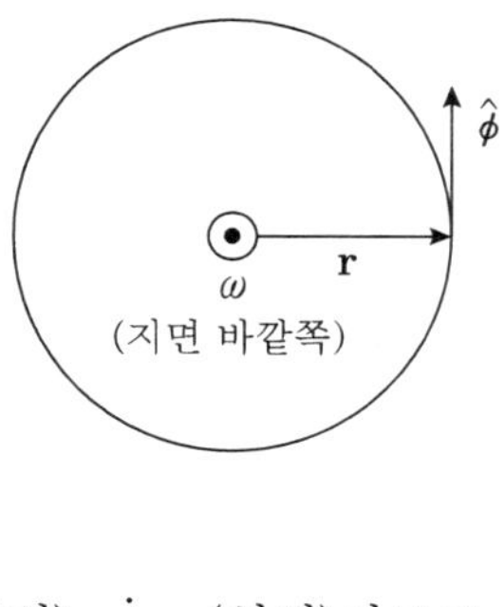

등속도 원운동은 $r =$(일정), $\dot{\phi} =$(일정)이므로

$$\mathbf{a} = -r\omega^2\hat{\mathbf{r}} \quad (- : \text{원의 중심 방향})$$

[1.11] 다음을 계산하라.

(a) 원통좌표계에서 $\mathbf{A}=r(2+\sin^2\phi)\hat{\mathbf{r}}+r\sin\phi\cos\phi\,\hat{\boldsymbol{\phi}}+z\,\hat{\mathbf{z}}$ 일 때 $\nabla\times\mathbf{A}$

(b) 구면좌표계에서 $\mathbf{A}=r^2\cos\theta\,\hat{\mathbf{r}}+r^2\sin\theta\,\hat{\boldsymbol{\theta}}+r\sin\theta\cos\phi\,\hat{\boldsymbol{\phi}}$ 일 때 $\nabla\cdot\mathbf{A}$

풀이 (a) 식 (1.49)로부터

$$\begin{aligned}\nabla\times\mathbf{A} &= \left[\frac{1}{r}\frac{\partial}{\partial\phi}(z)-\frac{\partial}{\partial z}(r\sin\phi\cos\phi)\right]\hat{\mathbf{r}}+\left[\frac{\partial}{\partial z}(2r+r\sin^2\phi)-\frac{\partial}{\partial r}(z)\right]\hat{\boldsymbol{\phi}}\\ &\quad+\frac{1}{r}\left[\frac{\partial}{\partial r}(r^2\sin\phi\cos\phi)-\frac{\partial}{\partial\phi}(2r+r\sin^2\phi)\right]\hat{\mathbf{z}}\\ &=\frac{1}{r}(2r\sin\phi\cos\phi-2r\sin\phi\cos\phi)\hat{\mathbf{z}}=0.\end{aligned}$$

(a) 식 (1.52)로부터

$$\begin{aligned}\nabla\cdot\mathbf{A} &= \frac{1}{r^2}\frac{\partial}{\partial r}(r^4\cos\theta)+\frac{1}{r\sin\theta}\frac{\partial}{\partial\theta}(r^2\sin^2\theta)+\frac{1}{r\sin\theta}\frac{\partial}{\partial\phi}(r\sin\theta\cos\phi)\\ &=4r\cos\theta+2r\cos\theta-\sin\phi=6r\cos\theta-\sin\phi.\end{aligned}$$

[1.12] 계단함수 $\theta(x)=\begin{cases}1 & (x>0)\\ 0 & (x\le 0)\end{cases}$ 에 대해 $\dfrac{d\theta(x)}{dx}=\delta(x)$을 증명하라.

풀이 부분적분하면

$$\int_{-\infty}^{\infty}\frac{d\theta(x)}{dx}f(x)dx=[\theta(x)f(x)]_{-\infty}^{\infty}-\int_{-\infty}^{\infty}\theta(x)\frac{df(x)}{dx}dx$$

이므로 계단함수의 정의에 의해

$$\begin{aligned}\int_{-\infty}^{\infty}\frac{d\theta(x)}{dx}f(x)dx &= f(\infty)-\int_{0}^{\infty}\frac{df(x)}{dx}dx\\ &=f(\infty)-[f(\infty)-f(0)]=f(0)\end{aligned}$$

이고 $f(0)=\int_{-\infty}^{\infty}f(x)\delta(x)dx$ 이므로

$$\frac{d\theta(x)}{dx}=\delta(x).$$

[1.13] x_i는 $f(x)=0$의 해, 즉 $f(x_i)=0$일 때, 다음을 증명하라.

(a) $\delta[f(x)]=\sum_i \delta(x-x_i)/|f'(x_i)|$ (1.71)

(b) $\delta(x^2-a^2)=(1/|2a|)[\delta(x-a)+\delta(x+a)]$ (1.72)

풀이 (a) 적분 $I=\int g(x)\delta[f(x)]\,dx$를 고려한다. $t=f(x)$로 두면 $dt=f'(x)\,dx$이므로

$$I=\int g(x)\frac{\delta(t)}{f'(x)}dt=\sum_i \frac{g(x_i)}{f'(x_i)}$$

이다. 한편, $\delta[f(x)]=\sum_i \delta(x-x_i)/f'(x_i)$로 두어도

$$I=\sum_i \frac{1}{f'(x_i)}\int g(x)\delta(x-x_i)\,dx=\sum_i \frac{g(x_i)}{f'(x_i)}$$

로 같은 결과가 된다. 따라서 예 1.19에 의해 $\delta[-f(x)]=\delta[f(x)]$이므로 $\delta[f(x)]=\sum_i \delta(x-x_i)/|f'(x_i)|$ 이다.

(b) $f'(x)=2x$이고 $f(x_i)=x_i^2-a^2=0$로부터 $x_i=\pm a$이므로

$$\delta(x^2-a^2)=\frac{1}{|2a|}[\delta(x-a)+\delta(x+a)].$$

[1.14] $x[d\delta(x)/dx]=-\delta(x)$를 증명하라.

풀이 부분적분하면

$$\begin{aligned}\int_{-\infty}^{\infty} f(x)x\frac{d\delta(x)}{dx}dx &= f(x)x\,\delta(x)\Big|_{x=-\infty}^{x=\infty}-\int_{-\infty}^{\infty}\delta(x)\frac{d}{dx}[f(x)x]\,dx\\ &=-\int_{-\infty}^{\infty}x\frac{df(x)}{dx}\delta(x)dx-\int_{-\infty}^{\infty}f(x)\delta(x)\,dx\\ &=-\int_{-\infty}^{\infty}f(x)\delta(x)\,dx\end{aligned}$$

이다. 이것은 $\lim_{x\to\pm\infty} f(x)x\,\delta(x)=0$, $\lim_{x\to 0}x[\partial f(x)/\partial x]=0$일 때 성립한다.

[1.15] 함수 $f(t)$의 푸리에(Fourier) 변환은

$$F(\omega) = \frac{1}{2\pi}\int_{-\infty}^{\infty} f(t) e^{-j\omega t} dt \tag{1.73}$$

로 정의되고[$j = \sqrt{-1}$] 역변환은

$$f(t) = \int_{-\infty}^{\infty} F(\omega) e^{j\omega t} d\omega \tag{1.74}$$

이다. 다음을 증명하라.

$$\frac{1}{2\pi}\int_{-\infty}^{\infty} e^{i(\omega' - \omega)t} dt = \delta_{\omega', \omega} \tag{1.75}$$

풀이 $F(\omega) = \dfrac{1}{2\pi}\displaystyle\int_{-\infty}^{\infty} F(\omega')\, d\omega' \int_{-\infty}^{\infty} e^{j(\omega' - \omega)t} dt$

$$= \int_{-\infty}^{\infty} F(\omega')\delta(\omega' - \omega) d\omega' = F(\omega)$$

[1.16] 구면좌표계와 원통좌표계에서 델타함수들은 다음과 같음을 증명하라.

(a) 구면좌표계 : $\delta(\mathbf{r} - \mathbf{r}') = \dfrac{1}{r^2}\delta(r - r')\delta(\cos\theta - \cos\theta')\delta(\phi - \phi')$ (1.76)

(b) 원통좌표계 : $\delta(\mathbf{r} - \mathbf{r}') = \dfrac{1}{r}\delta(r - r')\delta(\phi - \phi')\delta(z - z')$ (1.77)

풀이 표 1.2의 체적소를 고려하면 $\int \delta(\mathbf{r} - \mathbf{r}') d\tau = 1$로부터 다음을 만족한다.

(a) $\displaystyle\int \frac{1}{r^2}\delta(r - r')\delta(\cos\theta - \cos\theta')\delta(\phi - \phi') d\tau$

$$= \int \frac{1}{r^2}\delta(r - r')\delta(\cos\theta - \cos\theta')\delta(\phi - \phi') r^2 dr \sin\theta\, d\theta\, d\phi = 1$$

(b) $\displaystyle\int \frac{1}{r}\delta(r - r')\delta(\phi - \phi')\delta(z - z') d\tau$

$$= \int \frac{1}{r}\delta(r - r')\delta(\phi - \phi')\delta(z - z') r\, dr\, d\phi\, dz = 1$$

CHAPTER 02

전자기학의 기본 법칙

2.1 전하와 전류

[2.1] 전하 q의 입자가 유동속도 $\mathbf{v}_\mathrm{d}$로 도선을 흐를 때 전류밀도를 구하라. 입자의 수밀도는 n이다.

풀이 단면적 A, 길이 L의 원통도선을 고려하면

$$I=\frac{Q}{t}=\frac{nALq}{L/v_\mathrm{d}}=nAqv_\mathrm{d}$$

이므로

$$\mathbf{J}=\mathbf{I}/A=nq\mathbf{v}_\mathrm{d}.$$

[2.2] 반지름이 R인 원통형 도선에 $J=cr$의 전류밀도로 전류가 흐른다. c는 상수이고 r은 중심에서 지름 방향의 거리이다. $R/2$과 R 사이에 흐르는 전류를 구하라.

풀이 반지름이 r이고 두께가 dr인 가락지의 면적은 $da=2\pi r\,dr$이므로

$$I=\int \mathbf{J}\cdot d\mathbf{a}=c\int_{R/2}^{R} r\,2\pi r\,dr=2\pi c\left[\frac{r^3}{3}\right]_{R/2}^{R}=\frac{7\pi cR^3}{12}.$$

2.2 정전기장

[2.3] 점전하에 의한 전기장

(a) $z=+d$ 지점에 있는 전하 $+q$의 점전하와 $z=-d$ 지점에 있는 전하 $+q$의 점전하에 의한 x축상의 한 지점의 전기장을 구하라.

(b) $z=+d$ 지점에 있는 전하 $+q$의 점전하와 $z=-d$ 지점에 있는 전하 $-q$의 점전하에 의한 x축상의 한 지점의 전기장을 구하라.

풀이

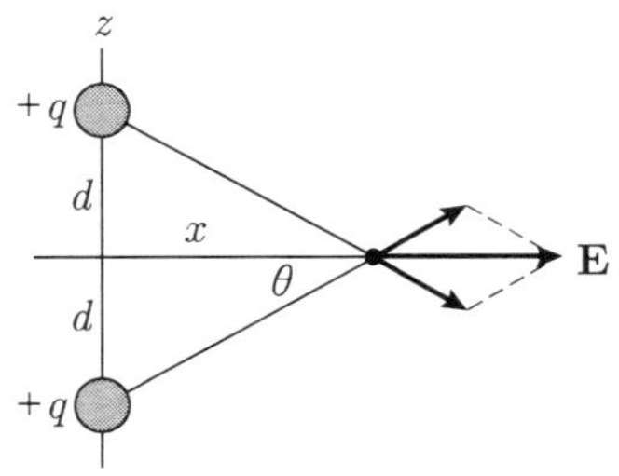

(a)

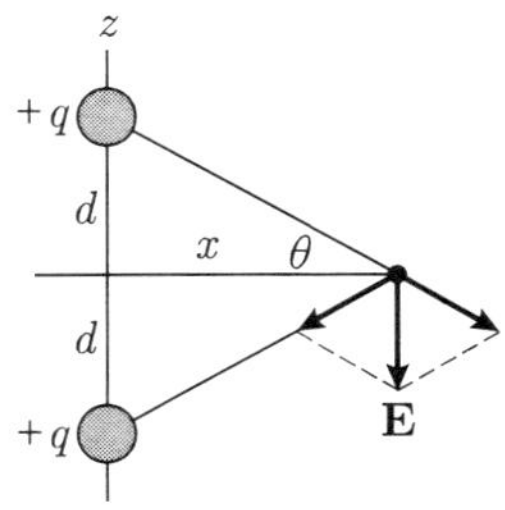

(b)

$$\text{(a)}\ \ \mathbf{E}=2k_0\frac{q\cos\theta}{x^2+d^2}\,\hat{\mathbf{x}}=\frac{2k_0qx}{(x^2+d^2)^{3/2}}\,\hat{\mathbf{x}}$$

$$\text{(b)}\ \ \mathbf{E}=2k_0\frac{q\sin\theta}{x^2+d^2}(-\hat{\mathbf{z}})=-\frac{2k_0qd}{(x^2+d^2)^{3/2}}\,\hat{\mathbf{z}}$$

[2.4] 질량 m, 전하 Q의 두 입자가 그림 2.13과 같이 질량이 없는 길이 a의 실에 매달려 있다. 두 실이 벌어진 각 θ를 구하라.

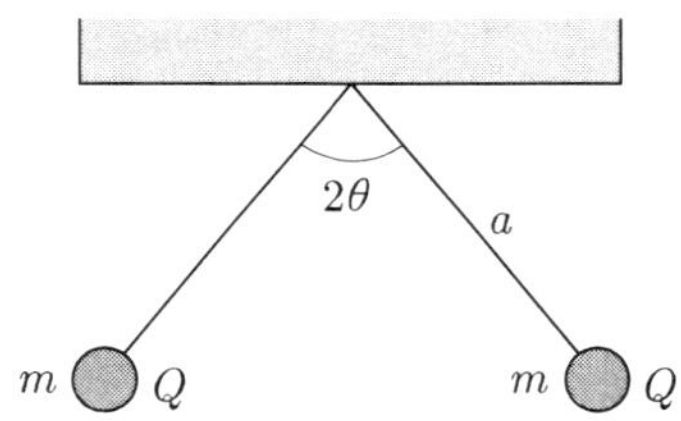

그림 2.13 연습문제 2.4

풀이

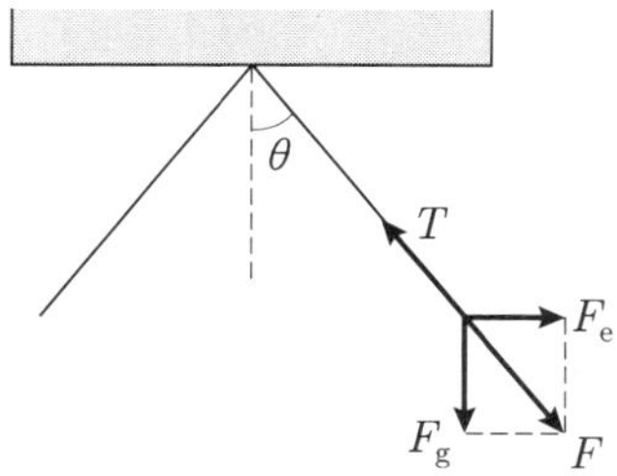

실의 장력 T와 힘 F가 같으므로

$$F\cos\theta = mg, \quad F\sin\theta = \frac{Q^2}{4\pi\epsilon_0 r^2}$$

에 의해

$$mg\tan\theta = \frac{Q^2}{4\pi\epsilon_0}\frac{1}{(2a\sin\theta)^2}$$

즉,

$$\tan\theta\sin^2\theta = \frac{Q^2}{16\pi\epsilon_0 mg a^2}.$$

[2.5] 직선전하에 의한 전기장

(a) xy 평면상의 $x=a$인 직선상에 일정한 선 전하밀도 λ로 전하가 $x=0$을 중심으로 대칭적으로 분포되어 있다. 직선의 길이가 $2a$일 때 $(0, 0, z)$ 지점의 전기장을 구하라.

(b) xy 평면상의 원점에 중심을 둔 한 변의 길이가 a인 정사각형에 일정한 선 전하밀도 λ의 전하가 분포되어 있다. $(0, 0, z)$ 지점의 전기장을 구하라.

풀이

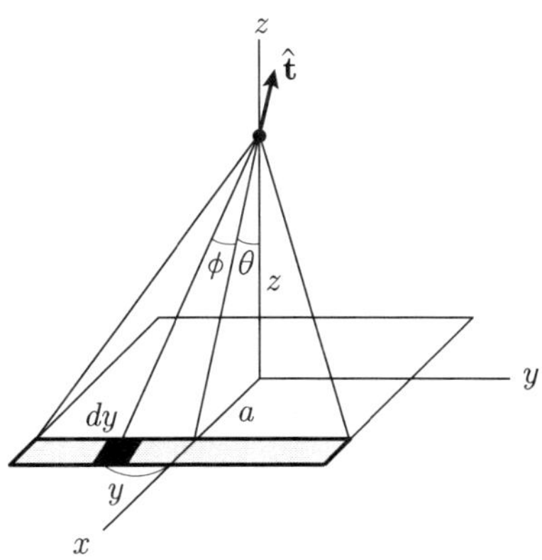

(a) 그림에서 대칭성에 의해 $\hat{\mathbf{y}}$ 방향의 전기장은 0이므로

$$\mathbf{E} = \int d\mathbf{E}_{\mathrm{t}} = k_0 \int \frac{\lambda \cos\phi\, dy}{a^2+y^2+z^2}\hat{\mathbf{t}} = k_0 \lambda \sqrt{a^2+z^2}\, 2\int_0^a \frac{dy}{(a^2+y^2+z^2)^{3/2}}\hat{\mathbf{t}}$$

이고 적분공식 식 (B.16)의 $\int \frac{dx}{(x^2+b)^{3/2}} = \frac{x}{b\sqrt{x^2+b}}$ 을 적용하면

$$\mathbf{E} = \frac{2k_0\lambda}{\sqrt{a^2+z^2}} \frac{y}{\sqrt{a^2+y^2+z^2}}\Bigg|_{y=0}^{y=a}\hat{\mathbf{t}} = \frac{2k_0\lambda}{\sqrt{a^2+z^2}}\frac{a}{\sqrt{z^2+2a^2}}\hat{\mathbf{t}}.$$

[또는] 예 2.5에서 $L \to a$, $y^2 \to z^2+a^2$, $\hat{\mathbf{y}} \to \hat{\mathbf{t}}$ 로 바꾸어도 된다.

(b) 대칭성에 의해 z 성분만 있으므로

$$\mathbf{E} = \frac{2k_0\lambda a}{\sqrt{a^2+z^2}}\frac{4\cos\theta}{\sqrt{z^2+2a^2}}\hat{\mathbf{z}} = \frac{8k_0\lambda a}{a^2+z^2}\frac{z}{\sqrt{z^2+2a^2}}\hat{\mathbf{z}}.$$

[2.6] 무한 직선전하에 의한 전위

(a) 일정한 선 전하밀도 λ의 무한 직선전하에서 수직 거리 y 지점의 전위를 구하라.

(b) 일정한 선 전하밀도 $\pm\lambda$의 두 개의 무한 직선전하에 의한 등전위면을 구하라.

풀이 (a) 예 2.5로부터 $E_y = 2k_0\lambda/y$ 이므로

$$V = -\int E_y\, dy = -\int \frac{2k_0\lambda}{y}dy$$

를 적분하면 $V = c - 2k_0\lambda \ln y$ 이고 c는 적분상수이다. $V(a)=0$ 으로 선택하면 (a는 새로운 적분상수)

$$V = -2k_0\lambda \ln\left(\frac{y}{a}\right).$$

(b) 그림과 같이 선전하가 x 축에 나란하다고 가정하고[지면에 수직] 간격을 $2d$라 두면

$$V = \frac{\lambda}{2\pi\epsilon_0}\ln\left(\frac{r_-}{r_+}\right) = \frac{\lambda}{2\pi\epsilon_0}\ln\left(\frac{\sqrt{(y+d)^2+z^2}}{\sqrt{(y-d)^2+z^2}}\right)$$

이므로 등전위면은

$$\frac{(y+d)^2+z^2}{(y-d)^2+z^2} = c\,(\text{일정}).$$

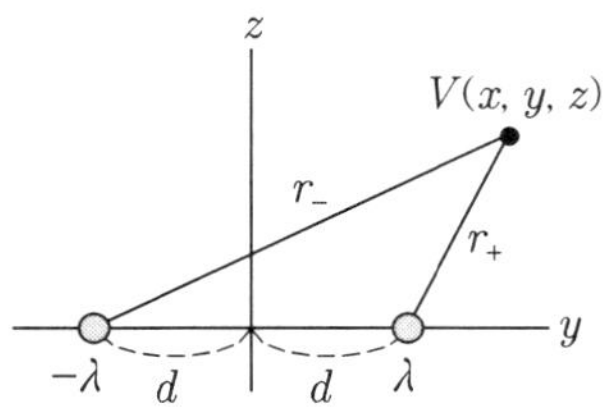

따라서 $y^2+d^2+2dy+z^2 = c(y^2+d^2-2dy+z^2)$ 또는

$$y^2(c-1)+z^2(c-1)-2dy(c+1) = d^2(1-c)$$

이므로

$$(y-y_0)^2+z^2 = R^2 \text{ [원통의 방정식]}$$

이다. 여기서

$$y_0 = d\,\frac{c+1}{c-1}, \quad R^2 = y_0^2 - d^2$$

이고 c값 즉, V값이 정해지면 아래 그림과 같이 y_0와 R이 주어진다. 왼쪽은 $y_0 < 0$일 때, 즉 − 등전위면이고 오른쪽은 + 등전위면이다. $c < 1$이면 $y_0 < 0$, $V < 0$이다.

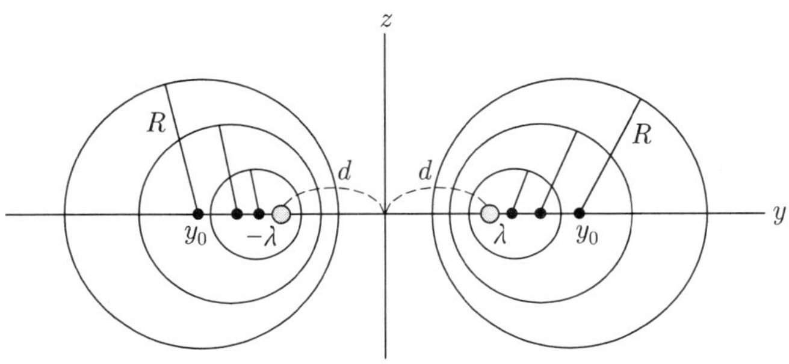

[2.7] 원형전하에 의한 전기장

(a) 반지름이 R인 원형고리에 전하 Q가 골고루 분포되어 있다. 중심축상의 x 지점에서의 전기장과 전위를 구하라.

(b) 반지름이 R인 원판에 일정한 면 전하밀도 ρ_s로 전하가 골고루 분포되어 있다. 중심축상의 x 지점에서의 전기장을 구하라.

(c) 면 전하밀도 ρ_s의 무한 평면전하에 의한 전기장과 전위을 구하라.

풀이

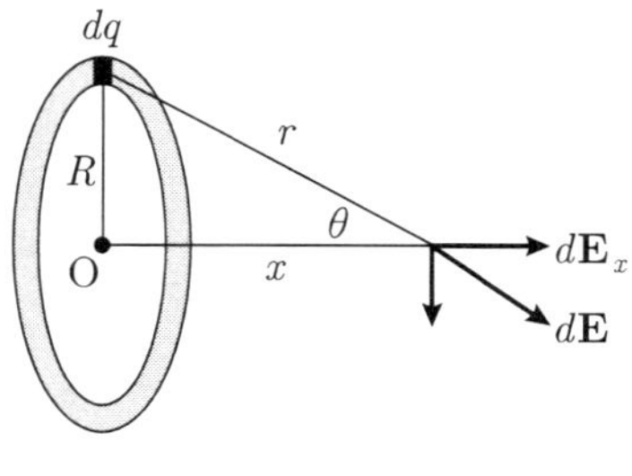

(a) 원형고리전하

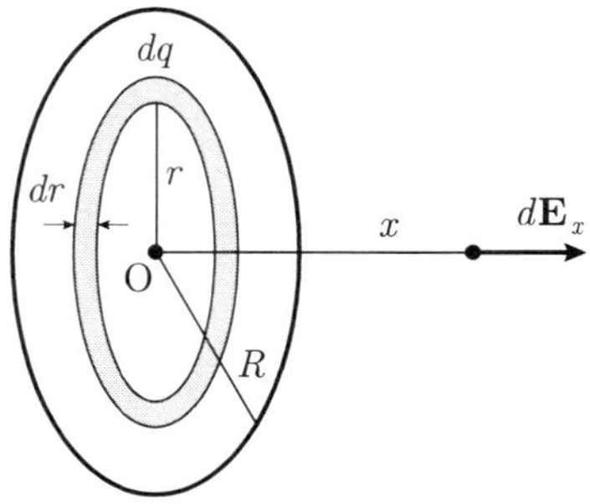

(b) 원판전하

(a) 선 전하밀도를 λ라 하면 $Q = \lambda 2\pi R$, $dq = \lambda\, dl = \lambda\, R d\theta$이고 대칭성에 의해 x 성분만 있으므로

$$\mathbf{E} = \int d\mathbf{E}_x = k_0 \int \frac{\cos\theta\, dq}{r^2}\hat{\mathbf{x}} = k_0 \lambda R x \int \frac{d\theta}{(x^2+R^2)^{3/2}}\hat{\mathbf{x}}$$

$$= k_0 \lambda R x \frac{2\pi}{(x^2+R^2)^{3/2}}\hat{\mathbf{x}} = \frac{k_0 Q x}{(x^2+R^2)^{3/2}}\hat{\mathbf{x}}$$

이다. $V(\infty) = 0$으로 선택하면

$$V = -\int_\infty^x E_x\, dx = -k_0 Q \int_\infty^x \frac{x}{(x^2+R^2)^{3/2}} dx$$

이므로 $t \equiv x^2 + R^2$으로 치환하면

$$V = -\frac{k_0 Q}{2}\int t^{-3/2} dt = -\frac{k_0 Q}{2}(-2)\frac{1}{\sqrt{x^2+R^2}}\Bigg|_{x=\infty}^{x} = \frac{k_0 Q}{\sqrt{x^2+R^2}}.$$

(b) 면 위에 반지름 r, 두께 dr인 원형고리를 고려하면 $dq = \rho_s 2\pi r\, dr$이므로 (a)의 결과로부터

$$E_x = \int dE_x = k_0 x \int \frac{dq}{(x^2+r^2)^{3/2}} = \pi k_0 x \rho_s \int_0^R \frac{2r\, dr}{(x^2+r^2)^{3/2}}$$

이고 $t \equiv x^2 + r^2$로 두면

$$E_x = \pi k_0 x \rho_s \int_0^R t^{-3/2} dt = -2\pi k_0 x \rho_s \frac{1}{\sqrt{x^2+r^2}}\Bigg|_{r=0}^{r=R}$$

$$= 2\pi k_0 x \rho_s \left[\frac{1}{x} - \frac{1}{\sqrt{x^2+R^2}}\right].$$

(c) $R = \infty$ 이면

$$E_x = 2\pi k_0 \rho_s = \frac{\rho_s}{2\epsilon_0}$$

이고 두 지점 사이의[$\triangle x = x_1 - x_2$] 전위차는

$$\triangle V = 2\pi k_0 \rho_s \triangle x.$$

[2.8] 구형전하에 의한 전기장

(a) 반지름이 R인 구 껍질에 전하 Q가 골고루 분포되어 있다. 중심축상의 r 지점에서의 전기장과 전위를 구하라.

(b) 반지름이 R인 속까지 대전된 구에 전하 Q가 골고루 분포되어 있다. 중심축상의 r 지점에서의 전기장과 전위을 구하라.

풀이

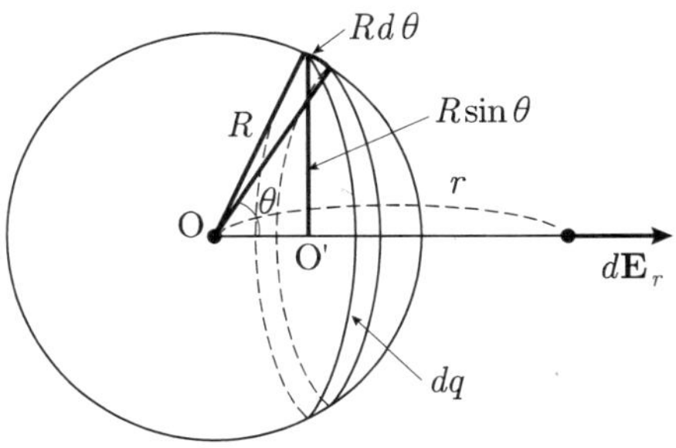

(a) 구 껍질전하

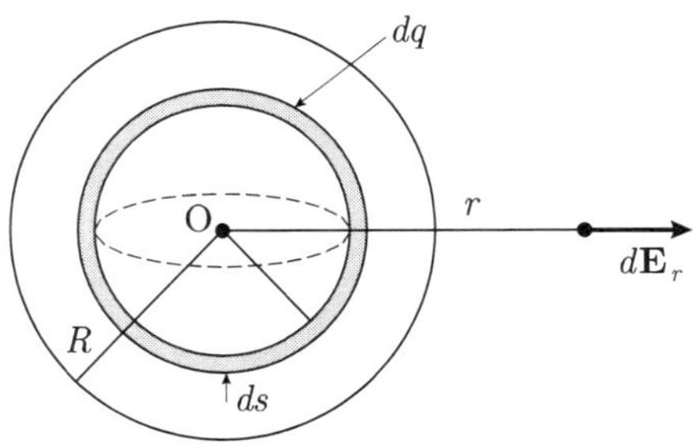

(b) 속까지 대전된 구형전하

(a) 반지름이 $R\sin\theta$인 원형고리는 면 전하밀도 ρ_s에 대해 $dq = \rho_s 2\pi R\sin\theta Rd\theta$이므로 연습문제 2.7(a)에서

$$x \to r - R\cos\theta, \quad R \to R\sin\theta, \quad Q \to dq$$

로 고려하면

$$dE_r = \frac{k_0 Qx}{(x^2+R^2)^{3/2}} \rightarrow k_0 \frac{\rho_s 2\pi R^2 \sin\theta\, d\theta (r - R\cos\theta)}{(r^2 - 2rR\cos\theta + R^2)^{3/2}}$$

이 된다. 따라서 $t \equiv r^2 - 2rR\cos\theta + R^2$로 두면

$$r\sin\theta\, d\theta = \frac{dt}{2R}$$

$$R\cos\theta \sin\theta\, d\theta = \frac{r^2+R^2-t}{2r}\frac{dt}{2rR} = \frac{r^2+R^2-t}{4Rr^2}dt$$

이므로

$$E_r = \int dE_r = k_0 \int \frac{2\pi\rho_s R^2}{t^{3/2}} \frac{r^2 - R^2 + t}{4Rr^2} dt$$

$$= k_0 \frac{2\pi\rho_s R^2}{4Rr^2} \int [(r^2 - R^2)t^{-3/2} + t^{-1/2}]dt$$

즉,

$$E_r = k_0 \frac{\pi\rho_s R}{2r^2}\left[\frac{-2(r^2-R^2)}{\sqrt{r^2 - 2rR\cos\theta + R^2}} + 2\sqrt{r^2 - 2rR\cos\theta + R^2}\right]_{\theta=0}^{\theta=\pi}$$

$$= k_0 \frac{\pi\rho_s R}{2r^2}\left[\frac{-2(r^2-R^2)}{|r+R|} + 2|r+R| + \frac{2(r^2-R^2)}{|r-R|} - 2|r-R|\right].$$

(i) 구 껍질 밖[$r > R$] :

$$E_r = k_0 \frac{\pi\rho_s R}{2r^2}[-2(r-R) + 2(r+R) + 2(r+R) - 2(r-R)]$$

$$= k_0 \frac{\pi\rho_s R}{2r^2}(8R) = k_0 \frac{4\pi\rho_s R^2}{r^2} = k_0 \frac{Q}{r^2}$$

이므로 $V(\infty) = 0$으로 선택하면

$$V(r) = -\int_\infty^r E_r\, dr = -k_0 Q \int_\infty^r \frac{1}{r^2} dr = \frac{k_0 Q}{r}.$$

(ii) 구 껍질 안[$r < R$] :

$$E_r = k_0 \frac{\pi\rho_s R}{2r^2}[-2(r-R) + 2(r+R) - 2(r+R) + 2(r-R)] = 0$$

이므로

$$V(r) = -\int_{\infty}^{R} E_r(\text{외부})\,dr - \int_{R}^{r} E_r(\text{내부})\,dr$$

$$= -k_0 Q \int_{\infty}^{R} \frac{1}{r^2} dr - \int_{R}^{r} 0\,dr = \frac{k_0 Q}{R}.$$

(b) 구 안에 반지름이 s 이고 두께가 ds 인 구 껍질을 고려하면 부피 전하밀도 ρ에 대해 $dq = \rho 4\pi s^2 ds$ 이므로 (a)의 결과로부터

$$E_r = \int k_0 \frac{dq}{r^2} = \int k_0 \frac{\rho 4\pi s^2 ds}{r^2}.$$

(i) 구 밖[$r > R$] :

$$E_r = k_0 \frac{\rho 4\pi}{r^2} \int_0^R s^2 ds = k_0 \frac{4\pi}{r^2} \frac{Q}{4\pi R^3/3} \frac{R^3}{3} = k_0 \frac{Q}{r^2}$$

이므로 $V(\infty) = 0$ 으로 선택하면

$$V(r) = -\int_{\infty}^{r} E_r\,dr = -k_0 Q \int_{\infty}^{r} \frac{1}{r^2} dr = \frac{k_0 Q}{r}.$$

(ii) 구 안[$r < R$] :

$$E_r = k_0 \frac{Q_{\text{in}}}{r^2} = k_0 \frac{\rho V_r}{r^2} = \frac{k_0}{r^2} \frac{Q}{4\pi R^3/3} \frac{4\pi r^3}{3} = k_0 \frac{Q r}{R^3}$$

$$= \frac{k_0 r}{R^3} \rho \frac{4\pi R^3}{3} = \frac{4\pi \rho k_0 r}{3}$$

이므로

$$V(r) = -\int_{\infty}^{R} E_r(\text{외부})\,dr - \int_{R}^{r} E_r(\text{내부})\,dr$$

$$= -k_0 Q \int_{\infty}^{R} \frac{1}{r^2} dr - \frac{k_0 Q}{R^3} \int_{R}^{r} r\,dr$$

$$= \frac{k_0 Q}{R} - \frac{k_0 Q}{R^3} \frac{r^2}{2} + \frac{k_0 Q}{R^3} \frac{R^2}{2} = \frac{k_0 Q}{2R} \left(3 - \frac{r^2}{R^2}\right).$$

[2.9] 반지름이 R인 두 개의 공에 일정한 부피 전하밀도 $\pm\rho$로 전하가 분포되어 있다. 두 공이 겹쳐져서 중심 사이의 거리가 d일 때 겹쳐진 부분에서의 전기장을 구하라.

풀이 연습문제 2.8의 결과로부터 $\mathbf{d} \equiv \mathbf{r}_+ - \mathbf{r}_-$로 두면

$$\mathbf{E} = \frac{4\pi\rho k_0}{3}(\mathbf{r}_+ - \mathbf{r}_-) = \frac{4\pi\rho k_0}{3}\mathbf{d}.$$

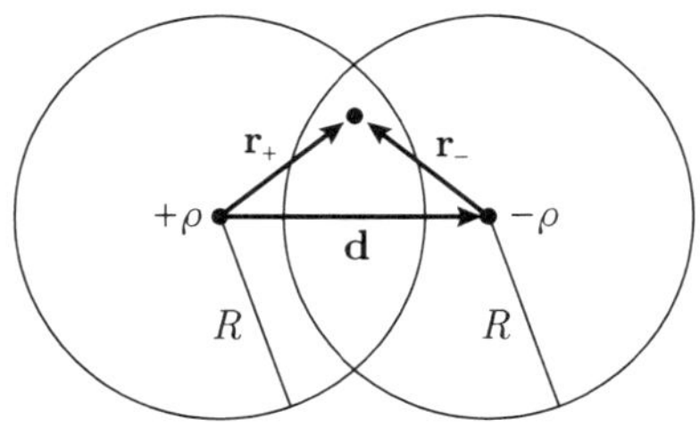

[2.10] 구형전하에 의한 전위(직접 구하기)

(a) 전하 Q가 고르게 대전된 반지름 R인 구 껍질이 있다. 이 구 껍질의 중심축상의 x 지점에서의 전위를 구하라.

(b) 반지름 R인 구에 일정한 부피 전하밀도 ρ로 전하 Q가 고르게 분포되어 있다. 중심에서 거리 $x[x > R]$인 지점의 전위를 구하라.

풀이

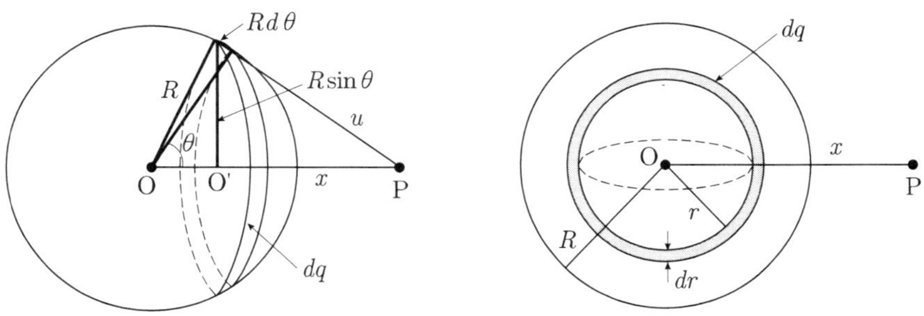

(a) 구 껍질전하　　　　(b) 속까지 대전된 구형전하

(a) 축상의 임의의 점 O′에서 축에 수직인 구 껍질 부분은 반지름이 $R\sin\theta$이고 두께가 $Rd\theta$인 가락지이다. 이 가락지의 전하는

$$dq = \rho_s 2\pi(R\sin\theta)Rd\theta$$

이므로 예 2.8(a)에서 $x \to u$로 두면

$$dV = k_0 \frac{dq}{u} = \frac{2\pi k_0 \rho_s R^2 \sin\theta\, d\theta}{u}$$

이다. 따라서 $u^2 = x^2 + R^2 - 2Rx\cos\theta$, $\sin\theta\, d\theta = u\,du/Rx$이므로

$$V = \int dV = \frac{2\pi k_0 \rho_s R}{x} \int du = \frac{2\pi k_0 \rho_s R}{x} \sqrt{x^2 + R^2 - 2Rx\cos\theta}\,\Big|_{\theta=0}^{\pi}$$

$$= \frac{2\pi k_0 \rho_s R}{x}[(x+R)-(x-R)] = k_0 \frac{4\pi \rho_s R^2}{x} = \frac{k_0 Q}{x}.$$

(b) 구 안에 있는 반지름이 r이고 두께가 dr인 구 껍질전하는

$$dq = \rho\, dV = \rho(\text{겉넓이})(\text{폭}) = \rho 4\pi r^2 dr$$

이고, 이 구 껍질전하에 의한 전위는 (a)로부터

$$dV = \frac{k_0\, dq}{x} = k_0 \frac{\rho 4\pi r^2 dr}{x}$$

이므로

$$V = k_0 \frac{\rho 4\pi}{x} \int_0^R r^2 dr = k_0 \frac{\rho 4\pi}{x} \frac{R^3}{3} = \frac{k_0 Q}{x}.$$

[2.11] 반지름이 R이고 길이가 L인 원통이 일정한 부피 전하밀도 ρ로 대전되어 있다. 중심에서 $z\,[z > L/2]$ 지점의 전위를 구하라.

풀이

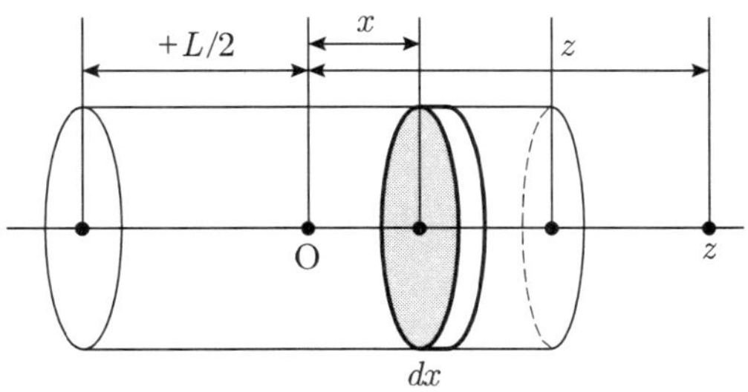

그림처럼 원통 안의 두께 dx인 원판에 의한 전위는 예 2.8에서 $\rho_s \to \to \rho\, dx$, $x \to z - x$로 바꾸면

$$V = \int dV = \int_{L/2}^{-L/2} 2\pi k_0 \rho \left[\sqrt{(z-x)^2 + R^2} - (z-x) \right] dz$$
$$= 2\pi k_0 \rho \int_{z-L/2}^{z+L/2} \left[\sqrt{t^2 + R^2} - t \right] dt$$

이고 적분공식 $\int \sqrt{t^2+a^2}\,dt = \frac{1}{2}\left[t\sqrt{t^2+a^2} + a^2 \ln\left(t + \sqrt{t^2+a^2}\right)\right]$ 을 고려하면

$$V = \pi k_0 \rho \left[\left(z + \frac{L}{2}\right)\sqrt{R^2 + \left(z + \frac{L}{2}\right)^2} - \left(z - \frac{L}{2}\right)\sqrt{R^2 + \left(z - \frac{L}{2}\right)^2} \right.$$
$$\left. + R^2 \ln\left(\frac{z + L/2 + \sqrt{R^2 + (z+L/2)^2}}{z - L/2 + \sqrt{R^2 + (z-L/2)^2}}\right) - 2zL \right].$$

[2.12] 전위가 $V = 2x^3 + 3y^2\,[\mathrm{V}]$ 일 때 $x = 3\,[\mathrm{m}]$, $y = 2\,[\mathrm{m}]$ 지점의 전기장을 구하라.

풀이 $\mathbf{E} = -\nabla V = -\left(\hat{\mathbf{x}}\frac{\partial}{\partial x} + \hat{\mathbf{y}}\frac{\partial}{\partial y}\right)(2x^3 + 3y^2) = -6x^2\hat{\mathbf{x}} - 6y\hat{\mathbf{y}}$ 이므로

$$\mathbf{E}(3, 2) = -54\hat{\mathbf{x}} - 12\hat{\mathbf{y}}\,[\mathrm{m}].$$

[2.13] 구형전하에 의한 전위(직접 구하기)

전하 Q가 고르게 분포된 반지름이 R인 구에 의한 전위를 식 (2.10b)로부터 직접 계산하라.

풀이

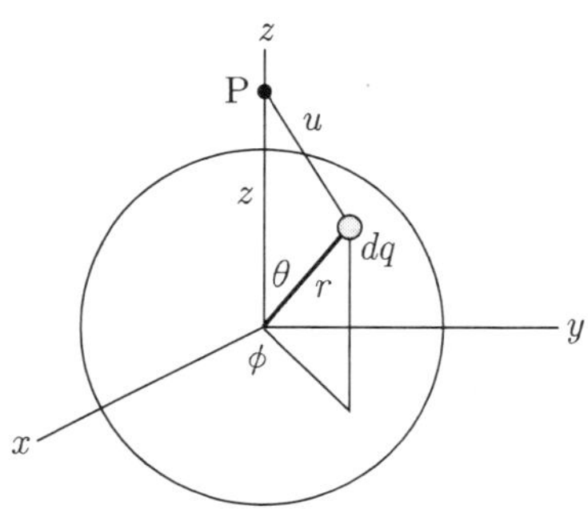

식 (B.7)로부터 $u = |\mathbf{r} - \mathbf{r}'| = r^2 + z^2 - 2zr\cos\theta$ 이고 구면좌표계에서 부피요소는 $d\tau = r^2 \sin\theta\, dr\, d\theta\, d\phi$ 이므로(표 1.2) $dq = \rho_v\, d\tau$를 식 (2.10b)에 대입하면

$$V = k_0\,\rho \int \frac{r^2 \sin\theta\, dr\, d\theta\, d\phi}{\sqrt{r^2+z^2-2zr\cos\theta}}$$

$$= k_0\,\rho\, 2\pi \int_0^R r^2 dr \int_0^\pi \frac{\sin\theta\, d\theta}{\sqrt{r^2+z^2-2zr\cos\theta}}$$

이다. θ 적분값은 $t \equiv \cos\theta$ 로 두면 $\sin\theta\, d\theta = -dt$ 이므로

$$\int \frac{\sin\theta\, d\theta}{\sqrt{r^2+z^2-2zr\cos\theta}} = \int \frac{-dt}{\sqrt{r^2+z^2-2zrt}}$$

이고 적분공식 $\int \frac{dx}{\sqrt{a-2bx}} = -\frac{\sqrt{a-2bx}}{b}$ 를 적용하면

$$\int_0^\pi \frac{\sin\theta\, d\theta}{\sqrt{r^2+z^2-2zr\cos\theta}} = \frac{1}{zr}\sqrt{r^2+z^2-2zr\cos\theta}\,\bigg|_{\theta=0}^{\theta=\pi}$$

$$= \frac{1}{zr}[r+z-|r-z|]$$

이다. 따라서

(i) $R < z$: $V = 2\pi k_0\,\rho \int_0^R r^2 \frac{2}{z} dr = k_0 \rho \frac{4\pi}{z}\frac{R^3}{3} = k_0\frac{Q}{z}$

(ii) $R > z$: $V = 2\pi\, k_0\,\rho \left[\int_0^z \frac{2}{z} r^2 dr + \int_z^R \frac{2}{r} r^2 dr\right] = 4\pi\, k_0\,\rho \left[\frac{z^2}{3} + \frac{R^2 - z^2}{2}\right]$

$$= 2\pi\, k_0\,\rho \frac{R^2}{3}\left(3 - \frac{z^2}{R^2}\right) = \frac{k_0 Q}{2R}\left(3 - \frac{z^2}{R^2}\right)$$

[2.14] $\pm q$ 전하가 위치한 지점에서의 전기장이 같지 않다면 전기장이 전기쌍극자에 가하는 힘은[$\mathbf{p} = q\mathbf{d}$: 전기쌍극자 모멘트]

$$\mathbf{F} = (q\mathbf{d} \cdot \nabla)\mathbf{E} = (\mathbf{p} \cdot \nabla)\mathbf{E} \tag{2.22a}$$

이고, $\mathbf{p}$ = (일정)이고 $\nabla \times \mathbf{E} = 0$이면

$$\mathbf{F} = \nabla(\mathbf{p} \cdot \mathbf{E})\,. \tag{2.22b}$$

이 됨을 증명하라.

풀이 두 전하에 작용하는 총 힘은

$$\mathbf{F} = \mathbf{F}_+ + \mathbf{F}_- = q\mathbf{E}_+ - q\mathbf{E}_- = q\triangle\mathbf{E}$$

이고 $\mathbf{d} = \hat{\mathbf{x}}\,\triangle x + \hat{\mathbf{y}}\,\triangle y + \hat{\mathbf{z}}\,\triangle z$로 두면

$$\triangle E_x = \frac{\partial E_x}{\partial x}\triangle x + \frac{\partial E_x}{\partial y}\triangle y + \frac{\partial E_x}{\partial z}\triangle z = (\nabla E_x \cdot \mathbf{d}) = (\mathbf{d} \cdot \nabla)E_x$$

이다. 따라서

$$\mathbf{F} = (q\mathbf{d} \cdot \nabla)\mathbf{E} = (\mathbf{p} \cdot \nabla)\mathbf{E}$$

이다. 한편, 식 (1.28)로부터

$$\nabla(\mathbf{p} \cdot \mathbf{E}) = \mathbf{p} \times (\nabla \times \mathbf{E}) + \mathbf{E} \times (\nabla \times \mathbf{p}) + (\mathbf{p} \cdot \nabla)\mathbf{E} + (\mathbf{E} \cdot \nabla)\mathbf{p}$$

이고, $\mathbf{p} =$(일정)이면 둘째 항과 넷째 항은 0이 되므로 $\nabla \times \mathbf{E} = 0$일 때는

$$\nabla(\mathbf{p} \cdot \mathbf{E}) = (\mathbf{p} \cdot \nabla)\mathbf{E}.$$

2.3 가우스의 법칙

[2.15] 구면좌표계에서 전기장이 $\mathbf{E} = a_0 r^3 \hat{\mathbf{r}}$일 때 전하밀도 ρ를 구하라.

풀이 가우스법칙의 미분형인 식 (2.24b)와 (1.52)로부터

$$\rho = \epsilon_0 \nabla \cdot \mathbf{E} = \epsilon_0 \frac{1}{r^2}\frac{\partial}{\partial r}(r^2 a_0 r^3) = 5\,\epsilon_0 a_0 r^2$$

[2.16] 가우스의 법칙을 사용하여 구하라.

(a) 반지름이 R인 매우 긴 원통껍질에 일정한 선 전하밀도 λ로 전하가 대전되어 있다. 중심에서 원통의 옆면에 수직으로 거리 r 떨어진 지점에서의 전기장을 구하라.

(b) 일정한 선 전하밀도 λ로 전하가 속까지 대전된 원통일 때의 전기장을 구하라.

풀이 (a) 그림과 같이 전기장을 구하고자 하는 지점을 포함하는 길이 l, 반지름 r의 원통을 고려하면 전기장은 원통의 옆면에 수직 방향이고 원통의 옆면에서 일정하므로

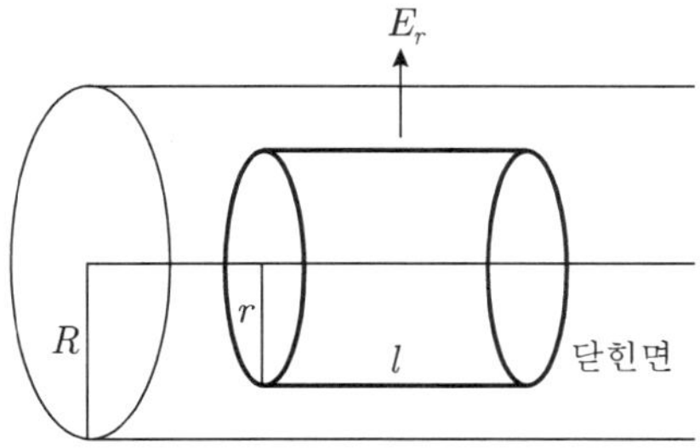

$$\oint \mathbf{E} \cdot d\mathbf{a} = E_r \int da = E_r 2\pi r l.$$

(i) $r > R$일 때 : $Q_{\text{in}} = \lambda l [\lambda = \rho_s 2\pi R]$이므로 $E_r = \dfrac{\lambda}{2\pi\epsilon_0 r}$.

(ii) $r < R$일 때 : $Q_{\text{in}} = 0$ 이므로 $E_r = 0$.

(b) (i) $r > R$일 때 : $Q_{\text{in}} = \lambda l [\lambda = \rho\pi R^2]$이므로 $E_r = \dfrac{\lambda}{2\pi\epsilon_0 r}$.

(ii) $r < R$일 때 : $Q_{\text{in}} = \pi r^2 l \rho$ 이므로 $E_r = \dfrac{\pi r^2 \rho}{2\pi\epsilon_0 r} = \dfrac{\rho r}{2\epsilon_0} = \dfrac{\lambda r}{2\pi\epsilon_0 R^2}$.

[2.17] 가우스의 법칙을 사용하여 구하라.

(a) 반지름 R인 구 껍질에 전하 Q가 고르게 분포되어 있을 때의 전기장을 구하라.

(b) 전하 Q가 속까지 고르게 분포된 반지름 R인 구에 의한 전기장을 구하라.

풀이

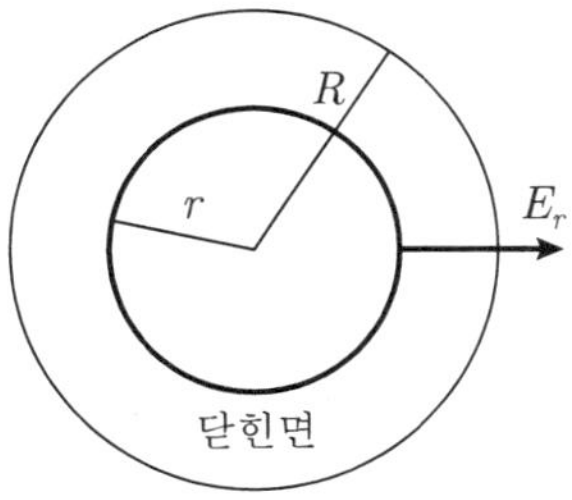

그림과 같이 반지름이 r인 구를 닫힌면으로 선택하면 전기장은 닫힌면에 수직 방향이고 닫힌면에서 일정하므로

$$\oint \mathbf{E} \cdot d\mathbf{a} = E_r \int da = E_r 4\pi r^2$$

(a) (i) $r > R$일 때 : $Q_{\text{in}} = Q$ 이므로 $E_r = \dfrac{Q}{4\pi\epsilon_0 r^2}$.

(ii) $r < R$일 때 : $Q_{\text{in}} = 0$ 이므로 $E_r = 0$.

(b) (i) $r > R$일 때 : $Q_{\text{in}} = Q$이므로 $E_r = \dfrac{Q}{4\pi\epsilon_0 r^2}$.

(ii) $r < R$일 때 : $Q_{\text{in}} = \rho 4\pi r^3/3$ $[\rho = Q/(4\pi R^3/3)]$이므로

$$E_r = \frac{\rho r}{3\epsilon_0} = \frac{Qr}{4\pi\epsilon_0 R^3}.$$

[2.18] 일정한 선 전하밀도 λ로 전하가 분포된 도선을 반지름이 a인 원통형 절연체가 감싸고 있다.

(a) 전기 변위벡터를 구하라.

(b) 전기장을 구하라. 절연체 내에서의 전기장을 구할 수 있는가?

풀이

(a) 반지름이 r이고 길이가 l인 원통을 가우스 면으로 선택하면 식 (2.24)에서

$$\oint \mathbf{D} \cdot d\mathbf{a} = D(2\pi r l), \quad Q_{\text{in}} = \lambda l$$

이므로

$$\mathbf{D} = \frac{\lambda}{2\pi r}\hat{\mathbf{r}}.$$

(b) 절연체 밖에서는 분극벡터가 $\mathbf{P} = 0$이므로

$$\mathbf{E} = \frac{1}{\epsilon_0}\mathbf{D} = \frac{\lambda}{2\pi\epsilon_0 r}\hat{\mathbf{r}}$$

이고 절연체 내에서는 $\mathbf{P}$를 알 수 없으므로 전기장을 구할 수 없다.

[2.19] $a \le r \le b$ 영역에서 전하밀도가 $\rho = a_0/r^2$인 두꺼운 구 껍질이 있다.

(a) 전기장을 구하고 (b) 중심에서의 전위를 구하라.

풀이 (a) (i) $r < a$: $Q_{\text{in}} = 0$이므로 $\mathbf{E} = 0$.

(ii) $a \le r \le b$: $\oint \mathbf{E} \cdot d\mathbf{a} = \dfrac{Q_{\text{in}}}{\epsilon_0}$ 로부터

$$4\pi r^2 E_r = \frac{a_0}{\epsilon_0}\int_a^r \frac{1}{r^2} 4\pi r^2\, dr = \frac{4\pi a_0}{\epsilon_0}(r-a)$$

이므로

$$E_r = \frac{a_0}{\epsilon_0}\frac{r-a}{r^2}.$$

(iii) $r > b$: $Q_{\text{in}} = 4\pi a_0 (b-a)$이므로 $E_r = \dfrac{a_0}{\epsilon_0}\dfrac{b-a}{r^2}$.

(b) $$V(0) = -\int_\infty^0 \mathbf{E} \cdot d\mathbf{l} = -\int_\infty^b \frac{a_0}{\epsilon_0}\frac{b-a}{r^2} dr - \int_b^a \frac{a_0}{\epsilon_0}\frac{r-a}{r^2} dr - \int_a^0 0\, dr$$

$$= \frac{a_0}{\epsilon_0}\frac{(b-a)}{b} - \frac{a_0}{\epsilon_0}\left[\ln\frac{a}{b} + a\left(\frac{1}{a} - \frac{1}{b}\right)\right] = \frac{a_0}{\epsilon_0}\ln\frac{b}{a}.$$

2.4 일과 에너지

[2.20] 전하 Q가 고르게 분포된 반지름이 R인 구 껍질의 에너지를 구하라.

풀이 면전하분포이므로 식 (2.33)에서 $\rho\, d\tau \to \rho_s\, da$로 바꾸고 구 껍질 표면에서의 전위는 연습문제 2.8의 $V = Q/4\pi\epsilon_0 R$를 고려하면

$$W = \frac{1}{2}\int \rho_s V da = \frac{Q}{8\pi\epsilon_0 R}\int \rho_s\, da = \frac{Q^2}{8\pi\epsilon_0 R}.$$

[또는] 식 (2.34)를 사용하면 연습문제 2.8로부터 구 안에서는 $\mathbf{E} = 0$이고 구 밖에서는 $\mathbf{E} = \hat{\mathbf{r}}\, Q/4\pi\epsilon_0 r^2$이므로

$$W = \frac{\epsilon_0}{2}\int E^2\, d\tau = \frac{1}{32\pi^2\epsilon_0}Q^2 \int \frac{1}{r^4} r^2 \sin\theta\, dr\, d\theta\, d\phi$$

$$= \frac{1}{32\pi^2\epsilon_0}Q^2 4\pi \int_R^\infty \frac{1}{r^2} dr = \frac{Q^2}{8\pi\epsilon_0 R}.$$

2.5 도체

[2.21] 안쪽 반지름이 a이고 바깥쪽 반지름이 b인 도체 구 껍질의 중심에 전하 Q, 반지름 $d\,(< a)$ 인 도체구가 있다.

(a) $r = a,\ b,\ d$ 에서의 면 전하밀도를 구하라.

(b) $V(\infty) = 0$으로 선택하여 중심에서의 전위를 구하라.

풀이

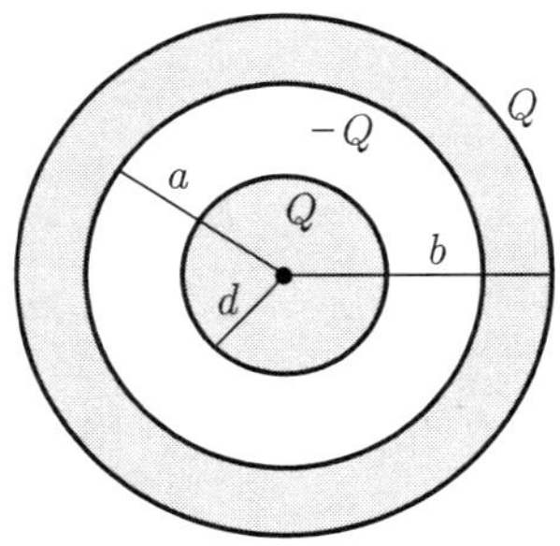

(a) 둘 다 도체이므로 전하는 그림과 같이 표면에만 분포한다.

$$\rho_s(d) = \frac{Q}{4\pi d^2},\ \ \rho_s(a) = -\frac{Q}{4\pi a^2},\ \ \rho_s(b) = \frac{Q}{4\pi b^2}$$

(b) $$V_O = -\int_\infty^0 \mathbf{E}\cdot d\mathbf{l}$$

$$= -\int_\infty^b \frac{1}{4\pi\epsilon_0}\frac{Q}{r^2}dr - \int_b^a 0dr - \int_a^d \frac{1}{4\pi\epsilon_0}\frac{Q}{r^2}dr - \int_d^0 0\,dr$$

$$= \frac{Q}{4\pi\epsilon_0}\left(\frac{1}{b} + \frac{1}{d} - \frac{1}{a}\right)$$

[2.22] 에너지를 구하라.

(a) 전하량이 Q인 반지름 R의 도체구

(b) (a)의 도체구에 반지름이 NR인 대전되지 않은 도체구를 연결한 경우. 도체구 중심 사이의 거리를 d라 하고 $d \gg NR$이라 가정한다.

풀이 (a) $E_r = Q/4\pi\epsilon_0 r^2\ [r > R]$, $E_r = 0\ [r \le R]$이므로 식 (2.34)를 사용하면

$$W_{\mathrm{a}} = \frac{\epsilon_0}{2}\int_R^{\infty}\left(\frac{1}{4\pi\epsilon_0}\frac{Q}{r^2}\right)^2 4\pi r^2 dr = \frac{Q^2}{8\pi\epsilon_0 R}$$

(b) 이동한 전하를 Q'라 하면 두 도체구의 전위가 같으므로

$$\frac{1}{4\pi\epsilon_0}\frac{Q-Q'}{R} = \frac{1}{4\pi\epsilon_0}\frac{Q'}{NR}$$

로부터 $Q' = NQ/(N+1)$이고 두 도체가 멀리 떨어져 있으므로 $\mathbf{E}^2 = (\mathbf{E}_1 + \mathbf{E}_2)$에서 $\mathbf{E}_1 \cdot \mathbf{E}_2$항을 무시하면

$$\begin{aligned} W_{\mathrm{b}} &= \frac{\epsilon_0}{2}\int_R^{\infty}\left(\frac{1}{4\pi\epsilon_0}\frac{Q-Q'}{r^2}\right)^2 4\pi r^2 dr + \frac{\epsilon_0}{2}\int_{NR}^{\infty}\left(\frac{1}{4\pi\epsilon_0}\frac{Q'}{r^2}\right)^2 4\pi r^2 dr \\ &= \frac{1}{8\pi\epsilon_0}\left[\left(\frac{Q}{N+1}\right)^2\frac{1}{R} + \left(\frac{NQ}{N+1}\right)^2\frac{1}{NR}\right] \\ &= \frac{Q^2}{8\pi\epsilon_0 R}\frac{1}{N+1} = \frac{W_{\mathrm{a}}}{N+1}. \end{aligned}$$

또는 두 도체가 멀리 떨어져 있으므로 각 도체의 표면에서의 전위를 각 도체구의 전하에 의한 것으로만 가정하면

$$\begin{aligned} W_{\mathrm{b}} &= \frac{1}{2}\int \rho_s V\, da \\ &= \frac{1}{2}\frac{Q-Q'}{4\pi\epsilon_0 R}(Q-Q') + \frac{1}{2}\frac{Q'}{4\pi\epsilon_0 NR}Q' \\ &= \frac{1}{8\pi\epsilon_0 R}\left\{\left(\frac{Q}{N+1}\right)^2 + \frac{1}{N}\left(\frac{NQ}{N+1}\right)^2\right\} = \frac{W_{\mathrm{a}}}{N+1}. \end{aligned}$$

2.6 정자기장

[2.23] 전하량이 q이고 질량이 m인 점전하가 지면 안쪽을 향하는 일정한 자기장영역(길이 l) 안으로 속도 v로 입사한 후 그림 2.29와 같은 궤적을 그리고 영역을 통과했다. 휘어진 거리 d를 구하라. 중력은 무시한다.

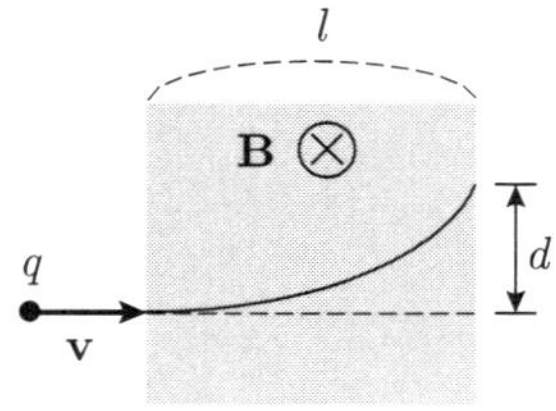

그림 2.29 연습문제 2.23

풀이 점전하에 작용하는 힘은 자기력 qvB이므로 운동방정식 $ma = qvB$로부터 $a = qvB/m$이다. 따라서 등가속도 운동의 식 $d = at^2/2$에 $t = l/v$을 대입하면

$$d = \frac{qvB}{2m}\frac{l^2}{v^2} = \frac{qBl^2}{2mv}.$$

[2.24] z 방향을 향하는 일정한 자기장 내에서 그림 2.30과 같이 x 방향으로 전류 I를 흘릴 때 식 (2.38)의 자기력에 의해 전자가 아랫면으로 이동하는 것을 **홀효과**(Hall effect)라 한다. 윗면과 아랫면 사이에 생기는 전압(홀전압) V_{H}를 **홀상수** $R_{\mathrm{H}} = 1/ne$로 나타내라. n은 전자의 수밀도이다.

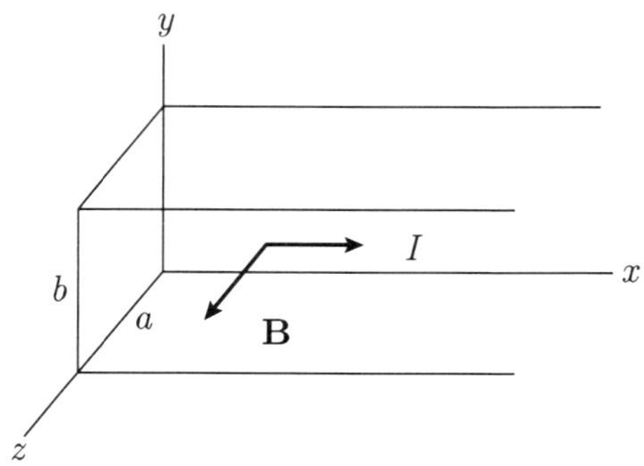

그림 2.30 연습문제 2.24

풀이 전자는 음의 전하를 가지므로 전자의 이동방향은 전류와 반대방향이고 식 (2.39)에 의해 자기력은 아래쪽 방향이다. 따라서 아랫면에는 음전하가 쌓이고 윗면에는 양전하가 쌓인다. 결국 아래쪽 방향의 전기장과 위쪽 방향의 전기력이 생긴다.

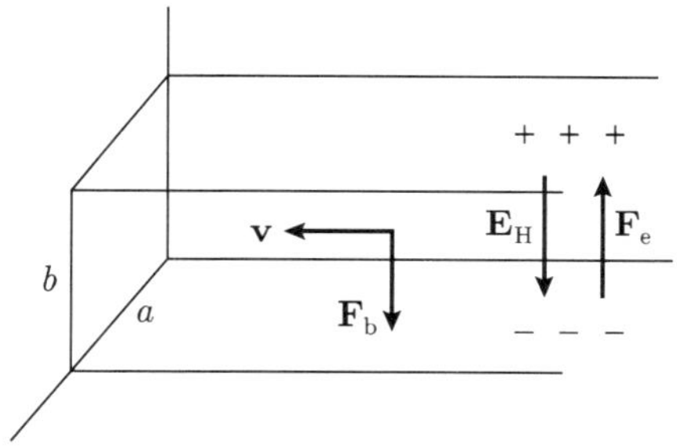

홀효과에 의해 생기는 전기장을 E_{H}라 하면 식 (2.39)에 의해 자기력과 전기력이 같으므로

$$F = evB = eE_{\mathrm{H}}$$

로부터 $E_{\mathrm{H}} = vB$이고 전류밀도 J에 대해 연습문제 2.1로부터 $v = J/ne = IR_{\mathrm{H}}/ab$이므로 식 (2.12)로부터

$$V_{\mathrm{H}} = b\,E_{\mathrm{H}} = bvB = \frac{bIR_{\mathrm{H}}}{ab}B = \frac{R_{\mathrm{H}}\,I}{a}B.$$

[2.25] 그림 2.31과 같이 전류 I가 흐르는 사각전류(xy 평면에 놓인 사각전류를 x축을 중심으로 시계 방향으로 θ만큼 기울임)에 일정한 자기장 $\mathrm{B} = B\hat{\mathbf{z}}$가 가해진다. 식 (2.44)와 (2.45)를 증명하고 자기쌍극자에 작용하는 힘은

$$\mathbf{F} = \nabla(\mathbf{m}\cdot\mathbf{B}) \tag{2.51}$$

임을 증명하라.

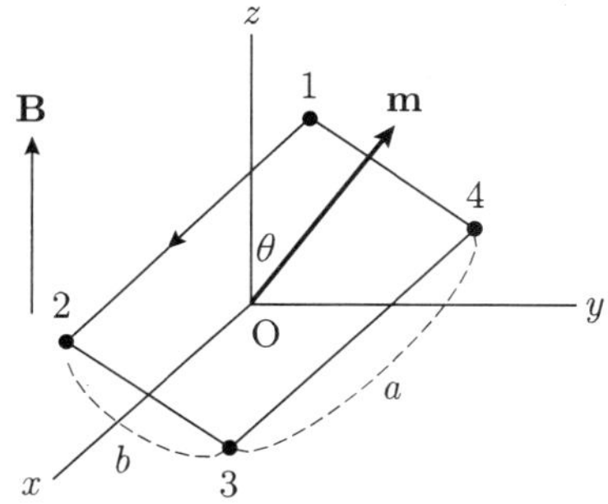

그림 2.31 자기장 내의 자기쌍극자

풀이

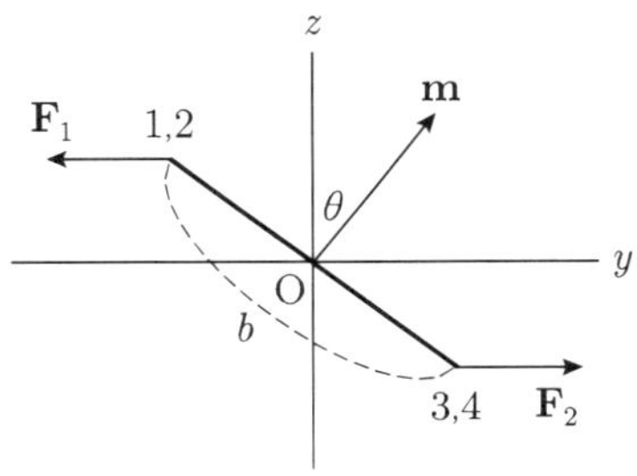

대칭이므로 전체 힘은 0이고, 2-3 부분에 작용하는 힘과 4-1 부분에 작용하는 힘은 일직선상에 있으므로 토크의 합은 0이지만 1-2 부분과 3-4 부분에 작용하는 힘은 시계반대방향의 회전을 유발한다. $\mathbf{F} = I\mathbf{l} \times \mathbf{B}$이므로 토크 $\mathbf{N} = \mathbf{r} \times \mathbf{F}$는

$$\mathbf{N} = IaB(b/2)\sin\theta \times 2\hat{\mathbf{x}} = IabB\sin\theta\,\hat{\mathbf{x}} = \mathbf{m} \times \mathbf{B}$$

이다. 식 (2.43)에 의해 자기쌍극자 모멘트의 크기는 $m = Iab$이다. 따라서 자기쌍극자는 자기장으로부터 토크를 받아 $\mathbf{m}$가 $\mathbf{B}$와 나란할 때까지 회전한다. $\mathbf{m}$과 $\mathbf{B}$가 수직일 때의 에너지를 기준점[$U_{\mathrm{m}} = 0$]으로 선택하면 자기쌍극자의 에너지는

$$U_{\mathrm{m}} = \int N\,d\theta = \int_{\pi/2}^{\theta} mB\sin\theta\,d\theta = -mB\cos\theta = -\mathbf{m}\cdot\mathbf{B}$$

이고 $\mathbf{F} = -\nabla U$이므로 자기장이 자기쌍극자에 작용하는 힘은

$$\mathbf{F} = \nabla(\mathbf{m}\cdot\mathbf{B})$$

이다. 여기서는 $\mathbf{m}$과 $\mathbf{B}$의 크기가 일정하므로 $\mathbf{F} = 0$이다.

2.7 정자기장의 앙페르 법칙

[2.26] 반지름이 각각 a와 $b\,(> a)$인 길이 L인 두 원통 사이에 전위차 V를 가했다. 원통 사이를 전기전도도가 σ인 물질로 채웠을 때 원통 사이에 흐르는 전류를 구하라.

풀이 안쪽 원통의 선 전하밀도를 λ라 하고 안쪽 원통에서 바깥쪽 원통을 향하는 단위벡터를 $\hat{\mathbf{r}}$이라 하면 원통 사이의 전기장은 연습문제 2.16으로부터 $\mathbf{E} = \hat{\mathbf{r}}\lambda/2\pi\epsilon_0 r$이다. 원통좌표계에서 옆면의 면적소 벡터는 표 1.2로부터 $da = r\,d\phi\,dz$이므로 안쪽 원통을

감싸는 길이 L의 원통면에 대해 식 (2.58)과 식 (2.24a)를 적용하면

$$I=\oint \mathbf{J}\cdot d\mathbf{a}=\sigma\oint \mathbf{E}\cdot d\mathbf{a}=\sigma\frac{Q_{\text{in}}}{\epsilon_0}=\frac{\sigma}{\epsilon_0}\lambda L$$

이다. 따라서 두 원통 사이의 전위차는

$$V=-\int_b^a \mathbf{E}\cdot d\mathbf{l}=\frac{\lambda}{2\pi\epsilon_0}\ln\left(\frac{b}{a}\right)$$

이므로

$$I=\frac{2\pi\sigma L}{\ln(b/a)}V.$$

[2.27] 그림 2.38과 같이 전류 I가 흐르는 직선전류에서 수직 거리 y 만큼 떨어진 지점에서의 자기장을 비오-사바르의 법칙으로 구하라. 무한 직선전류일 때는 어떻게 되는가?

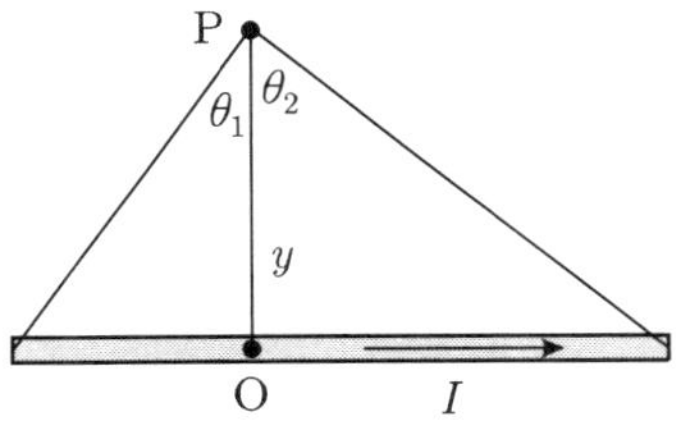

그림 2.38 연습문제 2.27

풀이 위치 x에 있는 전류소 Idx가 y축 위의 점 P에 만드는 자기장의 방향은 지면 바깥쪽이고 크기는

$$dB=\frac{\mu_0}{4\pi}\frac{Idx\sin\phi}{r^2}=\frac{\mu_0}{4\pi}\frac{Idx\cos\theta}{r^2}$$

이다. $x=y\tan\theta$ 이므로 $dx=y\sec^2\theta\,d\theta=(r^2/y)\,d\theta$를 대입하면

$$dB=\frac{\mu_0}{4\pi}\frac{I\cos\theta}{r^2}\frac{r^2\,d\theta}{y}=\frac{\mu_0}{4\pi}\frac{I\cos\theta}{y}d\theta$$

따라서

$$B=\frac{\mu_0 I}{4\pi y}\int_{-\theta_1}^{\theta_2}\cos\theta\,d\theta=\frac{\mu_0 I}{4\pi y}(\sin\theta_1+\sin\theta_2)$$

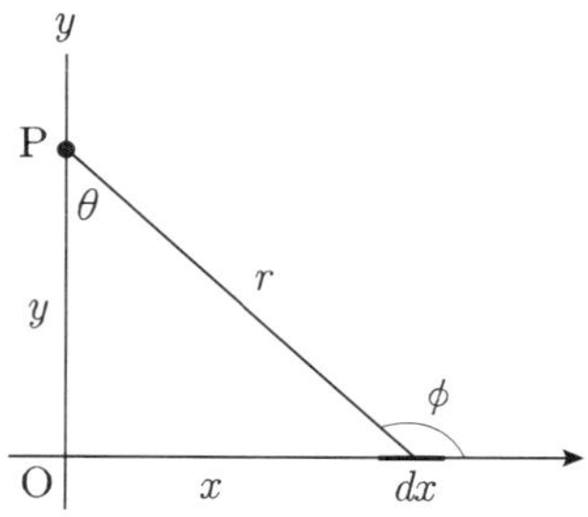

이다. 무한 직선전류일 때는 $\theta_1 = \theta_2 = \pi/2$이므로 크기는

$$B = \frac{\mu_0 I}{2\pi y}$$

이고 방향은 나사의 회전방향[전류방향으로 나사를 박을 때 나사가 회전하는 방향]이다. 위 식은 식 (2.55b)와 같다.

[2.28] 길이가 l인 나란한 두 직선도선에 전류 I_1, I_2가 흐른다. 전류의 방향이 같은 방향일 때 단위 길이당 작용하는 힘을 구하라.

풀이 I_1에 의한 I_2 지점의 자기장은 연습문제 2.27에 의해 지면 안쪽 방향이고 크기는 $\mu_0 I_1/2\pi d$이므로 단위 길이당 I_1이 I_2에 가하는 힘은

$$\frac{F_{12}}{l} = I_2 B_1 = \frac{\mu_0 I_1 I_2}{2\pi d}$$

이고 방향은 왼쪽이므로 인력이다. 전류의 방향이 반대방향이면 척력이 된다.

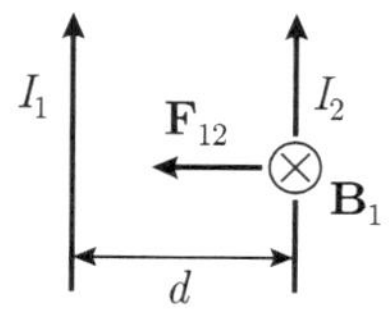

[2.29] 전류 I가 흐르는 반지름 R의 원형전류의 중심축상의 x 지점에서의 자기장 $B_x = \mu_0 IR^2/2(x^2 + R^2)^{3/2}$을 비오-사바르의 법칙으로 구하라.

풀이 전류요소 Idl이 x축 위의 점 P에 만드는 자기장의 방향은 그림과 같고, 크기는

$$dB = \frac{\mu_0 Idl}{4\pi r^2}\sin\phi$$

에서 Idl 방향과 r 방향이 수직이므로 $\phi = 90^\circ$이다.

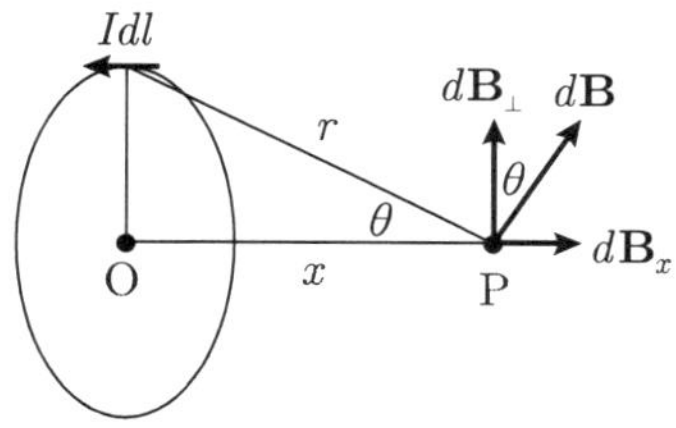

대치성에 의해 $d\mathbf{B}_\perp$의 합은 0이고

$$B_x = \int dB_x = \int \frac{\mu_0 Idl}{4\pi r^2}\sin\theta = \int \frac{\mu_0 Idl}{4\pi r^2}\frac{R}{r}$$

$$= \frac{\mu_0 IR}{4\pi r^3}2\pi R = \frac{\mu_0 IR^2}{2(x^2+R^2)^{3/2}}$$

이다. 원의 중심에서는 $x=0$이므로

$$B_x = \frac{\mu_0 I}{2R}.$$

이다. 이것은 식 (2.63)과 같다.

2.8 수정된 앙페르의 법칙

[2.30] 반지름이 a인 원통 안의 전기장이 축 방향으로

$$\mathbf{E}(r,t) = E_0\sin(\omega t)\ln(a/r)\hat{\mathbf{z}}$$

이다. r은 중심에서 지름 방향의 거리이다. 변위전류를 구하라.

풀이 식 (2.66)으로부터

$$\mathrm{J_D} = \frac{\partial \mathrm{D}}{\partial \mathrm{t}} = \epsilon_0 \omega E_0 \cos(\omega t) \ln(a/r)\hat{\mathbf{z}}$$

이고 표 1.2로부터 $da = r\,dr\,d\phi$이므로

$$\begin{aligned} I_{\mathrm{d}} &= \int \mathrm{J}_{\mathrm{d}} \cdot d\mathbf{a} = \epsilon_0 \omega E_0 \cos(\omega t) \int_0^a \ln(a/r)\, 2\pi r\, dr \\ &= 2\pi \epsilon_0 \omega E_0 \cos(\omega t) \int_0^a (r \ln a - r \ln r)\, dr \\ &= 2\pi \epsilon_0 \omega E_0 \cos(\omega t) \left[\left(\frac{r^2}{2} \right) \ln a - \frac{r^2}{2} \ln r + \frac{r^2}{4} \right]_0^a \\ &= \frac{\pi}{2} \epsilon_0 \omega a^2 E_0 \cos(\omega t) \end{aligned}$$

이다. 여기서 식 (B.14)의 로피탈정리를 사용했다.

2.9 패러데이의 법칙

[2.31] 전류 I가 흐르는 직선 도선에 수직으로 놓인 길이 l의 도체 막대가 그림 2.42와 같이 속도 v로 나란하게 운동한다. 막대 양끝에 생기는 기전력을 구하라.

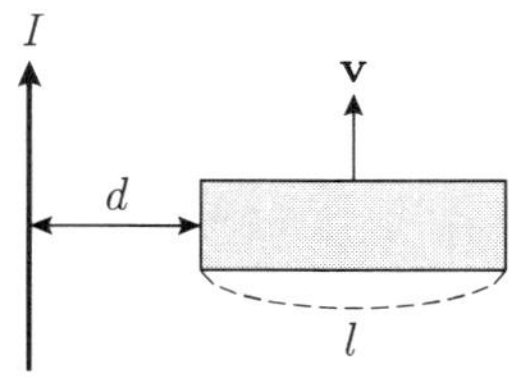

그림 2.42 연습문제 2.31

풀이 자기장이 지면 안쪽을 향하므로 전하 q가 받는 힘은 왼쪽 방향이고 이 힘이 한 일은 식 (2.55)를 사용하면

$$\begin{aligned} W &= \int \mathbf{F} \cdot d\mathbf{s} = \int_{d+l}^{d} qvB\, dy = \int_{d+l}^{d} qv \frac{\mu_0 I}{2\pi y} dy \\ &= \frac{\mu_0 q I v}{2\pi} \ln\left(\frac{d}{d+l} \right) \end{aligned}$$

이므로

$$\mathcal{E} = \frac{|W|}{q} = \frac{\mu_0 I v}{2\pi} \ln\left(\frac{d+l}{d}\right).$$

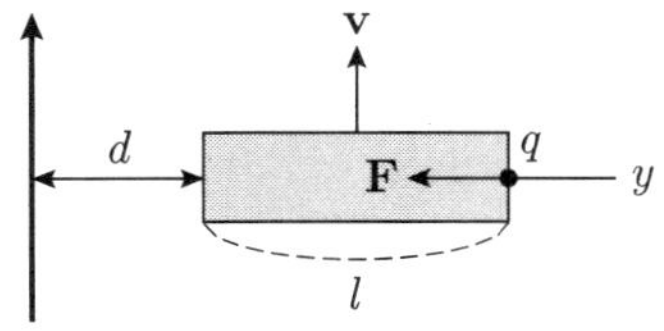

[2.32] 반지름이 R이고 단위 길이당 n번 감은 솔레노이드에 전류 $I(t) = I_0 \cos \omega t$가 흐른다. 솔레노이드 안과 밖에서의 전기장을 구하라.

풀이 솔레노이드가 z축 방향으로 놓여 있으면 솔레노이드 내부에서는 $\mathbf{B}_{\text{in}} = \mu_0 n I \hat{\mathbf{z}}$ 이고 외부에서는 $\mathbf{B}_{\text{out}} = 0$ 이다.

(i) $r < R$일 때 : $\Phi = B\pi r^2 = \mu_0 n I \pi r^2$ 로부터

$$\oint \mathbf{E} \cdot d\mathbf{l} = E\,2\pi r = -\frac{d\Phi}{dt} = -\mu_0 n \pi r^2 \frac{dI}{dt}$$
$$= \mu_0 n \pi r^2 \omega I_0 \sin \omega t$$

이므로

$$\mathbf{E} = \frac{\mu_0 n r \omega I_0 \sin \omega t}{2} \hat{\phi}.$$

(ii) $r > R$일 때 : $\Phi = B\pi R^2 = \mu_0 n I \pi R^2$이므로

$$\mathbf{E} = \frac{\mu_0 n R^2 \omega I_0 \sin \omega t}{2r} \hat{\phi}.$$

2.10 보충문제

[2.1] xy 평면에 있는 반지름이 R인 원판에 면 전하밀도 ρ_s로 전하가 고르게 분포되어 있다.

(a) 중심축상의 z인 곳에서의 전위를 구하라.

(b) z가 R에 비해 매우 클 때 전기장을 구하라.

풀이

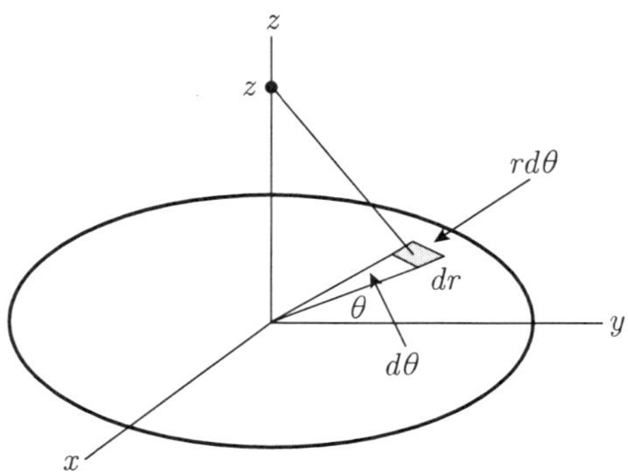

(a) 그림과 같이 극좌표계를 선택하면 면적소는 표 1.1에 의해 $da = r\,dr\,d\theta$이므로

$$V = k_0 \int \frac{\rho_s\, da}{\sqrt{z^2 + r^2}} = k_0 \rho_s \int_0^R \frac{2\pi r\, dr}{\sqrt{z^2 + r^2}}$$

에서 $t = z^2 + r^2$으로 두면

$$V = \pi\, k_0 \rho_s \int t^{-1/2} dt$$

$$= 2\pi k_0 \frac{Q}{\pi R^2} \sqrt{z^2 + r^2}\Big|_0^R = \frac{2k_0 Q}{R^2}\left[\sqrt{z^2 + R^2} - |z|\right].$$

(b) 식 (B.18)의 테일러 급수로 전개하면 $\sqrt{z^2 + R^2} = |z|(1 + R^2/z^2)^{1/2} \approx |z|(1 + R^2/2z^2)$이므로

(i) $z > 0$일 때 : $V = \dfrac{2k_0 Q}{R^2}\dfrac{R^2}{2z} = \dfrac{k_0 Q}{z}$, $\mathbf{E} = -\nabla V = \dfrac{k_0 Q}{z^2}$

(ii) $z < 0$일 때 : $V = -\dfrac{2k_0 Q}{R^2}\dfrac{R^2}{2z} = -\dfrac{k_0 Q}{z}$, $\mathbf{E} = -\nabla V = -\dfrac{k_0 Q}{z^2}$

[2.2] 균일한 선 전하밀도 λ로 전하가 고르게 분포된 원점에 중심을 둔 길이 $2L$의 직선전하의 축상의 $x\ (> L)$ 지점에서의 전위와 전기장을 구하라.

풀이 그림과 같이 직선상의 선소 ds를 선택하면 $r = x - s$, $dq = \lambda ds$이다.

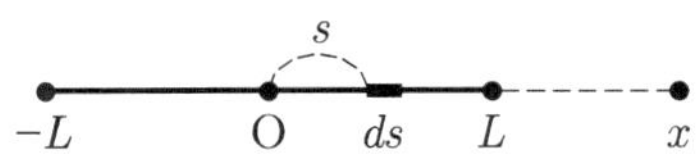

$$V = k_0 \int_{-L}^{L} \frac{\lambda ds}{x - s} = k_0 \lambda \ln\left(\frac{x+L}{x-L}\right)$$

$$\mathbf{E} = -\frac{dV}{dx}\hat{\mathbf{x}} = -k_0 \lambda \left(\frac{1}{x+L} - \frac{1}{x-L}\right) = \frac{2k_0 \lambda L}{x^2 - L^2}.$$

[2.3] 내부가 비어 있는 공[안쪽 반지름 a, 바깥쪽 반지름 b]이 일정한 부피 전하밀도 ρ로 대전되어 있다. 전기장을 구하라.

풀이 (a) $r > b$일 때 : $E = \dfrac{Q_{\text{in}}}{4\pi \epsilon_0 r^2}$, $Q_{\text{in}} = \rho\left(\dfrac{4\pi b^3}{3} - \dfrac{4\pi a^3}{3}\right)$, $E = \dfrac{\rho}{3\epsilon_0} \dfrac{(b^3 - a^3)}{r^2}$

(b) $a < r < b$일 때 : $Q_{\text{in}} = \rho\left(\dfrac{4\pi r^3}{3} - \dfrac{4\pi a^3}{3}\right)$, $E = \dfrac{\rho}{3\epsilon_0} \dfrac{(r^3 - a^3)}{r^2}$

(c) $r < a$일 때 : $Q_{\text{in}} = 0$, $E = 0$

[2.4] 전위가 $V(r) = a_0 e^{-q_s r}/r$일 때 전기장을 구하라.

풀이 식 (1.51)로부터

$$\mathbf{E} = -\nabla V = -a_0 \frac{d}{dr}\left(\frac{e^{-q_s r}}{r}\right)\hat{\mathbf{r}} = \frac{a_0 (q_s r + 1) e^{-q_s r}}{r^2}\hat{\mathbf{r}}.$$

[2.5] 반지름이 R인 반구에 면 전하밀도 ρ_s로 전하가 고르게 분포되어 있다. (a) 중심점과 (b) 극점의 전위를 구하라.

풀이 (a) $V_O = \dfrac{1}{4\pi\epsilon_0} \displaystyle\int \frac{\rho_s da}{r} = \frac{1}{4\pi\epsilon_0} \frac{\rho_s}{R} 2\pi R^2 = \frac{\rho_s R}{2\epsilon_0}$

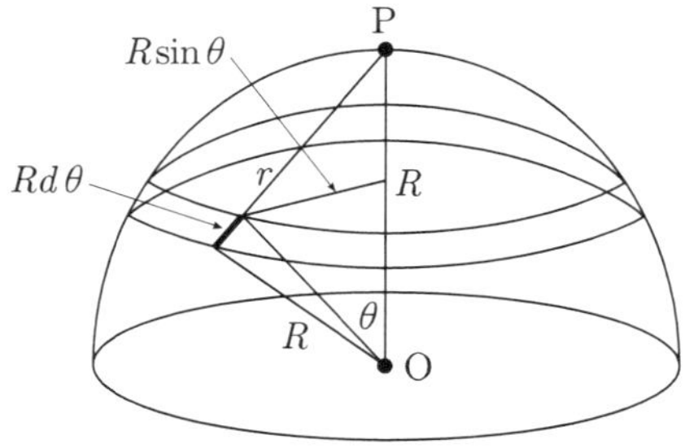

(b) 식 (B.7)로부터 $r = \sqrt{R^2 + R^2 - 2R^2\cos\theta} = \sqrt{2R^2(1-\cos\theta)}$ 이고 가락지의 면적은 $2\pi R^2 \sin\theta\, d\theta$ 이므로

$$V_{\mathrm{P}} = \frac{1}{4\pi\epsilon_0}\int \frac{\rho_{\mathrm{s}}\, da}{r} = \frac{1}{4\pi\epsilon_0}\frac{\rho_{\mathrm{s}}\, 2\pi R^2}{\sqrt{2}\, R}\int_0^{\pi/2}\frac{\sin\theta\, d\theta}{\sqrt{1-\cos\theta}}$$

에서 적분공식 $\int (1-t)^{-1/2} dt = -2\sqrt{1-t}$ 를 사용하면

$$V_{\mathrm{P}} = \frac{\rho_{\mathrm{s}} R}{2\sqrt{2}\,\epsilon_0}\left(2\sqrt{1-\cos\theta}\right)\Big|_0^{\pi/2} = \frac{\rho_{\mathrm{s}} R}{\sqrt{2}\,\epsilon_0}.$$

[2.6] 반지름이 a와 b ($b > a$)인 두 개의 동심 구 껍질이 있다. 안쪽 껍질에는 $+Q$, 바깥쪽 껍질에는 $-Q$의 전하가 고르게 분포되어 있다. 전기장과 저장된 에너지를 구하라.

풀이 (a) (i) $r > b$일 때 : $\mathbf{E} = 0$

(ii) $a < r < b$일 때 : $\mathbf{E} = \dfrac{1}{4\pi\epsilon_0}\dfrac{Q}{r^2}$

(iii) $r < a$일 때 : $\mathbf{E} = 0$

(b) $W = \dfrac{\epsilon_0}{2}\displaystyle\int E^2 d\tau = \dfrac{\epsilon_0}{2}\left(\dfrac{Q}{4\pi\epsilon_0}\right)^2\int_a^b \dfrac{1}{r^4}4\pi r^2 dr = \dfrac{Q^2}{8\pi\epsilon_0}\left(\dfrac{1}{a} - \dfrac{1}{b}\right)$

[2.7] 반지름이 R인 구에 전하밀도 $\rho(r) = a_0 r$로 전하가 분포되어 있다.

(a) 전기장과 전위를 구하라.

(b) 식 (2.33)과 (2.34)를 사용하여 저장된 에너지를 구하라.

풀이 (a) $\oint \mathbf{E} \cdot d\mathbf{a} = E 4\pi r^2$, $Q_{\text{in}} = \int \rho\, d\tau = a_0 \int_0^r r\, 4\pi r^2 dr = \pi a_0 r^4$ 이므로

$$\mathbf{E} = \frac{a_0}{4\epsilon_0} r^2\, \hat{\mathbf{r}}\ (r < R), \quad \mathbf{E} = \frac{a_0}{4\epsilon_0}\frac{R^4}{r^2}\,\hat{\mathbf{r}}\ (r > R)$$

$$V(r) = -\int_\infty^r \mathbf{E} \cdot d\mathbf{l} = -\frac{a_0 R^4}{4\epsilon_0}\int_\infty^R \frac{1}{r^2} dr - \frac{a_0}{4\epsilon_0}\int_R^r r^2 dr$$

$$= -\frac{a_0}{4\epsilon_0}\left[-R^4\frac{1}{R} + \frac{r^3}{3} - \frac{R^3}{3}\right] = \frac{a_0}{3\epsilon_0}\left(R^3 - \frac{r^3}{4}\right).$$

(b) $W = \frac{1}{2}\int \rho V d\tau = \frac{a_0}{2}\frac{a_0}{3\epsilon_0}\int_0^R r\left(R^3 - \frac{r^3}{4}\right) 4\pi r^2 dr$

$$= \frac{2\pi a_0^2}{3\epsilon_0}\left[\frac{R^7}{4} - \frac{R^7}{28}\right] = \frac{\pi a_0^2 R^7}{7\epsilon_0}$$

$$W = \frac{\epsilon_0}{2}\int E^2 d\tau = \frac{\epsilon_0}{2}\left(\frac{a_0}{4\epsilon_0}\right)^2\left[\int_0^R r^4 4\pi r^2 dr + \int_R^\infty \frac{R^8}{r^4} 4\pi r^2 dr\right]$$

$$= \frac{\pi a_0^2}{8\epsilon_0}\left[\frac{R^7}{7} + \frac{R^8}{R}\right] = \frac{\pi a_0^2 R^7}{7\epsilon_0}$$

[2.8] 반지름이 R인 구 외부의 전하밀도는 0이고 내부의 전하밀도는 $\rho = \rho_0 (1 - r^2/R^2)$일 때 (a) 구 외부와 (b) 내부에서의 전위와 전기장을 구하라.

풀이 (a) $Q = \int \rho\, d\tau = \int_0^R \rho_0\left(1 - \frac{r^2}{R^2}\right) 4\pi r^2\, dr = 4\pi\rho_0\left(\frac{R^3}{3} - \frac{R^5}{5R^2}\right) = \frac{8\pi\rho_0 R^3}{15}$

$$\oint \mathbf{E} \cdot d\mathbf{a} = 4\pi r^2 E = \frac{Q_{\text{in}}}{\epsilon_0} = \frac{Q}{\epsilon_0}$$

로부터

$$\mathbf{E} = \frac{2\rho_0 R^3}{15\epsilon_0 r^2}\hat{\mathbf{r}}, \quad V = -\int_\infty^r \mathbf{E} \cdot d\mathbf{l} = \frac{2\rho R^3}{15\epsilon_0 r}.$$

(b) $\oint \mathbf{E} \cdot d\mathbf{a} = 4\pi r^2 E = \frac{Q_{\text{in}}}{\epsilon_0}$

$$Q_{\text{in}} = \int_0^r \rho\, d\tau = \int_0^r \rho_0 \left(1 - \frac{r^2}{R^2}\right) 4\pi r^2 dr = 4\pi\rho_0 \left(\frac{r^3}{3} - \frac{r^5}{5R^2}\right)$$

$$= \frac{4\pi\rho_0}{15R^2}(5R^2 r^3 - 3r^5)$$

로부터

$$\mathbf{E} = \frac{\rho_0}{15\epsilon_0 R^2}(5R^2 r - 3r^3)\hat{\mathbf{r}}$$

$$V = -\int_\infty^r \mathbf{E} \cdot d\mathbf{l} = -\int_\infty^R \frac{2\rho_0 R^3}{15\epsilon_0 r^2} dr - \int_R^r \frac{\rho_0}{15\epsilon_0 R^2}(5R^2 r - 3r^3)\, dr$$

$$= \frac{2\rho_0 R^2}{15\epsilon_0} - \frac{\rho_0}{15\epsilon_0 R^2}\left[\frac{5R^2}{2}(r^2 - R^2) + \frac{3}{4}(R^4 - r^4)\right]$$

$$= \frac{\rho_0 R^2}{4\epsilon_0} - \frac{\rho_0}{6\epsilon_0}\left(1 - \frac{3r^2}{10R^2}\right) r^2.$$

[2.9] 점전하 Q를 속이 빈 구형도체[안쪽 반지름 a, 바깥쪽 반지름 b]가 감싸고 있다. $V(r = \infty) = 0$으로 두고 전위를 구하라.

풀이 (a) $r > b$일 때 : $V = \frac{1}{4\pi\epsilon_0}\frac{Q}{r}$

(b) $a < r < b$일 때 : 도체 내부에서는 전위가 일정하므로

$$V = \frac{1}{4\pi\epsilon_0}\frac{Q}{b}.$$

(c) $r < a$일 때 : $V = Q/4\pi\epsilon_0 r + V_0$에서 $V(a) = Q/4\pi\epsilon_0 b$이므로

$$V = \frac{1}{4\pi\epsilon_0}\frac{Q}{r} + \frac{1}{4\pi\epsilon_0}\left(\frac{Q}{b} - \frac{Q}{a}\right).$$

[2.10] 반지름이 R이고 전기적으로 중성인 도체공 속에 반지름이 a_1, a_2, a_3인 작은 구멍을 만들고 중심에 전하 q_1, q_2, q_3인 점전하를 두었다.

(a) 각각의 공의 면 전하밀도를 구하라.

(b) 도체 공 밖에서의 전기장을 구하라.

풀이 (a) $\rho_s(a_i) = -\dfrac{q_i}{4\pi a_i^2}$, $\rho_s(R) = \dfrac{q_1+q_2+q_3}{4\pi R^2}$

(b) $\mathbf{E} = \dfrac{q_1+q_2+q_3}{4\pi r^2}\hat{\mathbf{r}}$

[2.11] 반지름이 R_1, $R_2\ (> R_1)$인 동심구의 중심에 전하 Q가 있고 동심구 사이의 전위차가 V이다. R_2가 정해져 있을 때 안쪽 구의 표면에서의 전기장이 최소가 될 R_1 값을 구하라.

풀이 $V = -\displaystyle\int_{R_2}^{R_1} \mathbf{E}\cdot d\mathbf{r} = \dfrac{Q}{4\pi\epsilon_0}\left(\dfrac{1}{R_1}-\dfrac{1}{R_2}\right)$로부터

$$E(R_1) = \frac{Q}{4\pi\epsilon_0 R_1^2} = \frac{R_1R_2V}{R_2-R_1}\frac{1}{R_1^2} = \frac{R_2V}{(R_2-R_1)R_1} = V\left(\frac{1}{R_1}+\frac{1}{R_2-R_1}\right)$$

이므로

$$\frac{dE(R_1)}{dR_1} = V\left(\frac{-1}{R_1^2}+\frac{1}{(R_2-R_1)^2}\right) = 0$$

이다. 따라서 $(R_2-R_1)^2 = R_1^2$이므로

$$R_1 = R_2/2.$$

[2.12] 유전상수가 ϵ_r이고 반지름이 R인 유전체구가 일정한 자유 전하밀도 ρ를 포함하고 있다. 구 중심에서의 전위를 구하라.

풀이 $\displaystyle\int \mathbf{D}\cdot d\mathbf{a} = Q_{in}$에서

(i) $r < R$일 때 : $D_{in} = \dfrac{1}{4\pi r^2}\dfrac{4\pi r^3}{3}\rho$이고 $\epsilon = \epsilon_0\epsilon_r$이므로

$$E_{in} = \frac{\rho r}{3\epsilon_0\epsilon_r}$$

(ii) $r > R$일 때 : $D_{out} = \dfrac{1}{4\pi r^2}\dfrac{4\pi R^3}{3}\rho$이고 $\epsilon = \epsilon_0$이므로

$$E_{\text{out}} = \frac{\rho R^3}{3\epsilon_0 r^2}$$

따라서

$$V(r=0) = -\int_{\infty}^{R} \frac{\rho R^3}{3\epsilon_0 r^2} dr - \int_{R}^{0} \frac{\rho r}{3\epsilon_0 \epsilon_{\text{r}}} dr = \frac{\rho R^2}{3\epsilon_0} + \frac{\rho R^2}{6\epsilon_0 \epsilon_{\text{r}}}.$$

[2.13] 전하량이 q이고 질량이 m인 점전하가 $\mathbf{B} = B_0 \hat{\mathbf{z}}$의 자기장 안에서 운동한다.

(a) 운동방정식을 써라.

(b) 해를 구하라. 어떤 운동인가?

풀이 (a) $m\frac{d\mathbf{v}}{dt} = q\mathbf{v}\times\mathbf{B}$

(b) $m\left(\frac{dv_x}{dt}\hat{\mathbf{x}} + \frac{dv_y}{dt}\hat{\mathbf{y}} + \frac{dv_z}{dt}\hat{\mathbf{z}}\right) = q\begin{vmatrix} \hat{\mathbf{x}} & \hat{\mathbf{y}} & \hat{\mathbf{z}} \\ v_x & v_y & v_z \\ 0 & 0 & B_0 \end{vmatrix}$로부터

$$\frac{dv_x}{dt} = \frac{qv_y B_0}{m}, \quad \frac{dv_y}{dt} = -\frac{qv_x B_0}{m}, \quad \frac{dv_z}{dt} = 0$$

이므로 z방향으로는 $v_z = v_{z0}$(일정)인 등속도운동이고

$$\frac{d^2 v_x}{dt^2} = -\frac{q^2 B_0^2}{m^2} v_x = -\omega^2 v_x, \quad \omega = \frac{qB_0}{m}$$

로부터 xy 평면에서는

$$v_x = v_0 \cos(\omega t + \alpha), \quad v_y = -v_0 \sin(\omega t + \alpha)$$

$$x = r_0 \sin(\omega t + \alpha), \quad y = r_0 \cos(\omega t + \alpha)$$

$$x^2 + y^2 = r_0^2$$

인 원운동이므로 전체적으로는 나선운동이다. r_0와 v_0는 초기 조건에 의해 주어진다.

[2.14] 전하량이 q이고 질량이 m인 점전하가 $\mathbf{E} = E_0 \hat{\mathbf{z}}$의 전기장과 $\mathbf{B} = B_0 \hat{\mathbf{x}}$의 자기장 안에서 운동한다.

(a) 운동방정식을 써라.

(b) 해를 구하라. 어떤 운동인가?

풀이 (a) $m\dfrac{d\mathbf{v}}{dt}=q(\mathbf{E}+\mathbf{v}\times\mathbf{B})$

(b) $\mathbf{v}\times\mathbf{B}=\begin{vmatrix}\hat{\mathbf{x}} & \hat{\mathbf{y}} & \hat{\mathbf{z}}\\ v_x & v_y & v_z\\ B_0 & 0 & 0\end{vmatrix}=v_zB_0\hat{\mathbf{y}}-v_yB_0\hat{\mathbf{z}}$ 로부터

$$m\left(\frac{dv_x}{dt}\hat{\mathbf{x}}+\frac{dv_y}{dt}\hat{\mathbf{y}}+\frac{dv_z}{dt}\hat{\mathbf{z}}\right)=qv_zB_0\hat{\mathbf{y}}+q(E_0-v_yB_0)\hat{\mathbf{z}}$$

이므로 각각의 성분을 비교하면 x 방향으로는 $v_x=$(일정)인 등속운동이고 yz 평면에서는

$$\frac{dv_y}{dt}=\frac{qB_0}{m}v_z,\quad \frac{dv_z}{dt}=\frac{q}{m}(E_0-B_0v_y)$$

이다. 따라서

$$\frac{d^2v_z}{dt^2}=-\frac{qB_0}{m}\frac{dv_y}{dt}=-\omega^2v_z,\quad \omega=qB_0/m$$

이므로 해는

$$v_z=A\cos(\omega t+\alpha),\quad \frac{dv_z}{dt}=-A\omega\sin(\omega t+\alpha)$$

$$v_y=E_0/B_0+A\sin(\omega t+\alpha).$$

[2.15] 그림 2.43에서 P 지점의 자기장을 구하라.

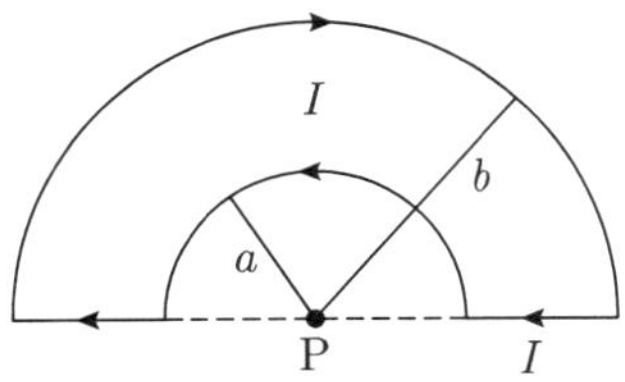

그림 2.43 보충문제 2.15

풀이 수평선 부분의 전류에 의한 자기장은 0이고 나머지는 반원에 의한 자기장이므로

연습문제 2.29로부터

$$B=\frac{\mu_0 I}{4}\left(\frac{1}{a}-\frac{1}{b}\right)\ [\text{방향: 지면 바깥쪽}].$$

[2.16] 한 변의 길이가 a인 정사각형의 닫힌 회로에 전류 I가 흐른다. 중심에서의 자기장을 구하라.

풀이 네 변의 전류에 의한 P 지점의 자기장의 방향은 모두 지면 안쪽이고 크기도 모두 같으므로 연습문제 2.27에 의하면

$$B=4\times\frac{\mu_0 I}{4\pi a}(\sin 45^\circ+\sin 45^\circ)=2\sqrt{2}\,\frac{\mu_0 I}{\pi a}.$$

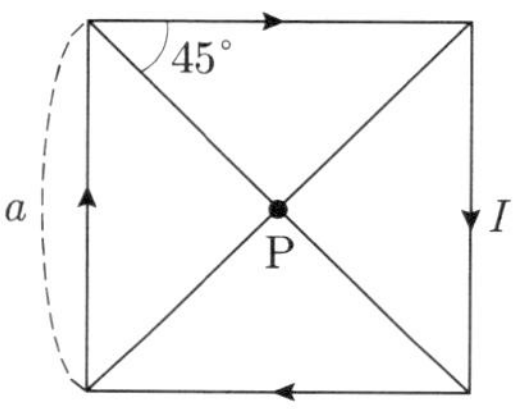

[2.17] 그림 2.44와 같이 전류 I가 흐르는 직선 옆에 한 변의 길이가 a인 정사각형 고리에 같은 크기의 전류 I가 흐른다. 직선전류로부터 고리가 받는 힘을 구하라.

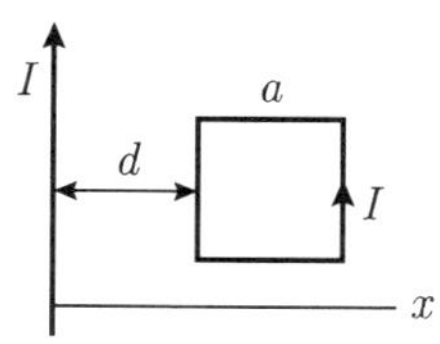

그림 2.44 보충문제 2.17

풀이 위쪽과 아래쪽 도선에 작용하는 힘은 대칭이므로 상쇄된다. 연습문제 2.27에 의해 무한 직선전류에 의한 자기장은 $\mu_0 I/2\pi y$이고[지면 안쪽 방향] 자기력은 $I\mathbf{l}\times\mathbf{B}$이므로 왼쪽 도선에 작용하는 힘은 $(\mu_0 I^2 a/2\pi d)\hat{\mathbf{x}}$이고 오른쪽 도선에 작용하는 힘은

$\mu_0 I^2 a/[2\pi(d+a)](-\hat{\mathbf{x}})$이므로

$$총\ 힘 = \frac{\mu_0 I^2 a}{2\pi}\left(\frac{1}{d} - \frac{1}{(d+a)}\right)\hat{\mathbf{x}}.$$

[2.18] 일정한 선 전하밀도 λ로 대전된 두 도선이 간격 d를 유지하기 위해 같은 속도 v로 움직인다. v를 구하라.

풀이 식 (2.3)으로부터 $I = v(dq/dl) = \lambda v$, 연습문제 2.28로부터 단위 길이당 작용하는 자기력은 $f_{\mathrm{m}} = \mu_0 \lambda^2 v^2/2\pi d$이고 예 2.5로부터 선 전하밀도 λ에 의한 전기장은 $E = \lambda/2\pi\epsilon_0 d$이므로 단위 길이당 전기력은 $f_{\mathrm{e}} = \lambda^2/2\pi\epsilon_0 d$이다. 따라서 두 힘이 같아야 하므로

$$v = \frac{1}{\sqrt{\epsilon_0 \mu_0}}$$

이고 이것은 빛의 속력이다.

[2.19] 전류 I가 흐르는 감은 수 N, 길이 l, 반지름 R의 매우 긴 솔레노이드가 있다. 비오-사바르 법칙을 사용하여 다음을 구하라.

(a) 솔레노이드 안의 중심축상에서의 자기장

(b) 솔레노이드 밖의 중심축상에서의 자기장

풀이 (a) 도선이 매우 조밀하게 감겨 있다고 가정하면 그림 (a)의 두께 dx 부분은 전류가 $nIdx$인 원형전류로 가정할 수 있다. 연습문제 2.29의 원형전류에 의한 자기장으로부터 이 부분에 의한 자기장은

$$dB_x = \frac{\mu_0 R^2}{2r^3} nIdx$$

이다. 따라서 $r = R/\sin\theta$, $x = R\cot\theta$, $dx = -R\mathrm{cosec}^2\theta\, d\theta$이므로

$$dB_x = \frac{\mu_0 R^2}{2}\frac{\sin^3\theta}{R^3} nI(-R\mathrm{cosec}^2\theta\, d\theta) = -\frac{\mu_0 nI\sin\theta\, d\theta}{2}.$$

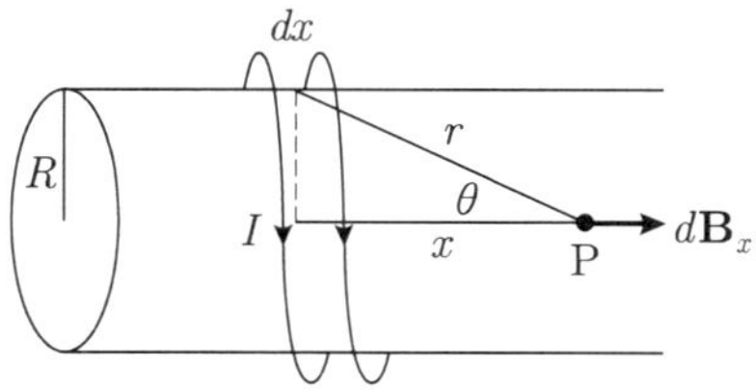

(a) 원형전류소에 의한 자기장

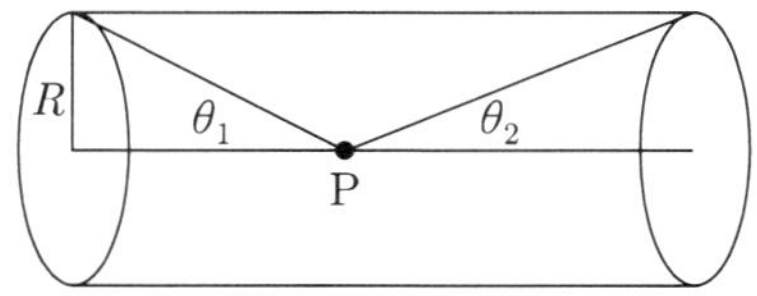

(b) 솔레노이드 안

그림 (b)와 같이 자기장을 구하는 지점 P가 가장자리에 펴는 각이 θ_1, θ_2이면 P 지점의 자기장은

$$B_x = -\frac{\mu_0 nI}{2}\int_{\pi-\theta_2}^{\theta_1} \sin\theta\, d\theta = \frac{\mu_0 nI}{2}(\cos\theta_2 + \cos\theta_1)$$

이고 솔레노이드가 매우 길면 $\theta_1 = \theta_2 \approx 0$ 으로 둘 수 있으므로

$$B_x = \mu_0 nI.$$

(b) 그림 (c)와 같이 지점 P를 고려하면

$$B_x = -\frac{\mu_0 nI}{2}\int_{\theta_1}^{\theta_2} \sin\theta\, d\theta = \frac{\mu_0 nI}{2}(\cos\theta_2 - \cos\theta_1).$$

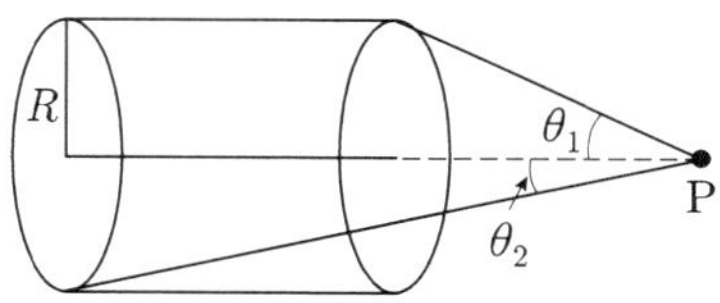

이것으로부터도 매우 긴 솔레노이드 안의 자기장을 구할 수 있다. 즉, 솔레노이드가 매우 길고 지점 P가 솔레노이드 안에 있으면 $\theta_1 = -\pi$, $\theta_2 = 0$으로 둘 수 있으므로

$$B_x = \mu_0 nI.$$

[2.20] 전류 I가 흐르는 반지름 R인 굵은 도선의 중심에서 거리 r인 지점의 자기장을 구하라.

풀이 구하고자 하는 지점을 포함하는 반지름 r인 원을 폐회로로 선택하면

(i) $r > R$일 때 : $\oint \mathbf{B} \cdot d\mathbf{l} = B\,2\pi r = \mu_0 I_{\text{in}} = \mu_0 I$이므로

$$B = \frac{\mu_0 I}{2\pi r}.$$

(ii) $r < R$일 때 : $I_{\text{in}} = J\pi r^2 = \frac{I}{\pi R^2}\pi r^2 = I\frac{r^2}{R^2}$ 이므로

$$B = \frac{\mu_0 I r}{2\pi R^2}.$$

[2.21] 그림 2.45와 같이 원환체에 감긴 코일에 전류 I가 흐른다. 원환체 내의 자기장을 구하라. 내부자기장은 일정하고 원둘레 방향이라 가정하라.

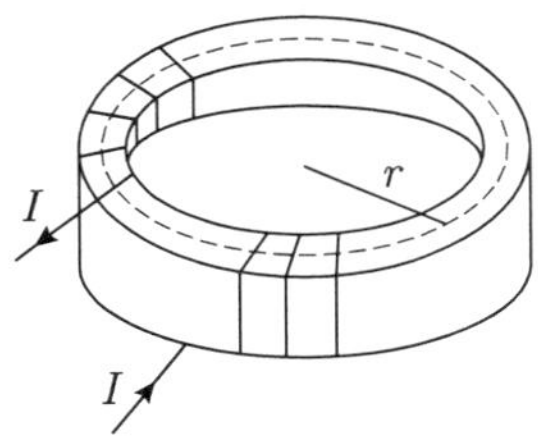

그림 2.45 보충문제 2.21

풀이 반지름 r인 폐회로를 고려하면

$$\oint \mathbf{B} \cdot d\mathbf{l} = B\,2\pi r = \mu_0 I_{\text{in}}$$

에서 $I_{\text{in}} = NI$이므로 크기는

$$B = \frac{\mu_0 NI}{2\pi r}$$

이고 방향은 시계 반대방향이다.

[2.22] 헬름홀츠 코일. 그림 2.46와 같이 같은 크기의 전류 I가 같은 방향으로 흐르는 반지름이 a인 두 개의 고리가 간격 d만큼 떨어져 있다.

(a) $+x$ 축상의 임의의 지점에서의 자기장 B_x를 구하라.

(b) O 지점(중앙)에서 dB_x/dx를 구하라.

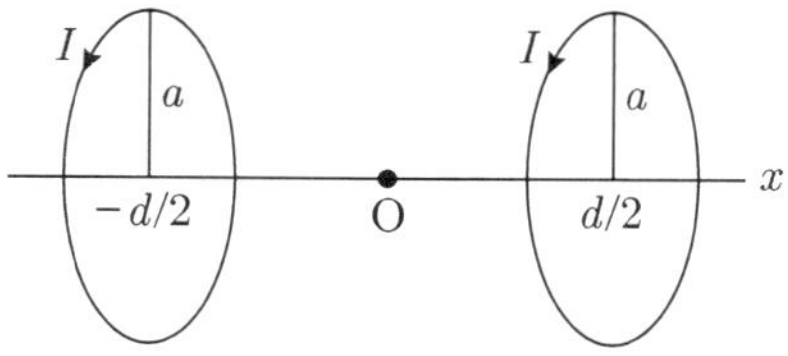

그림 2.46 보충문제 2.22

풀이 (a) 연습문제 2.29로부터

$$B_x = \frac{\mu_0 I a^2}{2}\left[\frac{1}{[(x+d/2)^2+a^2]^{3/2}} + \frac{1}{[(x-d/2)^2+a^2]^{3/2}}\right].$$

(b) $\dfrac{dB_x}{dx} = \dfrac{\mu_0 I a^2}{2}\left[\dfrac{-(3/2)2(x+d/2)}{[(x+d/2)^2+a^2]^{5/2}} + \dfrac{-(3/2)2(x-d/2)}{[(x-d/2)^2+a^2]^{5/2}}\right]$ 이므로

$$\left.\frac{dB_x}{dx}\right|_{x=0} = 0$$

[2.23] 다음의 각각의 경우에 대해 중심을 지나는 $+z$ 축상의 임의의 지점에서의 자기장을 구하라.

(a) 전하 q가 고르게 분포된 반지름이 a인 원환이 각속도 ω로 회전한다.

(b) 전하 q가 고르게 분포된 반지름이 a인 원판이 각속도 ω로 회전한다.

(c) 전하 q가 고르게 분포된 반지름이 R인 구가 각속도 ω로 회전한다.

풀이 (a) 주기를 T라 하면 $I = q/T = q\omega/2\pi$ 이므로 연습문제 2.29로부터

$$B_z = \frac{\mu_0}{2}\frac{a^2}{(z^2+a^2)^{3/2}}\frac{q\omega}{2\pi} = \frac{\mu_0 \omega q}{4\pi}\frac{a^2}{(z^2+a^2)^{3/2}}.$$

(b) (a)의 결과를 활용하기 위해 반지름이 r이고 두께가 dr인 가락지를 고려 하고 면 전하밀도를 ρ_s라 하면 $a \to r$, $q \to \rho_s 2\pi r\,dr$ 이므로

$$dB_z = \frac{\mu_0 \omega}{4\pi}\frac{r^2}{(z^2+r^2)^{3/2}}\rho_s 2\pi r\,dr$$

이다. 따라서

$$B_z = \frac{\mu_0}{2}\rho_s\,\omega\int_0^a \frac{r^3\,dr}{(z^2+r^2)^{3/2}}$$

$$= \frac{\mu_0\,\rho_s\,\omega}{2}\left[\int_0^a \frac{r\,dr}{\sqrt{z^2+r^2}} - z^2\int_0^a \frac{r\,dr}{(z^2+r^2)^{3/2}}\right]$$

에서 $t \equiv r^2 + z^2$로 두면

$$B_z = \frac{\mu_0\,\rho_s\,\omega}{2}\left[\frac{1}{2}\int t^{-1/2}dt - \frac{z^2}{2}\int t^{-3/2}dt\right] = \frac{\mu_0\,\rho_s\,\omega}{2}\left[\sqrt{t} + \frac{z^2}{\sqrt{t}}\right]$$

$$= \frac{\mu_0\,\rho_s\,\omega}{2}\left[\frac{r^2+2z^2}{\sqrt{r^2+z^2}}\right]_{r=0}^{r=a} = \frac{\mu_0\rho_s\,\omega}{2}\left[\frac{a^2+2z^2}{\sqrt{a^2+z^2}} - 2z\right].$$

(c) (b)의 결과를 활용하기 위해 그림과 같은 원판으로 쪼개면 원판의 두께는 $|d(R\cos\theta)| = R\sin\theta\,d\theta$이다. 부피 전하밀도를 ρ라 하면

$$\rho_s = \rho R\sin\theta\,d\theta,\quad a \Rightarrow R\sin\theta,\quad z \Rightarrow z - R\cos\theta$$

이므로

$$B_z = \frac{\mu_0\rho R\omega}{2}\int_0^{\pi} d\theta\sin\theta\left[\frac{R^2\sin^2\theta + 2(z-R\cos\theta)^2}{\sqrt{R^2\sin^2\theta + (z-R\cos\theta)^2}} - 2(z-R\cos\theta)\right]$$

이 되고 적분공식 식 (B.16)을 사용하면 결과는 다음과 같다.

$$B_z = \frac{2\mu_0\,\omega\rho\,R^5}{15z^3} = \frac{\mu_0\,\omega\,R^2 Q}{10\pi\,z^3}.$$

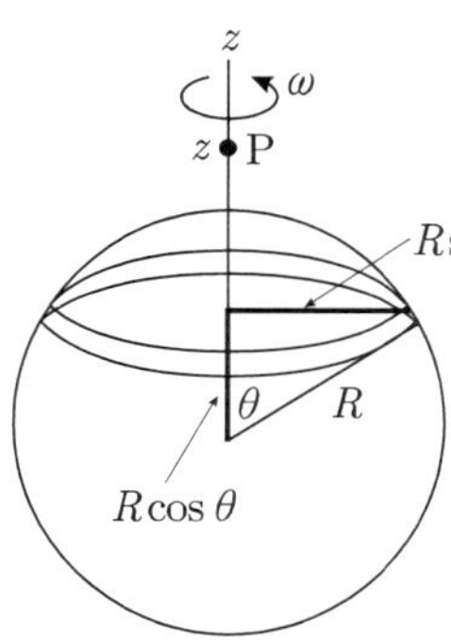

[2.24] xy 평면상에 일정한 표면전류 $\mathbf{J}_s = J_0\hat{\mathbf{x}}$가 흐른다. 자기장을 구하라.

풀이 폐회로를 다음 그림과 같이 선택하면 표면전류는 지면 바깥쪽으로 흐른다. 무한 평면으로 가정하면 왼쪽과 오른쪽 부분에서의 자기장은 0이 되므로

$$\oint \mathbf{B} \cdot d\mathbf{l} = 2Bl = \mu_0 I_{\text{in}} = \mu_0 J_0 l$$

이다. 따라서

(i) $z > 0$일 때 : $\mathbf{B} = -(\mu_0 J_0/2)\hat{\mathbf{y}}$

(ii) $z < 0$일 때 : $\mathbf{B} = (\mu_0 J_0/2)\hat{\mathbf{y}}$

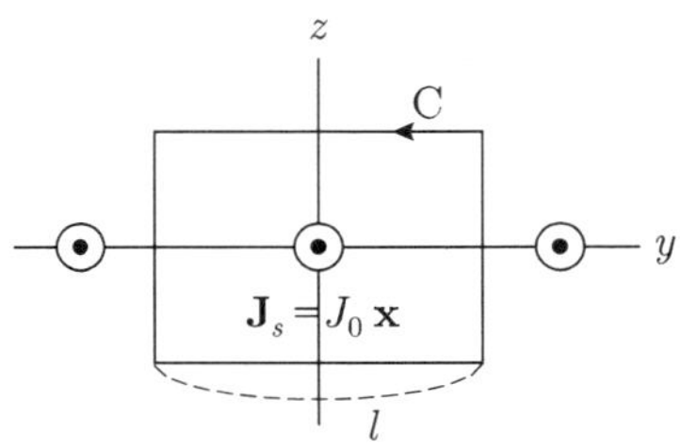

[2.25] 반지름이 각각 a와 b인 두 동심구 사이에 전기전도도가 σ인 물질로 채우고 전기전위차 V를 유지했을 때 구 사이의 저항을 구하라.

풀이 안쪽 구의 전하를 Q라 하면 이것에 의한 전기장은 $\mathbf{E} = (Q/4\pi\epsilon_0 r^2)\hat{\mathbf{r}}$이므로

$$V = -\int_b^a \mathbf{E} \cdot d\hat{\mathbf{r}} = \frac{Q}{4\pi\epsilon_0}\left(\frac{1}{a} - \frac{1}{b}\right)$$

이다. 따라서 옴의 법칙과 가우스의 법칙을 적용하면

$$I = \oint \mathbf{J} \cdot d\mathbf{a} = \sigma \oint \mathbf{E} \cdot d\mathbf{a} = \frac{\sigma Q}{\epsilon_0} = \frac{\sigma}{\epsilon_0}\frac{4\pi\epsilon_0 V}{(1/a - 1/b)}$$

이므로

$$R = \frac{V}{I} = \frac{1}{4\pi\sigma}\left(\frac{1}{a} - \frac{1}{b}\right).$$

[2.26] 저항이 R인 막대가 수평으로 놓인 폭이 l인 U자형 금속 도선 위에 그림 2.47과 같이 놓여 있다. 막대와 도선 사이의 마찰은 무시할 수 있고 자기장이 지면 안쪽으로

향하고 있다.

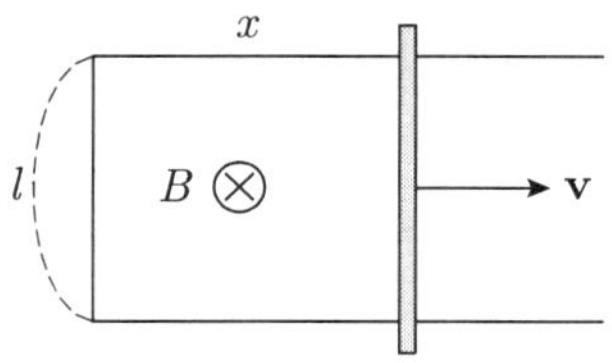

그림 2.47 보충문제 2.26

(a) 막대가 그림과 같이 속도 $\mathbf{v}$로 오른쪽으로 움직일 때 한 일과 회로에 생기는 유도기전력을 구하라.

(b) 자기력이 일을 했는가?

풀이 (a) 막대 속의 전하 q가 속도 $\mathbf{v}$로 막대를 따라 움직일 때 받는 힘은 $F = qvB$이므로 하는 일은

$$W = \int F dy = Fl = qvBl$$

이고 기전력은 다음과 같다.

$$\mathcal{E} = \frac{W}{q} = Blv$$

(b) 전하 q의 실제 속도 $\mathbf{u}$는 $\mathbf{v}$와 유도전류를 만드는 속도 $\mathbf{v}_i$의 합이다.

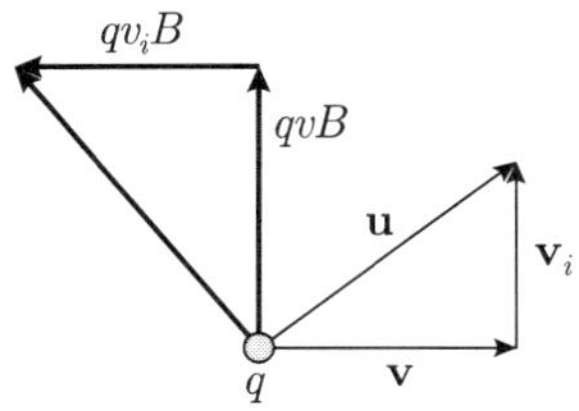

$\mathbf{v}_i$에 의한 힘 qv_iB가 왼쪽으로 작용하므로 속도 $\mathbf{v}$로 오른쪽으로 이동하려면 qv_iB의 외력이 오른쪽으로 작용해야 한다. Δt 동안 막대를 따라 l만큼 이동하는 동안 오른쪽으로 h만큼 이동했다면 외력이 하는 일은 qv_iBh이고 $\Delta t = l/v_i = h/v$이므로 외력이 한 일은 $qvBl$이다. 따라서 자기력이 일을 한 것이 아니라 외력이 일을 한 것이다.

[2.27] 비오-사바르의 법칙[식 (2.62)]으로부터 식 (2.42)을 증명하라.

풀이 $\nabla \cdot \mathrm{B} = \dfrac{\mu_0 I}{4\pi} \oint_{C'} \nabla \cdot \left[\dfrac{d\mathrm{l}' \times \hat{\mathrm{r}}}{r^2} \right]$에서 식 (1.27)를 사용하면

$$\nabla \cdot \left[\frac{d\mathrm{l}' \times \hat{\mathrm{r}}}{r^2} \right] = \frac{\hat{\mathrm{r}}}{r^2} \cdot (\nabla \times d\mathrm{l}') - d\mathrm{l}' \cdot \left[\nabla \times \left(\frac{\hat{\mathrm{r}}}{r^2} \right) \right]$$

이다. 첫 항은 $d\mathrm{l}'$이 r'의 함수이고 ∇은 r에 대한 미분이므로 0이고, 둘째 항은 연습문제 1.7(d)에 의해 0이다.

[2.28] 반지름이 a인 원통 안에 축 방향으로 $\mathrm{B} = B_0 \cos(\omega t)\hat{\mathbf{z}}$의 자기장이 가해진다. 원통 외부의 자기장은 0이다. 전기장을 구하라.

풀이 식 (2.70b)로부터

$$\nabla \times \mathrm{E} = -\frac{\partial \mathrm{B}}{\partial t} = \omega B_0 \sin(\omega t)\hat{\mathbf{z}}$$

이므로 식 (1.49)에 의해 $\mathrm{E} = E_\phi \hat{\phi}$이다. 따라서 반지름 r의 고리에 대해 원통좌표계에서는 $ds = r\,d\phi$(표 1.2)이므로

$$\oint_C \mathrm{E} \cdot d\mathbf{s} = \oint_C E_\phi r\,d\phi = 2\pi r E_\phi$$

이고 스토크스의 회전정리[식 (1.23)]를 사용하면

$$\oint_C \mathrm{E} \cdot d\mathbf{s} = \int_S (\nabla \times \mathrm{E}) \cdot d\mathbf{a} = -\int_S \frac{\partial \mathrm{B}}{\partial t} \cdot d\mathbf{a}$$

이므로

$$2\pi r E_\phi = \omega B_0 \sin\omega t \int da_z$$

이다. 여기서 $r > a$일 때는 $\mathrm{B} = 0$이므로

$$\int da_z = \begin{cases} \pi r^2 & (r \le a) \\ \pi a^2 & (r > a) \end{cases}$$

따라서

$$E_\phi = \begin{cases} \omega B_0 r \sin(\omega t)/2 & (r \le a) \\ \omega B_0 (a^2/r)\sin(\omega t)/2 & (r > a). \end{cases}$$

[2.29] 그림 2.48에서 무한 직선전류가 $I(t) = I_0 \sin \omega t$일 때 직사각형 도선에 유도되는 유도기전력을 구하라.

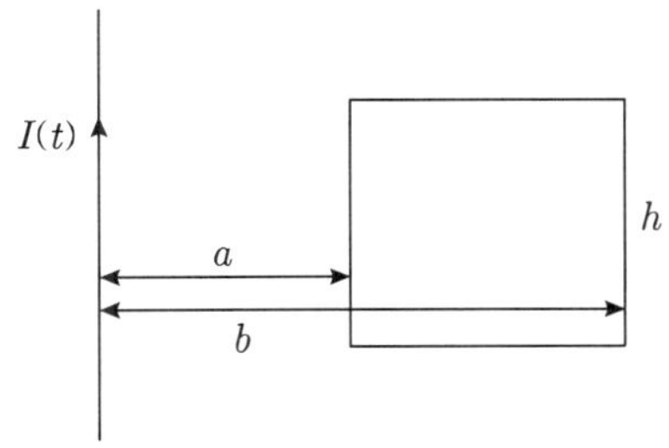

그림 2.48 보충문제 2.29

풀이 그림과 같이 구간 dx를 선택한다.

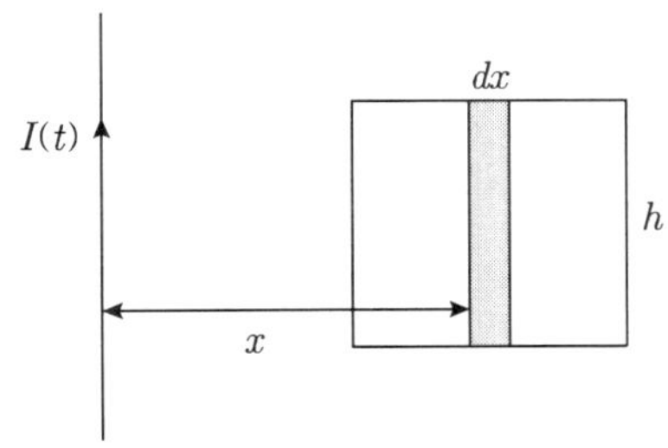

식 (2.55)로부터 지면 안쪽으로 $B(t) = \mu_0 I(t)/2\pi x$이 발생하므로 자기선속은 식 (2.69)로부터

$$\Phi(t) = \int \mathrm{B}(t) \cdot d\mathbf{a} = \frac{\mu_0 I(t)}{2\pi} \int_a^b \frac{1}{x} h\, dx = \frac{\mu_0 h I(t)}{2\pi} \ln\left(\frac{b}{a}\right)$$

이다. 따라서 식 (2.68)로부터

$$\mathcal{E} = -\frac{d\Phi(t)}{dt} = -\frac{\mu_0 h}{2\pi} I_0 \omega \cos(\omega t) \ln\left(\frac{b}{a}\right).$$

CHAPTER 03 기본 법칙의 변형

3.1 E와 B의 파동방정식

[3.1] 반지름 a의 안쪽 원통에 전류 I가 흐르고 내부 반지름 b, 외부 반지름 c의 바깥쪽 원통에 반대 방향으로 전류 I가 흐른다. 길이 l의 원통에 저장된 에너지를 구하라.

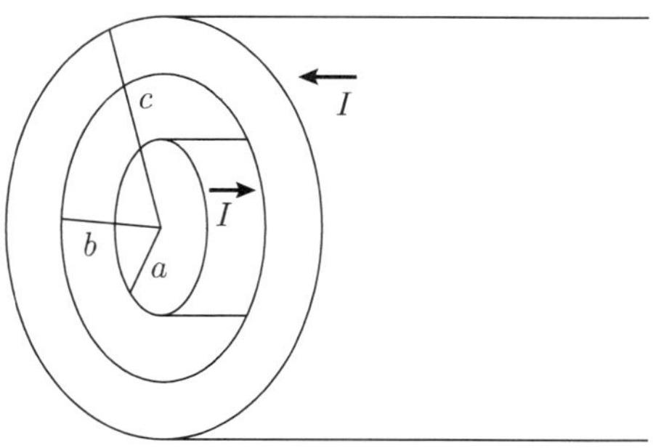

그림 3.1 연습문제 3.1

풀이 (i) $0 \le r \le a$일 때 : 식 (3.4b)로부터

$$I_{\text{in}} = I\frac{r^2}{a^2}, \quad B_1 = \frac{\mu_0 I_{\text{in}}}{2\pi r} = \frac{\mu_0 I}{2\pi a^2} r$$

이고 표 1.2로부터 원통좌표계에서의 체적소는 $d\tau = r\,dr\,d\phi\,dz$ 이므로 식 (3.7)을 사용하면

$$W_1 = \int \frac{B_1^2}{2\mu_0} d\tau = \frac{\mu_0 I^2}{8\pi^2 a^4} \int_0^l \int_0^{2\pi} \int_0^a r^2 r\,dr\,d\phi\,dz$$
$$= \frac{\mu_0 I^2 l}{4\pi a^4} \frac{a^4}{4} = \frac{\mu_0 I^2 l}{16\pi}.$$

(ii) $a \leq r \leq b$ 일 때 :

$$I_{\text{in}} = I, \quad B_2 = \frac{\mu_0 I}{2\pi r}$$

이므로

$$W_2 = \frac{\mu_0 I^2}{8\pi^2} \int_0^l \int_0^{2\pi} \int_a^b \frac{1}{r^2} r\,dr\,d\phi\,dz = \frac{\mu_0 I^2 l}{4\pi} \ln\left(\frac{b}{a}\right).$$

(iii) $b \leq r \leq c$ 일 때 :

$$I_{\text{in}} = I - I\left(\frac{r^2 - b^2}{c^2 - b^2}\right) = \frac{c^2 - r^2}{c^2 - b^2} I, \quad B_3 = \frac{\mu_0 I}{2\pi (c^2 - b^2)}\left(\frac{c^2}{r} - r\right)$$

이므로

$$W_3 = \frac{\mu_0 I^2}{8\pi^2 (c^2 - b^2)^2} \int_0^l \int_0^{2\pi} \int_b^c \left(\frac{c^2}{r} - r\right)^2 r\,dr\,d\phi\,dz$$
$$= \frac{\mu_0 I^2 l}{4\pi (c^2 - b^2)^2} \int_b^c \left(\frac{c^4}{r} - 2c^2 r + r^3\right) dr$$
$$= \frac{\mu_0 I^2 l}{4\pi (c^2 - b^2)^2} \left[c^4 \ln\left(\frac{c}{b}\right) - c^2 (c^2 - b^2) + \frac{c^4 - b^4}{4}\right]$$
$$= \frac{\mu_0 I^2 l}{4\pi (c^2 - b^2)^2} \left[c^4 \ln\left(\frac{c}{b}\right) - \frac{(c^2 - b^2)(3c^2 - b^2)}{4}\right].$$

(iv) $c \leq r$ 일 때 :

$$I_{\text{in}} = I - I = 0$$

이므로

$$B_4 = 0, \quad W_4 = 0.$$

[3.2] 내부 도체의 반지름이 a이고 외부 도체의 반지름이 b인 동축 케이블에 전류 I가 흐른다. 도체 사이의 전위차가 V일 때 케이블을 통해 단위시간에 보내지는 에너지를 포인팅벡터로부터 구하라.

풀이 안쪽 케이블의 선 전하밀도를 λ라 하면 연습문제 2.16과 식 (2.55)로부터 케이블 내에서의 전기장과 자기장의 세기는

$$E = \frac{\lambda}{2\pi\epsilon r}, \quad H = \frac{I}{2\pi r}$$

이고 도체 사이의 전위차는 식 (2.12)로부터

$$V = \int_a^b E\,dr = \frac{\lambda}{2\pi\epsilon}\ln\left(\frac{b}{a}\right)$$

이므로

$$E = \frac{V}{r\ln(b/a)}$$

이다. 따라서 포인팅벡터의 크기는 식 (3.8a)에 의해

$$S = EH = \frac{VI}{2\pi r^2 \ln(b/a)}$$

이므로 전력은 식 (3.8b)로부터

$$P = \int_a^b S\,da = \frac{VI}{2\pi\ln(b/a)}\int_a^b \frac{1}{r^2}2\pi r\,dr = VI.$$

3.2 전자기퍼텐셜

[3.3] $\mathbf{B} = B\hat{\mathbf{z}}$로 일정하다면 $\mathbf{A} = -(\mathbf{r}\times\mathbf{B})/2$ 임을 증명하라.

풀이 식 (1.27)를 적용하면

$$\nabla\cdot\mathbf{A} = -\frac{1}{2}\nabla\cdot(\mathbf{r}\times\mathbf{B}) = -\frac{1}{2}[\mathbf{B}\cdot(\nabla\times\mathbf{r}) - \mathbf{r}\cdot(\nabla\times\mathbf{B})]$$

에서 $\nabla\times\mathbf{B} = 0$ 이고 연습문제 1.7 또는 1.12로부터 $\nabla\times\mathbf{r} = 0$ 이므로 $\nabla\cdot\mathbf{A} = 0$

을 만족하고

$$\mathbf{A} = -\frac{1}{2}(x\hat{\mathbf{x}} + y\hat{\mathbf{y}} + z\hat{\mathbf{z}}) \times B\hat{\mathbf{z}} = -\frac{1}{2}(-xB\hat{\mathbf{y}} + yB\hat{\mathbf{x}})$$

이므로

$$\nabla \times \mathbf{A} = \left(\frac{\partial}{\partial x}\hat{\mathbf{x}} + \frac{\partial}{\partial y}\hat{\mathbf{y}} + \frac{\partial}{\partial z}\hat{\mathbf{z}}\right) \times \left[-\frac{1}{2}(-xB\hat{\mathbf{y}} + yB\hat{\mathbf{x}})\right] = B\hat{\mathbf{z}}.$$

[3.4] 원통좌표계에서 $\mathbf{A} = A_0\hat{\phi}$ 일 때 부피 전류밀도를 구하라.

풀이 식 (1.49)에서 A_ϕ 성분만 있으므로

$$\mathbf{B} = \nabla \times \mathbf{A} = \frac{1}{r}\frac{\partial}{\partial r}(rA_0)\hat{\mathbf{z}} = \frac{A_0}{r}\hat{\mathbf{z}}$$

이고 식 (3.4a)로부터

$$\mathbf{J} = \frac{1}{\mu_0}(\nabla \times \mathbf{B}) = \frac{1}{\mu_0}\left[-\frac{\partial}{\partial r}\left(\frac{A_0}{r}\right)\right]\hat{\phi} = \frac{A_0}{\mu_0 r^2}\hat{\phi}.$$

3.3 A와 V의 해

[3.5] x축상에서 $+x$ 방향으로 구간 $-L$과 $+L$ 사이에 직선전류 I가 흐른다. (a) $x=0$, $y=y$, $z=0$ 지점에서의 벡터퍼텐셜과 (b) 자기장을 구하라.

풀이

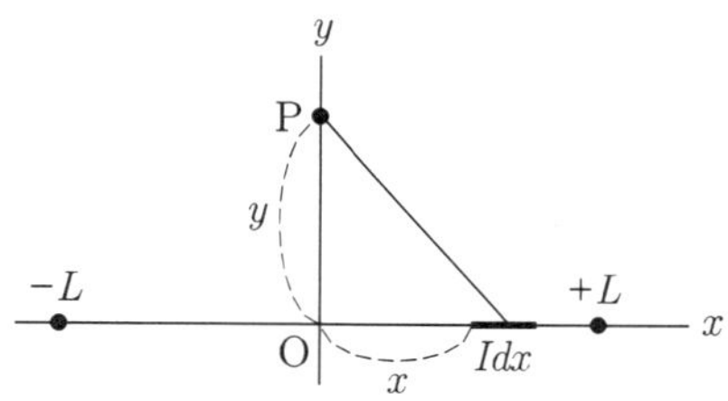

(a) 선전류이므로 식 (3.16)에서 $\mathbf{J}\,d\tau'$을 $I dx$으로 바꾸고 $|\mathbf{r}-\mathbf{r}'| = \sqrt{x^2+y^2}$을 대입하면[식 (B.16) 참고]

$$A_x = \frac{\mu_0 I}{4\pi}\int_{-L}^{L}\frac{dx}{\sqrt{x^2+y^2}} = \frac{\mu_0 I}{2\pi}\left[\ln\left(x+\sqrt{x^2+y^2}\right)\right]_{x=0}^{L}$$

$$= \frac{\mu_0 I}{2\pi}\ln\left[\frac{L+\sqrt{y^2+L^2}}{y}\right]$$

$$A_y = A_z = 0.$$

(b) $$B_z = \frac{\partial A_y}{\partial x} - \frac{\partial A_x}{\partial y} = -\frac{\mu_0 I}{2\pi}\left[\frac{y(y^2+L^2)^{-1/2}}{L+\sqrt{y^2+L^2}} - \frac{1}{y}\right]$$

$$B_x = B_y = 0$$

3.4 경계조건

[3.6] 시간 변동장이 아닌 경우에 (a) 전위 V와 (b) 벡터퍼텐셜 $\mathbf{A}$의 경계조건을 구하라.

풀이 (a) 두 매질 (1, 2)의 경계면에 대해 식 (2.12b)로부터

$$V_2 - V_1 = -\int_1^2 \mathbf{E}\cdot d\mathbf{l}$$

이므로 경계면에서 $2 \to 1$를 취하면 우변은 0이므로

$$V_1 = V_2$$

즉 전위는 경계면에서 연속이다.

(b) 쿨롱 게이지 $\nabla\cdot\mathbf{A} = 0$는 식 (3.2a)와 같으므로 $\mathbf{B}$의 경계조건 식 (3.21)에 의해

$$A_{1n} = A_{2n}$$

이고, $\mathbf{B} = \nabla\times\mathbf{A}$의 면적 벡터적분에 스토크스의 회전정리[식 (1.23)]를 적용하면

$$\int_S \mathbf{B}\cdot d\mathbf{a} = \int_S (\nabla\times\mathbf{A})\cdot d\mathbf{a} = \oint_C \mathbf{A}\cdot d\mathbf{l}$$

이 된다. 식 (3.19)를 유도할 때와 같이 그림 3.2의 폭($\overline{bc}$)을 0으로 선택하면 좌변은 0이 되므로

$$A_{1t} = A_{2t}$$

이다. 따라서 $\mathbf{A}$는 V와 마찬가지로 경계면에서 연속이다.

$$\mathbf{A}_1 = \mathbf{A}_2$$

3.5 전기다중극

[3.7] 점전하 세 개가 그림 3.11과 같이 위치하고 있다. 원점에서 멀리 떨어진 지점의 전위와 전기장을 근사적으로 구하라.

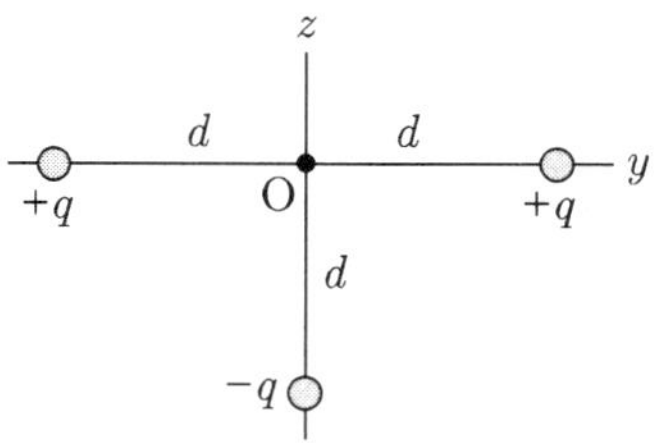

그림 3.11 연습문제 3.7

풀이 쌍극자 항까지만 고려하면 $Q = q$이고 원점 O에 대한 쌍극자 모멘트는 $\mathbf{p} = qd\hat{\mathbf{z}}$이므로

$$V(\mathbf{r}) = \frac{1}{4\pi\epsilon_0}\left(\frac{Q}{r} + \frac{\mathbf{p}\cdot\hat{\mathbf{r}}}{r^2}\right) = \frac{1}{4\pi\epsilon_0}\left(\frac{q}{r} + \frac{qd\cos\theta}{r^2}\right)$$

이고

$$\mathbf{E} = \frac{Q}{4\pi\epsilon_0 r^2}\hat{\mathbf{r}} + \frac{3\hat{\mathbf{r}}(\mathbf{p}\cdot\hat{\mathbf{r}}) - \mathbf{p}}{4\pi\epsilon_0 r^3}$$

에서 그림 3.9와 같이 $3\hat{\mathbf{r}}(\mathbf{p}\cdot\hat{\mathbf{r}}) - \mathbf{p} = 2p\cos\theta\,\hat{\mathbf{r}} + p\sin\theta\,\hat{\boldsymbol{\theta}}$이므로

$$\mathbf{E} = \frac{q}{4\pi\epsilon_0 r^2}\hat{\mathbf{r}} + \frac{qd(2\cos\theta\,\hat{\mathbf{r}} + \sin\theta\,\hat{\boldsymbol{\theta}})}{4\pi\epsilon_0 r^3}.$$

[3.8] 그림 3.12와 같이 전기쌍극자에서 $(r,\ \theta)$인 곳에 점 P가 있다. $r \gg d$일 때 P 지점에서

$\nabla^2 V = 0$ 임을 증명하라.

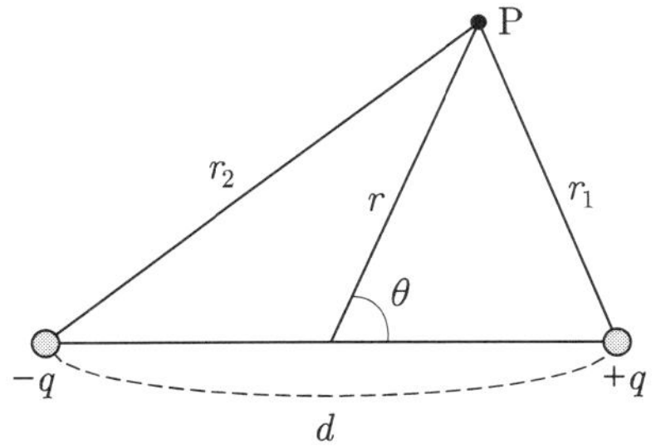

그림 3.12 연습문제 3.8

풀이 식 (3.30)으로부터 $V = p\cos\theta / 4\pi\epsilon_0 r^2$ 이므로 식 (1.54)를 사용하면

$$\nabla^2 V = \frac{1}{r^2}\frac{\partial}{\partial r}\left(r^2 \frac{\partial V}{\partial r}\right) + \frac{1}{r^2 \sin\theta}\frac{\partial}{\partial\theta}\left(\sin\theta \frac{\partial V}{\partial\theta}\right)$$

$$= \frac{p\cos\theta}{2\pi\epsilon_0 r^4} + \frac{-1}{r^2\sin\theta}\frac{2p\sin\theta\cos\theta}{4\pi\epsilon_0 r^2} = 0.$$

[3.9] 그림 3.13과 같이 z 방향의 전기쌍극자 $\mathbf{p}$와 점전하 q가 위치하고 있다.

(a) $\mathbf{p}$가 받는 힘을 구하라.

(b) q가 받는 힘을 구하라.

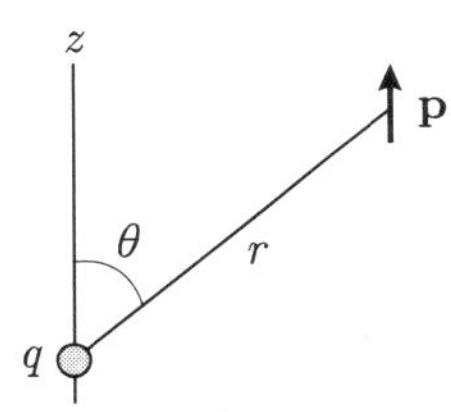

그림 3.13 연습문제 3.9

풀이 (a) 식 (2.22a)와 식 (1.51)를 사용하면 $\mathbf{p}$에 작용하는 힘은

$$\mathbf{F}_{\mathrm{p}} = (\mathbf{p}\cdot\nabla)\mathbf{E}_{\mathrm{q}} = \left[p\hat{\mathbf{z}}\cdot\left(\hat{\mathbf{r}}\frac{\partial}{\partial r} + \hat{\boldsymbol{\theta}}\frac{1}{r}\frac{\partial}{\partial\theta} + \hat{\boldsymbol{\phi}}\frac{1}{r\sin\theta}\frac{\partial}{\partial\phi}\right)\right]\frac{q}{4\pi\epsilon_0 r^2}\hat{\mathbf{r}}$$

이고 식 (1.34)로부터

$$\hat{\mathbf{z}}\cdot\hat{\mathbf{r}}=\cos\theta,\quad \hat{\mathbf{z}}\cdot\hat{\boldsymbol{\theta}}=-\sin\theta,\quad \frac{\partial\hat{\mathbf{r}}}{\partial r}=0,\qquad \frac{\partial\hat{\mathbf{r}}}{\partial\theta}=\hat{\boldsymbol{\theta}}$$

이므로

$$\mathbf{F}_{\mathrm{p}}=p\cos\theta\frac{\partial}{\partial r}\left(\frac{q}{4\pi\epsilon_0 r^2}\hat{\mathbf{r}}\right)-\frac{p\sin\theta}{r}\frac{q}{4\pi\epsilon_0 r^2}\frac{\partial\hat{\mathbf{r}}}{\partial\theta}$$
$$=-\frac{2pq\cos\theta}{4\pi\epsilon_0 r^3}\hat{\mathbf{r}}-\frac{pq\sin\theta}{4\pi\epsilon_0 r^3}\hat{\boldsymbol{\theta}}.$$

(b) p에 의한 q 지점의 전기장 $\mathbf{E}_{\mathrm{p}}$는 식 (3.35)로부터

$$\mathbf{E}_{\mathrm{p}}=\frac{1}{4\pi\epsilon_0 r^3}\left[3\{\mathbf{p}\cdot(-\hat{\mathbf{r}})\}(-\hat{\mathbf{r}})-\mathbf{p}\right]=\frac{1}{4\pi\epsilon_0 r^3}\left[3(\mathbf{p}\cdot\hat{\mathbf{r}})\hat{\mathbf{r}}-\mathbf{p}\right]$$

이므로

$$\mathbf{F}_{\mathrm{q}}=q\mathbf{E}_{\mathrm{p}}=\frac{q}{4\pi\epsilon_0 r^3}\left[3(\mathbf{p}\cdot\hat{\mathbf{r}})\hat{\mathbf{r}}-\mathbf{p}\right]$$

이고 $\mathbf{p}\cdot\hat{\mathbf{r}}=p\cos\theta$, $\mathbf{p}=p\cos\theta\,\hat{\mathbf{r}}-p\sin\theta\,\hat{\boldsymbol{\theta}}$이므로[그림 3.9 참고]

$$\mathbf{F}_{\mathrm{q}}=\frac{2pq\cos\theta}{4\pi\epsilon_0 r^3}\hat{\mathbf{r}}+\frac{pq\sin\theta}{4\pi\epsilon_0 r^3}\hat{\boldsymbol{\theta}}=-\mathbf{F}_{\mathrm{p}}.$$

3.6 자기다중극

[3.10] 다음의 각각의 경우에 자기쌍극자 모멘트를 구하라.

(a) 전하 q가 고르게 분포된 반지름이 a인 원환이 각속도 ω로 회전한다.

(b) 전하 q가 고르게 분포된 반지름이 a인 원판이 각속도 ω로 회전한다.

(c) 전하 q가 고르게 분포된 반지름이 a인 구 껍질이 각속도 ω로 회전한다.

(d) 전하 q가 고르게 분포된 반지름이 a인 구가 각속도 ω로 회전한다.

풀이 (a) $I=q/T=q\omega/2\pi$이므로 예 3.9의 (a)로부터

$$m=\pi a^2 I=\pi a^2\frac{\omega q}{2\pi}=\frac{q\omega a^2}{2}.$$

(b) (a)의 결과를 활용하기 위해 반지름이 r이고 두께가 dr인 가락지를 고려하고 면 전하밀도를 ρ_s라 하면 $a \to r$, $q \to \rho_s 2\pi r\,dr$이므로

$$dm = \frac{\omega r^2}{2}\rho_s 2\pi r\,dr$$

이다. 따라서

$$m = \pi\,\omega\,\rho_s \int_0^a r^3\,dr = \pi\,\omega\,\rho_s \frac{a^4}{4} = \frac{q\omega a^2}{4}.$$

(c) (a)의 결과를 사용하기 위해 그림과 같은 가락지를 고려하고 면 전하밀도를 ρ_s라 하면 $a \to a\sin\theta$, $q \to \rho_s 2\pi a\sin\theta\, a\,d\theta$이므로

$$dm = \frac{\omega(a\sin\theta)^2}{2}\rho_s 2\pi a^2 \sin\theta\,d\theta$$

이다. 따라서

$$\begin{aligned} m &= \pi\,\omega a^4\rho_s \int_0^\pi \sin^3\theta\,d\theta = \pi\,\omega a^4\rho_s \int_0^\pi \frac{3\sin\theta - \sin 3\theta}{4}\,d\theta \\ &= \pi\,\omega a^4\rho_s \frac{1}{4}\left(-3\cos\theta + \frac{\cos 3\theta}{3}\right)\Bigg|_{\theta=0}^{\pi} = \pi\,\omega a^4\rho_s \frac{1}{4}\left(3 - \frac{1}{3} + 3 - \frac{1}{3}\right) \\ &= \frac{4\pi\,\omega a^4\rho_s}{3}. \end{aligned}$$

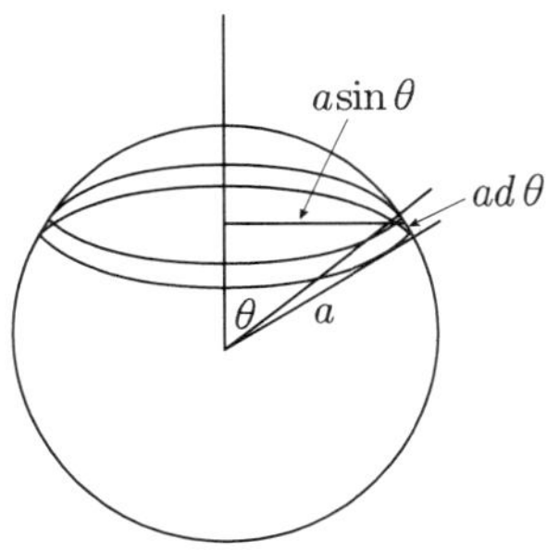

(d) (c) 결과를 활용하기 위해 반지름이 r이고 두께가 dr인 구 껍질을 고려하고 부피 전하밀도를 ρ라 하면 $a \to r$, $\rho_s \to \rho\,dr$이므로

$$dm = \frac{4\pi\,\omega r^4 \rho\,dr}{3}$$

이다. 따라서

$$m = \frac{4\pi\omega\rho}{3}\int_0^a r^4\,dr = \frac{4\pi\omega\rho}{3}\frac{a^5}{5} = \frac{q\omega a^2}{5}.$$

[3.11] 전류소 $Id\mathbf{l}$에 작용하는 로렌츠 힘 $d\mathbf{F} = Id\mathbf{l}\times\mathbf{B}$는 부피전류일 때는 $Id\mathbf{l} \to \mathbf{J}\,d\tau$로 바꾸면

$$\mathbf{F} = \int_V \mathbf{J}(\mathbf{r})\times\mathbf{B}(\mathbf{r})\,d\tau$$

이다. 자기장을 테일러 전개하여 자기장이 자기쌍극자에 가하는 힘을 구하라.

풀이 i 성분

$$F_i = \int_V J_j(\mathbf{r})B_k(\mathbf{r})\,d\tau - \int_V J_k(\mathbf{r})B_j(\mathbf{r})\,d\tau = F_i^{(1)} + F_i^{(2)}$$

에서 첫 항 $F_i^{(1)}$을 고려한다. 계가 외부 자기장으로부터 멀리 떨어져 있으면 계 내부에서는 $\mathbf{B}$가 거의 일정하다고 가정할 수 있으므로 계 내의 한 점($\mathbf{r}=0$) 근방에서 테일러 급수전개가 가능하다. $B_k(\mathbf{r})$의 테일러 급수전개[식 (B.19)]

$$B_k(\mathbf{r}) = B_k(0) + \mathbf{r}\cdot\nabla B_k(0) + \cdots$$

에서 둘째 항까지만 고려하면

$$F_i^{(1)} = \left[B_k(0)\int_V J_j(\mathbf{r})\,d\tau + \int_V J_j(\mathbf{r})\mathbf{r}\cdot\nabla B_k(0)\,d\tau\right]$$

인데, 식 (3.40)에 의해 첫째 항은 홀극 항이므로 0이고 둘째 항에서는 $\mathbf{C} = \nabla B_k(0)$ (상수)으로 두고 식 (1.9)

$$[\mathbf{C}\times(\mathbf{r}\times\mathbf{J})]_j = r_j(\mathbf{C}\cdot\mathbf{J}) - J_j(\mathbf{C}\cdot\mathbf{r}) = \mathbf{C}\cdot(r_j\mathbf{J} - J_j\mathbf{r})$$

를 적용한다. 위 식은 식 (3.41)을 고려하면

$$[\mathbf{C}\times(\mathbf{r}\times\mathbf{J})]_j = -2\mathbf{C}\cdot(J_j\mathbf{r})$$

이므로 식 (3.42)에 의해

$$F_i^{(1)} = -\frac{1}{2}\left[\nabla B_k(0)\times\int(\mathbf{r}\times\mathbf{J}\,d\tau)\right]_j = [\mathbf{m}\times\nabla B_k(0)]_j$$

이 된다. 따라서

$$\begin{aligned}F_i = F_i^{(1)} + F_i^{(2)} &= [\mathbf{m}\times\nabla B_k(0)]_j - [\mathbf{m}\times\nabla B_j(0)]_k \\ &= m_k\nabla_i B_k(0) - m_i\nabla_k B_k(0) - m_i\nabla_j B_j(0) + m_j\nabla_i B_j(0) \\ &= m_i\nabla_i B_i(0) + m_j\nabla_i B_j(0) + m_k\nabla_i B_k(0) \\ &\quad - m_i\nabla_i B_i(0) - m_i\nabla_j B_j(0) - m_i\nabla_k B_k(0)\end{aligned}$$

에서 $\mathbf{m}$ 이 일정하면 $m_i\nabla_i B_i(0) = \nabla_i[m_i B_j(0)]$ 이므로

$$F_i = \nabla_i(\mathbf{m}\cdot\mathbf{B}) - m_i(\nabla\cdot\mathbf{B})$$

이다. 따라서 $\nabla\cdot\mathbf{B} = 0$ 이므로 이것을 일반화하면

$$\mathbf{F} = \nabla(\mathbf{m}\cdot\mathbf{B})$$

이 된다. 이것은 식 (2.51)과 같다.

3.7 보충문제

[3.1] 비오-사바르의 법칙으로부터 앙페르의 법칙을 유도하라.

풀이 식 (2.62)에서 부피전류일 때는 $Idl' \to J\,d\tau'$로 바꾸면

$$\mathbf{B} = \frac{\mu_0}{4\pi}\oint_{C'}\frac{Id\mathbf{l}'\times\hat{\mathbf{R}}}{R^2} = \frac{\mu_0}{4\pi}\int_{V'}\frac{\mathbf{J}(\mathbf{r}')\times(\mathbf{r}-\mathbf{r}')}{|\mathbf{r}-\mathbf{r}'|^3}d\tau'$$

이고 연습문제 1.2를 고려하면

$$\frac{\mathbf{r}-\mathbf{r}'}{|\mathbf{r}-\mathbf{r}'|^3} = -\nabla\frac{1}{|\mathbf{r}-\mathbf{r}'|}$$

이므로

$$\mathbf{B} = -\frac{\mu_0}{4\pi}\int_{V'}\mathbf{J}(\mathbf{r}')\times\nabla\left(\frac{1}{|\mathbf{r}-\mathbf{r}'|}\right)d\tau' = \frac{\mu_0}{4\pi}\nabla\times\int_{V'}\frac{\mathbf{J}(\mathbf{r}')}{|\mathbf{r}-\mathbf{r}'|}d\tau'$$

이다. 여기서 ∇은 $\mathbf{r}$에 대한 미분이므로 $\nabla\times\mathbf{J}(\mathbf{r}') = 0$와 식 (1.25)를 고려했다. 따라서

$$\nabla\times\mathbf{B}=\frac{\mu_0}{4\pi}\nabla\times\left[\nabla\times\int_{V'}\frac{\mathbf{J}(\mathbf{r}')}{|\mathbf{r}-\mathbf{r}'|}d\tau'\right]$$

에서 식 (1.26)을 적용한 후 식 (1.24)를 적용하면 $\nabla\cdot\mathbf{J}(\mathbf{r}')=0$, $\nabla^2\mathbf{J}(\mathbf{r}')=0$이므로($\nabla$은 $\mathbf{r}$에 대한 미분)

$$\nabla\times\mathbf{B}=\frac{\mu_0}{4\pi}\nabla\left[\int_{V'}\mathbf{J}(\mathbf{r}')\cdot\nabla\left(\frac{1}{|\mathbf{r}-\mathbf{r}'|}\right)d\tau'\right]$$
$$-\frac{\mu_0}{4\pi}\left[\int_{V'}\mathbf{J}(\mathbf{r}')\nabla^2\left(\frac{1}{|\mathbf{r}-\mathbf{r}'|}\right)d\tau'\right]$$

이 된다. 여기서 $\mathbf{J}(\mathbf{r})=0$인 공간도 포함하도록 V'을 전 공간으로 확대해도 된다. 둘째 항에 식 (1.63a)를 적용하면

$$\nabla\times\mathbf{B}=-\frac{\mu_0}{4\pi}\nabla\left[\int_{V'}\mathbf{J}(\mathbf{r}')\cdot\nabla'\left(\frac{1}{|\mathbf{r}-\mathbf{r}'|}\right)d\tau'\right]+\mu_0\left[\int_{V'}\mathbf{J}(\mathbf{r}')\delta(\mathbf{r}-\mathbf{r}')d\tau'\right]$$

이 된다. 여기서 식 (1.24)에 의해

$$\nabla'\cdot\left(\frac{\mathbf{J}(\mathbf{r}')}{|\mathbf{r}-\mathbf{r}'|}\right)=\frac{1}{|\mathbf{r}-\mathbf{r}'|}\nabla'\cdot\mathbf{J}(\mathbf{r}')+\mathbf{J}(\mathbf{r}')\cdot\nabla'\left(\frac{1}{|\mathbf{r}-\mathbf{r}'|}\right)$$

이므로

$$\nabla\times\mathbf{B}=-\frac{\mu_0}{4\pi}\nabla\left[\int_{V'}\left\{\nabla'\cdot\left(\frac{\mathbf{J}(\mathbf{r}')}{|\mathbf{r}-\mathbf{r}'|}\right)d\tau'-\left(\frac{\nabla'\cdot\mathbf{J}(\mathbf{r}')}{|\mathbf{r}-\mathbf{r}'|}\right)d\tau'\right\}\right]+\mu_0\mathbf{J}(\mathbf{r})$$

이다. 따라서 첫 항에 발산정리[식 (1.22)]를 적용하면

$$\text{첫 항}\sim\oint_{S'}\frac{\mathbf{J}(\mathbf{r}')}{|\mathbf{r}-\mathbf{r}'|}d\mathbf{a}'$$

인데, S' 표면에서는 $\mathbf{J}(\mathbf{r}')=0$ 이므로 0 이고, 정상전류인 경우 $\nabla'\cdot\mathbf{J}(\mathbf{r}')=0$ 이므로 둘째 항도 0이다. 따라서 나머지 항을 면적적분하면

$$\int_S(\nabla\times\mathbf{B})\cdot d\mathbf{a}=\mu_0\int_S\mathbf{J}(\mathbf{r})\cdot d\mathbf{a}$$

이고 좌변에 스토크스의 회전정리[식 (1.23)]를 적용하면

$$\oint_C\mathbf{B}\cdot d\mathbf{l}=\mu_0 I_{\text{in}}$$

을 얻는다.

[3.2] 반지름이 R인 굵은 도선에 일정한 전류 I가 흐른다. 벡터퍼텐셜을 구하라.

풀이 보충문제 2.20의 결과를 활용한다.

(i) $r > R$일 때는 식 (1.49)로부터

$$\mathbf{B} = \nabla \times \mathbf{A} = -\frac{\partial A_z}{\partial r}\hat{\boldsymbol{\phi}} = \frac{\mu_0 I}{2\pi r}\hat{\boldsymbol{\phi}}$$

이므로

$$A_z = -\frac{\mu_0 I}{2\pi}\ln\left(\frac{r}{a}\right).$$

(ii) $r < R$일 때는

$$\mathbf{B} = \nabla \times \mathbf{A} = -\frac{\partial A_z}{\partial r}\hat{\boldsymbol{\phi}} = \frac{\mu_0 I r}{2\pi R^2}\hat{\boldsymbol{\phi}}$$

이므로

$$A_z = -\frac{\mu_0 I}{4\pi R^2}(r^2 - b^2)$$

이다. 연습문제 3.6에 의해 표면[$r = R$]에서는 $\mathbf{A}$가 연속이므로 $a = b = R$이다. 따라서

$$\mathbf{A} = \begin{cases} \dfrac{\mu_0 I}{2\pi}\ln\left(\dfrac{R}{r}\right)\hat{\mathbf{z}} & (r > R) \\ \dfrac{\mu_0 I}{4\pi R^2}(R^2 - r^2)\hat{\mathbf{z}} & (r < R). \end{cases}$$

[3.3] 면 전하밀도 ρ_s로 전하가 고르게 분포된 반지름 a인 구가 있다.

(a) 각속도 $\omega = \omega\hat{\mathbf{y}}$로 회전할 때 z축상에서의 벡터퍼텐셜을 구하라.

(b) $\omega = \omega\hat{\mathbf{z}}$일 때 임의의 지점 (r, θ, ϕ)의 벡터퍼텐셜을 구하라.

(c) 공 표면에서의 자기장을 구하라.

(d) $\omega = \omega\hat{\mathbf{z}}$일 때 자기쌍극자 모멘트를 구하고 이것으로부터 벡터퍼텐셜을 구하라.

풀이 (a) 면 전하분포이므로 식 (3.16)에서 $\mathbf{J}\,d\tau' \to \mathbf{J}_s\,da'$로 두면

$$\mathbf{A}(\mathbf{r}) = \frac{\mu_0}{4\pi}\int \frac{\mathbf{J}_s(\mathbf{r}')}{R}\,da'$$

이다. 여기서 식 (B.7)에 의해 $R = \sqrt{a^2 + r^2 - 2ar\cos\theta'}$ 이고 표 1.2로부터 구면좌표계에서의 면적소는 $da' = a^2 \sin\theta'\,d\theta'\,d\phi'$, 식 (2.3b)로부터 $\mathbf{J}_s = \rho_s \mathbf{v}$ 이다.

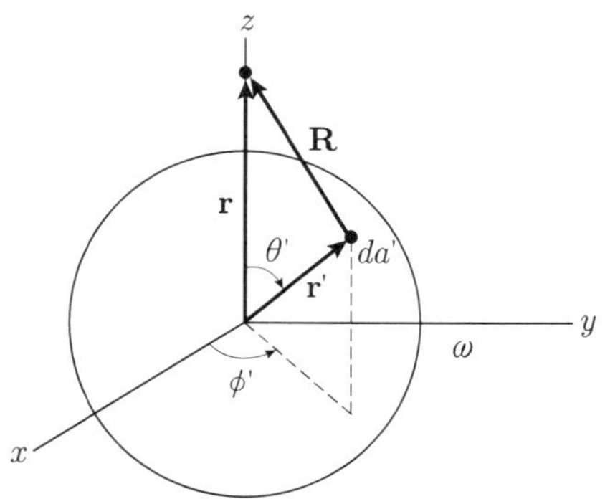

보충문제 1.10과 식 (1.34)을 고려하면 그림으로부터

$$\begin{aligned}\mathbf{v} &= \omega \times \mathbf{r}' = \omega\hat{\mathbf{y}} \times (a\sin\theta'\cos\phi'\,\hat{\mathbf{x}} + a\sin\theta'\sin\phi'\,\hat{\mathbf{y}} + a\cos\theta'\,\hat{\mathbf{z}}) \\ &= -\,\omega\, a\sin\theta'\cos\phi'\,\hat{\mathbf{z}} + \omega\, a\cos\theta'\,\hat{\mathbf{x}}\end{aligned}$$

이다. 따라서 $\int_0^{2\pi} \cos\phi'\,d\phi' = 0$이므로

$$\mathbf{A}(\mathbf{r}) = \frac{\mu_0}{4\pi}\rho_s\,\omega\, a^3\, 2\pi \int_0^{\pi} \frac{\cos\theta'\sin\theta'\,d\theta'}{\sqrt{a^2 + r^2 - 2ar\cos\theta'}}\,\hat{\mathbf{x}}$$

이 되고 $t \equiv \cos\theta'$ 으로 두면

$$\mathbf{A}(\mathbf{r}) = \frac{\mu_0}{2}\rho_s\,\omega\, a^3 \int_{-1}^{1} \frac{t\,dt}{\sqrt{a^2 + r^2 - 2art}}\,\hat{\mathbf{x}}$$

이다. 적분공식 $\int \frac{x\,dx}{\sqrt{ax+b}} = \frac{2(ax-2b)}{3a^2}\sqrt{ax+b}$ 를 사용하면

$$\mathbf{A}(\mathbf{r}) = \hat{\mathbf{x}}\frac{\mu_0}{2}\rho_s\,\omega\, a^3 \frac{-(a^2 + r^2 + art)}{3a^2 r^2}\sqrt{a^2 + r^2 - 2art}\,\Bigg|_{-1}^{1}$$

$$= -\hat{\mathbf{x}}\frac{\mu_0 \rho_s \omega a}{6r^2}\left[(a^2+r^2+ar)|a-r| - (a^2+r^2-ar)(a+r)\right].$$

(i) $r > a$일 때는 $\boldsymbol{\omega}\times\mathbf{r} = \omega\hat{\mathbf{y}}\times r\hat{\mathbf{z}} = \omega r\hat{\mathbf{x}}$ 이므로

$$\mathbf{A}(\mathbf{r}) = -\hat{\mathbf{x}}\frac{\mu_0 \rho_s \omega a}{6r^2}\left[(a^2+r^2+ar)(r-a) - (a^2+r^2-ar)(r+a)\right]$$

$$= \frac{\mu_0 \rho_s \omega a^4}{3r^2}\hat{\mathbf{x}} = \frac{\mu_0 \rho_s a^4}{3r^3}(\boldsymbol{\omega}\times\mathbf{r}).$$

(ii) $r < a$일 때는

$$\mathbf{A}(\mathbf{r}) = -\hat{\mathbf{x}}\frac{\mu_0 \rho_s \omega a}{6r^2}\left[(a^2+r^2+ar)(a-r) - (a^2+r^2-ar)(a+r)\right]$$

$$= \frac{\mu_0 \rho_s \omega a}{3}r\hat{\mathbf{x}} = \frac{\mu_0 \rho_s a}{3}(\boldsymbol{\omega}\times\mathbf{r}).$$

(b) $\boldsymbol{\omega} = \omega\hat{\mathbf{z}}$, $\mathbf{r} = r\hat{\mathbf{r}}$ 이면 $\boldsymbol{\omega}\times\mathbf{r} = \omega r\sin\theta\,\hat{\boldsymbol{\phi}}$ 이므로

$$\mathbf{A}(\mathbf{r}) = \begin{cases} \dfrac{\mu_0 a^4 \omega \rho_s \sin\theta}{3r^2}\hat{\boldsymbol{\phi}} & (r \ge a) \\ \dfrac{\mu_0 a \omega \rho_s r\sin\theta}{3}\hat{\boldsymbol{\phi}} & (r \le a). \end{cases}$$

(c) 식 (1.53)과 그림 3.9(b)로부터

$$\mathbf{B} = \nabla\times\mathbf{A}|_{r=a}$$

$$= \left[\frac{1}{r\sin\theta}\left\{\frac{\partial}{\partial\theta}(\sin\theta A_\phi)\right\}\hat{\mathbf{r}} - \frac{1}{r}\frac{\partial}{\partial r}(rA_\phi)\hat{\boldsymbol{\theta}}\right]_{r=a}$$

$$= \frac{2\mu_0 a\omega\rho_s}{3}(\cos\theta\,\hat{\mathbf{r}} - \sin\theta\,\hat{\boldsymbol{\theta}})$$

$$= \frac{2}{3}\mu_0 a\rho_s\omega\hat{\mathbf{z}} = \frac{2}{3}\mu_0 a\rho_s\boldsymbol{\omega}.$$

(d) 연습문제 3.10(c)로부터

$$\mathbf{m} = \frac{4}{3}\pi\rho_s\omega a^4\hat{\mathbf{z}}$$

이고 $\hat{\mathbf{z}}\times\hat{\mathbf{r}} = \sin\theta\cdot\hat{\phi}$이다. 이것에 의한 벡터퍼텐셜은 식 (3.43)으로부터

$$\mathbf{A} = \frac{\mu_0}{4\pi}\frac{4\pi}{3}\rho_s \omega a^4 \frac{\sin\theta}{r^2}\hat{\boldsymbol{\phi}} = \frac{\mu_0 a^4 \omega \rho_s \sin\theta}{3r^2}\hat{\boldsymbol{\phi}}$$

이 된다. 이것은 (b)의 결과와 같다.

[3.4] 부피 전하밀도 ρ로 전하가 고르게 분포된 반지름 R인 구가 각속도 ω로 회전한다.

(a) 구 안에서의 벡터퍼텐셜을 구하라.

(b) 구 안에서의 자기장을 구하라.

풀이 (a) 반지름이 r' 이고 두께가 dr' 인 구 껍질을 고려하면 보충문제 3.3에서 $a \to r'$, $\rho_s \to \rho\, dr'$ 이므로

$$\begin{aligned} A_\phi &= \frac{\mu_0 \omega \rho \sin\theta}{3r^2}\int_0^r r'^4 dr' + \frac{\mu_0 \omega \rho r \sin\theta}{3}\int_r^R r' dr' \\ &= \frac{\mu_0 \omega \rho \sin\theta}{3r^2}\frac{1}{5}r^5 + \frac{\mu_0 \omega \rho r \sin\theta}{3}\frac{1}{2}(R^2 - r^2) \\ &= \frac{\mu_0 \omega \rho r \sin\theta}{2}\left(\frac{R^2}{3} - \frac{r^2}{5}\right). \end{aligned}$$

(b) 식 (1.53)으로부터

$$\begin{aligned} \mathbf{B} = \nabla \times \mathbf{A} &= \frac{\mu_0 \omega \rho}{2}\left[\frac{1}{r\sin\theta}\frac{\partial}{\partial\theta}\left\{\sin\theta\, r\sin\theta\left(\frac{R^2}{3} - \frac{r^2}{5}\right)\right\}\hat{\mathbf{r}} \right. \\ &\qquad \left. - \frac{1}{r}\frac{\partial}{\partial r}\left\{r^2 \sin\theta\left(\frac{R^2}{3} - \frac{r^2}{5}\right)\right\}\right]\hat{\boldsymbol{\theta}} \\ &= \frac{\mu_0 \omega \rho}{2}\left[\frac{1}{r\sin\theta}2r\sin\theta\cos\theta\left(\frac{R^2}{3} - \frac{r^2}{5}\right)\hat{\mathbf{r}} \right. \\ &\qquad \left. - \frac{1}{r}\left(\frac{2r\sin\theta\, R^2}{3} - \frac{4r^3 \sin\theta}{5}\right)\hat{\boldsymbol{\theta}}\right] \\ &= \mu_0 \omega \rho\left[\left(\frac{R^2}{3} - \frac{r^2}{5}\right)\cos\theta\,\hat{\mathbf{r}} - \left(\frac{R^2}{3} - \frac{2r^2}{5}\right)\sin\theta\,\hat{\boldsymbol{\theta}}\right]. \end{aligned}$$

[3.5] 한 변이 길이가 a인 정사각형 고리에 전류 I가 흐른다. 중심축 위의 z 지점의 자기장을 구하라. $z \gg a$일 때 결과를 자기쌍극자 모멘트로 나타내라.

풀이 그림에서 1 변의 전류에 의한 자기장은 연습문제 2.27의 결과

$$B_1 = \frac{\mu_0 I}{4\pi y}(\sin\theta_1 + \sin\theta_2)$$

에 $\theta_1 = \theta_2 = \theta$와 $y = \sqrt{z^2 + (a/2)^2}$를 대입하면

$$B_1 = \frac{\mu_0 I}{2\pi\sqrt{z^2 + (a/2)^2}} \frac{a/2}{\sqrt{z^2 + 2(a/2)^2}}$$

이 된다.

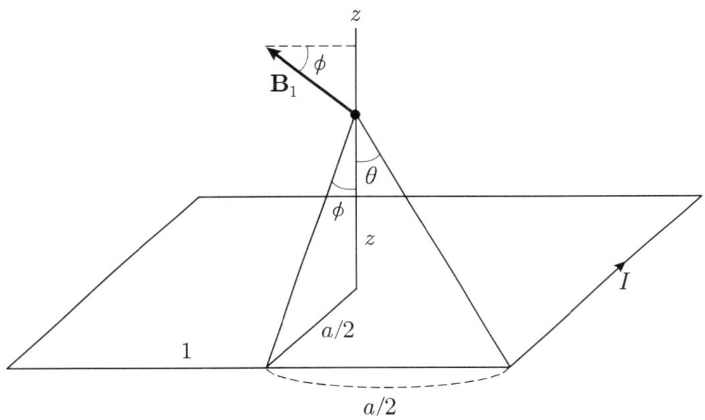

전류가 대칭으로 흐르므로 자기장은 z 성분만 존재한다. 네 변을 모두 고려하면

$$\begin{aligned} B_z = 4B_1\sin\phi &= 4\frac{\mu_0 I}{2\pi\sqrt{z^2 + (a/2)^2}} \frac{a/2}{\sqrt{z^2 + 2(a/2)^2}} \frac{a/2}{\sqrt{z^2 + (a/2)^2}} \\ &= \frac{\mu_0 I}{2\pi(z^2 + a^2/4)} \frac{a^2}{\sqrt{z^2 + a^2/2}} \end{aligned}$$

이고 예 3.9의 (a)에 의해 $\mathbf{m} = Ia^2\hat{\mathbf{z}}$ 이므로 $z \gg a$ 이면

$$\mathbf{B} = \frac{\mu_0 I a^2}{2\pi z^3}\hat{\mathbf{z}} = \frac{\mu_0 \mathbf{m}}{2\pi z^3}.$$

[3.6] 반지름이 a인 위쪽 반원에 전류 I가 흐른다. 아래쪽 반원상의 임의의 지점에서의 자기장을 구하라.

풀이 그림과 같은 좌표축을 선택한다. z축은 지면 바깥쪽을 향한다.

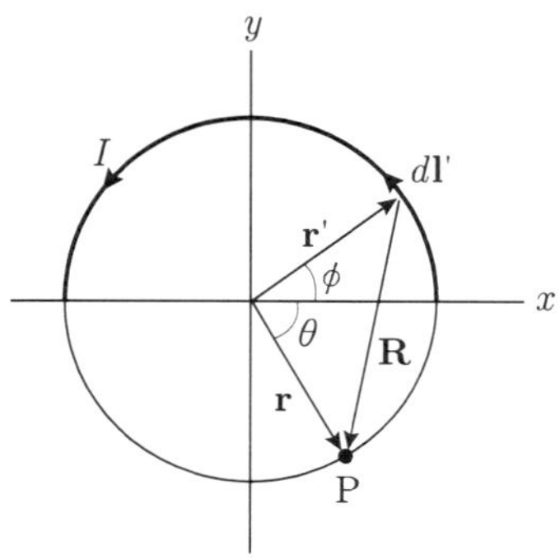

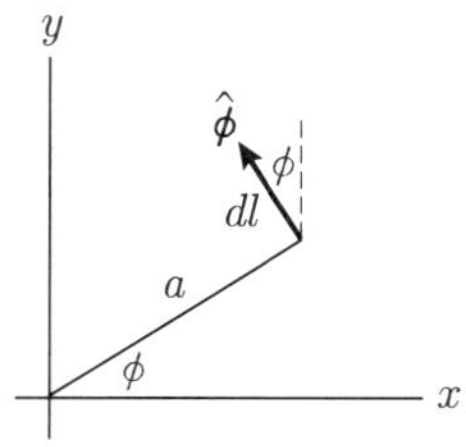

그림으로부터 $\mathbf{r}' = a\cos\phi\,\hat{\mathbf{x}} + a\sin\phi\,\hat{\mathbf{y}}$, $\mathbf{r} = a\cos\theta\,\hat{\mathbf{x}} - a\sin\theta\,\hat{\mathbf{y}}$이므로

$$\mathrm{R} = \mathbf{r} - \mathbf{r}' = a(\cos\theta - \cos\phi)\hat{\mathbf{x}} - a(\sin\theta + \sin\phi)\hat{\mathbf{y}}$$

이고

$$d\mathrm{l}' = a d\phi\,\hat{\boldsymbol{\phi}} = -a\sin\phi\,d\phi\,\hat{\mathbf{x}} + a\cos\phi\,d\phi\,\hat{\mathbf{y}}$$

이다. 따라서

$$\begin{aligned} d\mathrm{l}' \times \mathrm{R} &= a^2 d\phi \begin{vmatrix} \hat{\mathbf{x}} & \hat{\mathbf{y}} & \hat{\mathbf{z}} \\ -\sin\phi & \cos\phi & 0 \\ \cos\theta - \cos\phi & -(\sin\theta + \sin\phi) & 0 \end{vmatrix} \\ &= a^2 d\phi\,\hat{\mathbf{z}}(\sin\phi\sin\theta + \sin^2\phi - \cos\theta\cos\phi + \cos^2\phi) \\ &= a^2 d\phi\,\hat{\mathbf{z}}[1 - \cos(\theta + \phi)] \end{aligned}$$

이고

$$R^2 = a^2[(\cos\theta - \cos\phi)^2 + (\sin\theta + \sin\phi)^2] = 2a^2[1 - \cos(\theta + \phi)]$$

이므로

$$\begin{aligned} \mathrm{B} &= \frac{\mu_0 I}{4\pi}\int \frac{d\mathrm{l}' \times \mathrm{R}}{R^3} = \frac{\mu_0 I}{4\pi} a^2 \hat{\mathbf{z}} \int_0^\pi \frac{1 - \cos(\theta + \phi)\,d\phi}{[2a^2 - 2a^2\cos(\theta + \phi)]^{3/2}} \\ &= \frac{\mu_0 I}{4\pi}\frac{a^2\hat{\mathbf{z}}}{(2a^2)^{3/2}}\int_0^\pi \frac{d\phi}{\sqrt{1 - \cos(\theta + \phi)}} \end{aligned}$$

$$= \frac{\mu_0 I}{4\pi}\frac{a^2\hat{\mathbf{z}}}{(2a^2)^{3/2}}\int_0^{\pi}\frac{d\phi}{\sqrt{2}\sin[(\theta+\phi)/2]}$$

이다. 따라서 적분공식 식 (B.16)을 사용하면

$$\mathrm{B} = \frac{\mu_0 I\hat{\mathbf{z}}}{16\pi a}2\ln\left|\tan\left(\frac{\theta+\phi}{4}\right)\right|_{\phi=0}^{\pi} = \frac{\mu_0 I\hat{\mathbf{z}}}{8\pi a}\ln\left|\frac{\tan[(\theta+\pi)/4]}{\tan(\theta/4)}\right|.$$

[3.7] 그림 3.17과 같이 유전율이 ϵ_1, ϵ_2인 두 유전체의 경계면에 균일한 면 전하밀도 ρ_s로 전하가 분포되어 있을 때 다음을 증명하라.

$$\epsilon_2 \cot\theta_2 = \epsilon_1 \cot\theta_1\left[1-\frac{\rho_s}{\epsilon_1 E_1 \cos\theta_1}\right]$$

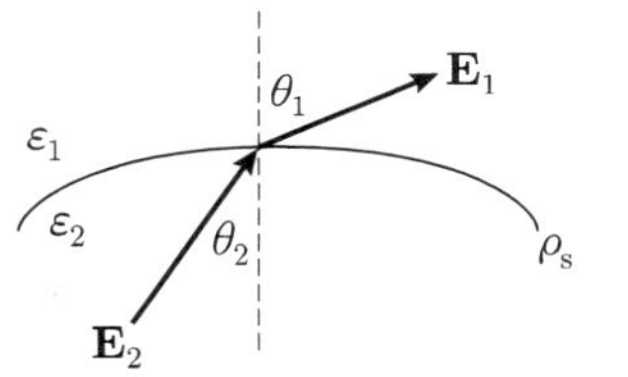

그림 3.17 보충문제 3.7

풀이 식 (3.19)와 (3.20)으로부터

$$E_1 \sin\theta_1 = E_2 \sin\theta_2,\quad \epsilon_1 E_1 \cos\theta_1 - \epsilon_2 E_2 \cos\theta_2 = \rho_s$$

이므로

$$\epsilon_1 E_1 \cos\theta_1 - \rho_s = \epsilon_2 \cot\theta_2 E_1 \sin\theta_1.$$

[3.8] 반지름이 R인 구면상의 면 전하분포가 $\rho_s = \rho_0 \cos\theta$일 때 전기쌍극자 모멘트를 구하라.

풀이 식 (3.29)에서 $\rho\, d\tau \rightarrow \rho_s\, da$로 바꾸고 구면좌표계에서의 면적소(표 1.2)를 대입하면

$$\mathrm{p} = \int_S \mathbf{r}\,\rho_s\, da = \int_S (x\hat{\mathbf{x}} + y\hat{\mathbf{y}} + z\hat{\mathbf{z}})\rho_0 \cos\theta\, R^2 \sin\theta\, d\theta\, d\phi$$

이고 식 (1.33)으로부터 $x = R\sin\theta\sin\phi$, $y = R\sin\theta\cos\phi$이다. 따라서 $\int_0^{2\pi}\sin\phi\, d\phi = \int_0^{2\pi}\cos\phi\, d\phi = 0$에 의해 $p_x = p_y = 0$이고 $z = R\cos\theta$이므로

$$p_z = \rho_0 R^3 \int_0^{2\pi} d\phi \int_0^{\pi} \cos^2\theta \sin\theta\, d\theta = \frac{4\pi}{3}\rho_0 R^3.$$

[3.9] xy 평면상에 크기가 p인 전기쌍극자가 원점에 y 방향으로 놓여 있고 같은 크기의 전기쌍극자가 지점 (a, a)에 원점을 향해 놓여 있을 때 두 쌍극자 사이에 작용하는 힘의 크기를

(a) 식 (2.22)를 사용하여 구하라.

(b) 식 (2.21)를 사용하여 구하라.

(c) 차이점은 무엇인가?

풀이 (a) $\mathbf{p}_1 = p\hat{\mathbf{y}}$, $\mathbf{p}_2 = -p(\hat{\mathbf{x}} + \hat{\mathbf{y}})/\sqrt{2}$이고 식 (3.35)에서 $\mathbf{p}_1$에 의한 $(x,\ y = x)$ 지점의 전기장은[$\hat{\mathbf{r}} = (\hat{\mathbf{x}} + \hat{\mathbf{y}})/\sqrt{2}$]

$$\mathbf{E}_1 = \frac{3\hat{\mathbf{r}}(\mathbf{p}_1 \cdot \hat{\mathbf{r}}) - \mathbf{p}_1}{4\pi\epsilon_0 r^3} = \frac{3p(\hat{\mathbf{x}} + \hat{\mathbf{y}})/2 - p\hat{\mathbf{y}}}{4\pi\epsilon_0 r^3} = \frac{p(3\hat{\mathbf{x}} + \hat{\mathbf{y}})}{8\pi\epsilon_0 r^3}$$

이고 $r = \sqrt{x^2 + y^2}$이다. 따라서 $\mathbf{p}_2$가 $(x, y = x)$ 지점일 때는

$$\mathbf{p}_2 \cdot \mathbf{E}_1 = -\frac{p^2}{2\sqrt{2}\pi\epsilon_0 r^3}$$

이므로 식 (2.22b)로부터

$$\mathbf{F} = \nabla(\mathbf{p}_2 \cdot \mathbf{E}_1) = -\frac{p^2}{2\sqrt{2}\pi\epsilon_0}\left(\hat{\mathbf{x}}\frac{\partial}{\partial x} + \hat{\mathbf{y}}\frac{\partial}{\partial y}\right)(x^2 + y^2)^{-3/2}$$

$$= \frac{3p^2}{4\sqrt{2}\pi\epsilon_0}(2x\hat{\mathbf{x}} + 2y\hat{\mathbf{y}})(x^2 + y^2)^{-5/2}$$

이므로 $x = a$, $y = a$일 때는

$$|\mathbf{F}| = \frac{3p^2}{2\sqrt{2}\pi\epsilon_0}\frac{\sqrt{2}a}{(2a^2)^{5/2}} = \frac{3p^2}{8\sqrt{2}\pi\epsilon_0 a^4}.$$

(b) 식 (2.22a)를 사용하면

$$\mathbf{F} = (\mathbf{p}_2 \cdot \nabla)\mathbf{E}_1 = -\frac{p^2}{8\sqrt{2}\pi\epsilon_0}\left(\frac{\partial}{\partial x} + \frac{\partial}{\partial y}\right)(3\hat{\mathbf{x}} + \hat{\mathbf{y}})(x^2 + y^2)^{-3/2}$$

$$= \frac{3p^2}{8\sqrt{2}\pi\epsilon_0}(3\hat{\mathbf{x}} + \hat{\mathbf{y}})(x^2 + y^2)^{-5/2}(x + y)$$

이므로 $x = a$, $y = a$일 때는

$$|\mathbf{F}| = \frac{3p^2 a}{4\sqrt{2}\pi\epsilon_0}\sqrt{10}(2a^2)^{-5/2} = \frac{3\sqrt{10}p^2}{32\pi\epsilon_0 a^4}.$$

(c) $\nabla \times \mathbf{E}_1 = \frac{p}{8\pi\epsilon_0}\left(\hat{\mathbf{x}}\frac{\partial}{\partial x} + \hat{\mathbf{y}}\frac{\partial}{\partial y} + \hat{\mathbf{z}}\frac{\partial}{\partial z}\right) \times (3\hat{\mathbf{x}} + \hat{\mathbf{y}})(x^2 + y^2)^{-3/2}$

$$= \frac{-3p\hat{\mathbf{z}}}{16\pi\epsilon_0}\frac{2x - 6y}{(x^2 + y^2)^{5/2}}$$

$$\mathbf{p}_2 \times (\nabla \times \mathbf{E}_1) = -p\frac{\hat{\mathbf{x}} + \hat{\mathbf{y}}}{\sqrt{2}} \times \frac{-3p\hat{\mathbf{z}}}{8\pi\epsilon_0}\frac{x - 3y}{(x^2 + y^2)^{5/2}}$$

$$= \frac{3p^2}{8\sqrt{2}\pi\epsilon_0}\frac{x - 3y}{(x^2 + y^2)^{5/2}}(\hat{\mathbf{x}} - \hat{\mathbf{y}})$$

이므로 $\nabla(\mathbf{p}_2 \cdot \mathbf{E}_1)$에서 $\mathbf{p}_2 \times (\nabla \times \mathbf{E}_1)$를 빼주면

$$\mathbf{F} = \nabla(\mathbf{p}_2 \cdot \mathbf{E}_1) - \mathbf{p}_2 \times (\nabla \times \mathbf{E}_1) = \frac{3p^2}{8\sqrt{2}\pi\epsilon_0}\frac{(3x + 3y)\hat{\mathbf{x}} + (x + y)\hat{\mathbf{y}}}{(x^2 + y^2)^{5/2}}$$

이고 $x = a$, $y = a$를 대입하면

$$|\mathbf{F}| = \frac{3p^2}{8\sqrt{2}\pi\epsilon_0}\frac{2\sqrt{10}a}{(2a^2)^{5/2}} = \frac{3\sqrt{10}p^2}{32\pi\epsilon_0 a^4}$$

이다. 따라서 식 (2.22b)는 연습문제 2.14와 같이 $\mathbf{p} =$(일정)하고 $\nabla \times \mathbf{E} = 0$일 때 성립한다.

[3.10] (a) 전기퍼텐셜의 4중극 항(quadrupole term)은 다음과 같이 표현됨을 증명하고 (b) $Q_{xx} + Q_{yy} + Q_{zz}$을 구하라.

$$V_Q(\mathbf{r}) = \frac{1}{8\pi\epsilon_0 r^3} \sum_{j,k=x,y,z} l_j l_k Q_{jk}$$

여기서 식 (1.33)으로부터 l_i는 $\hat{\mathbf{r}} \cdot \mathbf{r}_i = \hat{\mathbf{r}} \cdot (\hat{\mathbf{x}} x_i + \hat{\mathbf{y}} y_i + \hat{\mathbf{z}} z_i) = l_x x_i + l_y y_i + l_z z_i$의 방향코사인이고 $[l_x = \sin\theta\cos\phi,\ l_y = \sin\theta\sin\phi,\ l_z = \cos\theta]$

$$Q_{jk} = \sum_{i=1}^{n} q_i (3 j_i k_i - r_i^2 \delta_{jk})$$

는 4중극모멘트 텐서이다$[j,\ k = x,\ y,\ z]$. 이것은 연속분포로 바꾸면 식 (A.10)이 된다.

풀이 (a) $l_x^2 + l_y^2 + l_z^2 = 1$이므로 식 (3.28)에서

$$\begin{aligned}
\sum_i q_i r_i^2 (3\cos^2\theta_i - 1) &= \sum_i q_i [3(\hat{\mathbf{r}} \cdot \mathbf{r}_i)^2 - r_i^2] \\
&= \sum_i q_i [3(l_x x_i + l_y y_i + l_z z_i)^2 - r_i^2 (l_x^2 + l_y^2 + l_z^2)] \\
&= \sum_i q_i [l_x^2 (3x_i^2 - r_i^2) + l_y^2 (3y_i^2 - r_i^2) + l_z^2 (3z_i^2 - r_i^2) \\
&\quad + 6 l_x l_y x_i y_i + 6 l_y l_z y_i z_i + 6 l_z l_x z_i x_i] \\
&= \sum_i [l_x^2 q_i (3x_i^2 - r_i^2) + l_x l_y q_i 3 x_i y_i + l_x l_z q_i 3 x_i z_i \\
&\quad + l_y l_x q_i 3 y_i x_i + l_y^2 q_i (3y_i^2 - r_i^2) + l_y l_z q_i 3 y_i z_i \\
&\quad + l_z l_x q_i 3 z_i x_i + l_z l_y q_i 3 z_i y_i + l_z^2 q_i (3z_i^2 - r_i^2)] \\
&= \sum_{i=1}^{n} \sum_{j,k=x,y,z} l_j l_k q_i (3 j_i k_i - r_i^2 \delta_{jk}) = \sum_{j,k} l_j l_k Q_{jk}.
\end{aligned}$$

(b) $Q_{xx} + Q_{yy} + Q_{zz} = \sum_{i=1}^{n} q_i [3x_i^2 - r_i^2 + 3y_i^2 - r_i^2 + 3z_i^2 - r_i^2] = 0$

[3.11] 회전축(z축) 대칭이면 전기퍼텐셜의 4중극 항은 다음과 같이 간단한 형태가 됨을 증명하라.

$$V_Q(\mathbf{r}) = \frac{Q_{zz}}{4\pi\epsilon_0} \frac{(3\cos^2\theta - 1)}{4r^3} \tag{3.45}$$

풀이 Q_{jk}는 9개의 성분으로 된 텐서지만 $j \neq k$일 때는 $Q_{jk} = Q_{kj}$이므로 6개만 독립이고 $Q_{xx} + Q_{yy} + Q_{zz} = 0$을 적용하면 5개만 독립이다. 또한 원뿔이나 원통과 같이 축(z 축)에 대해 대칭이면 $Q_{jk} = 0[j \neq k$ 일 때]이고[예 : $q3xy + q3(-x)y = 0$] x 축과 y 축의 구분이 없어지므로 $Q_{xx} = Q_{yy}$이므로 $Q_{zz} = -2Q_{xx}$이다. 결국

$$V_Q(\mathrm{r}) = \frac{1}{8\pi\epsilon_0 r^3}[\,l_x^2\, Q_{xx}^2 + l_y^2\, Q_{yy}^2 + l_z^2\, Q_{zz}^2]$$

$$= \frac{1}{8\pi\epsilon_0 r^3}\left[-(l_x^2 + l_y^2)\frac{Q_{zz}^2}{2} + l_z^2\, Q_{zz}^2\right]$$

이고 $l_x^2 + l_y^2 + l_z^2 = 1$과 $l_z = \cos\theta$를 대입하면

$$V_Q(\mathrm{r}) = \frac{Q_{zz}}{4\pi\epsilon_0}\frac{(3\cos^2\theta - 1)}{4r^3}.$$

[3.12] 그림 3.18에서 O 점과 O′ 점에 대한 4중극모멘트를 구하라.

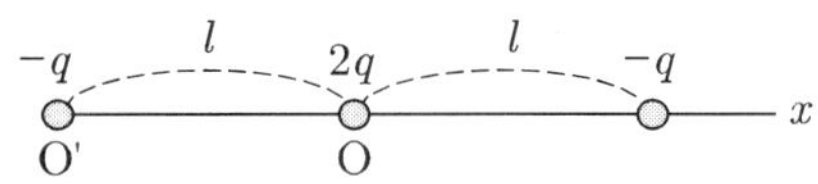

그림 3.18 보충문제 3.12

풀이 O : $Q_{xx} = \sum_{i=1}^{3} q_i(3x_i^2 - r_i^2) = -q2(3l^2 - l^2) = -4ql^2$, $Q_{yy} = Q_{zz} = 2ql^2$

O′ : $Q_{xx} = \sum_{i=1}^{3} q_i(3x_i^2 - r_i^2) = 2q(3l^2 - l^2) - q[3(2l)^2 - (2l)^2] = -4ql^2$,

$Q_{yy} = Q_{zz} = -2ql^2 + q(2l)^2 = 2ql^2$

둘 다 y축과 z축의 구분이 없다.

[3.13] 그림 3.19와 같은 전기 4중극자가 있다. $r \gg d$일 때 P 지점의 전위를 (a) 다중극 전개와 (b) 식 (2.32)으로 구하라.

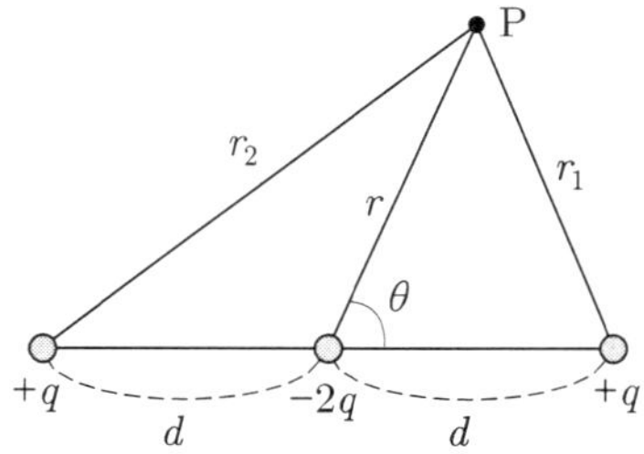

그림 3.19 보충문제 3.13

풀이 (a) 전하가 놓인 축을 z축으로 선택하고 $-2q$ 지점을 원점으로 선택하면 $Q=0$, $\mathrm{p}=0$이므로 홀극자 항과 쌍극자 항은 0이고

$$Q_{xx} = \sum_i q_i(3x_i x_i - r_i^2) = -2qd^2 = Q_{yy}$$

$$Q_{zz} = 4qd^2$$

이므로 보충문제 3.11로부터

$$V = \frac{qd^2}{4\pi\epsilon_0 r^3}(3\cos^2\theta - 1).$$

(b) 식 (B.7)과 식 (B.18)의 테일러 급수전개를 사용한다.

$$\frac{1}{r_1} = (r^2 + d^2 + 2rd\cos\theta)^{-1/2} = \frac{1}{r}\left(1 + \frac{2d\cos\theta}{r} + \frac{d^2}{r^2}\right)^{-1/2}$$

$$\approx \frac{1}{r}\left[1 - \frac{1}{2}\left(\frac{2d\cos\theta}{r} + \frac{d^2}{r^2}\right) + \frac{1}{2}\left(-\frac{1}{2}\right)\left(-\frac{3}{2}\right)\left(\frac{2d\cos\theta}{r} + \frac{d^2}{r^2}\right)^2\right]$$

$$\approx \frac{1}{r}\left[1 - \frac{d\cos\theta}{r} - \frac{d^2}{2r^2} + \frac{3}{8}\frac{4d^2\cos^2\theta}{r^2}\right]$$

$$\frac{1}{r_2} = \left[r^2 + d^2 + 2rd\cos(\pi-\theta)\right]^{-1/2} = \frac{1}{r}\left(1 - \frac{2d\cos\theta}{r} + \frac{d^2}{r^2}\right)^{-1/2}$$

$$\approx \frac{1}{r}\left[1 + \frac{d\cos\theta}{r} - \frac{d^2}{2r^2} + \frac{3}{8}\frac{4d^2\cos^2\theta}{r^2}\right]$$

$$V = \frac{q}{4\pi\epsilon_0}\left[\frac{-2}{r} + \frac{1}{r_1} + \frac{1}{r_2}\right] \approx \frac{qd^2}{4\pi\epsilon_0 r^3}(3\cos^2\theta - 1)$$

[3.14] z 축에 대해 대칭인 4중극퍼텐셜[식 (3.45)]로부터 4중극자에 의한 전기장을 구하라.

풀이 $\mathbf{E} = -\nabla V$에 식 (1.51)를 대입하면

$$E_r = -\frac{\partial V_Q(r)}{\partial r} = \frac{3Q_{zz}}{16\pi\epsilon_0}\frac{3\cos^2\theta - 1}{r^4}$$

$$E_\theta = -\frac{1}{r}\frac{\partial V_Q(r)}{\partial\theta} = \frac{3Q_{zz}}{8\pi\epsilon_0}\frac{\cos\theta\sin\theta}{r^4}$$

$$E_\phi = 0$$

[3.15] 자기쌍극자 $\mathbf{m}_2$에서 높이 h인 지점에 자유롭게 움직일 수 있는 질량 M의 자기쌍극자 $\mathbf{m}_1$이 그림 3.20과 같이 놓여 있다. $\mathbf{m}_1$이 등속력으로 움직일 수 있는 각 θ와 그 때의 높이 h를 구하라.

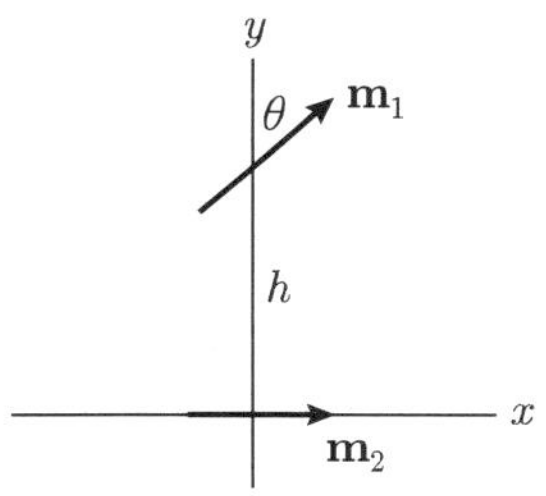

그림 3.20 보충문제 3.15

풀이 식 (3.44)로부터 $\mathbf{m}_2$에 의한 y축상의 자기장은

$$\mathbf{B}_2(y) = \frac{\mu_0}{4\pi}\frac{3(\mathbf{m}_2\cdot\hat{\mathbf{y}})\hat{\mathbf{y}} - \mathbf{m}_2}{y^3} = -\frac{\mu_0}{4\pi}\frac{m_2}{y^3}\hat{\mathbf{x}}$$

이므로 식 (2.44)로부터 토크는

$$\mathbf{N} = \mathbf{m}_1 \times \mathbf{B}_2 = -\frac{\mu_0}{4\pi}\frac{m_1 m_2\cos\theta}{y^3}\hat{\mathbf{z}}$$

이다. 토크가 0일 때 등속도 원운동을 하므로 $\theta = \pi/2$이다. $\mathbf{m}_1$에 작용하는 자기력은 식 (2.45)로부터

$$\mathbf{F} = \nabla(\mathbf{m}_1 \cdot \mathbf{B}) = \nabla\left(-\frac{\mu_0}{4\pi}\frac{m_1 m_2}{y^3}\right) = \frac{3\mu_0 m_1 m_2}{4\pi y^4}\hat{\mathbf{y}}$$

이고 이것이 중력 Mg와 같아야 하므로

$$h = \left(\frac{3\mu_0 m_1 m_2}{4\pi M g}\right)^{1/4}.$$

[3.16] 그림 3.21과 같이 xy 평면상의 반지름 R인 원형궤도에 전류 I가 흐른다.

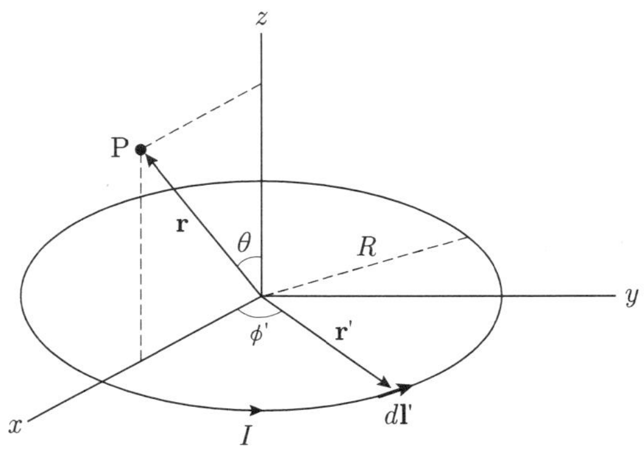

그림 3.21 보충문제 3.16

(a) xz 평면상의 지점 P에서의 벡터퍼텐셜을 구하라.

(b) $r > R$일 때는 결과가 어떻게 되는가?

(c) 자기장을 구하라.

(d) $r \gg R$일 때의 자기장을 자기쌍극자 모멘트로 나타내라.

풀이 (a) $\int J d\tau' = \oint I\, dl' = 2\pi R I$에서 좌변은

$$\int J r'^2 dr' \sin\theta'\, d\theta'\, d\phi' = 2\pi \int J r'^2 dr' \sin\theta'\, d\theta'$$

이므로

$$J = \frac{I\delta(r' - R)}{R}\delta(\cos\theta')$$

이다[예 1.19에 의해 델타함수는 우함수].

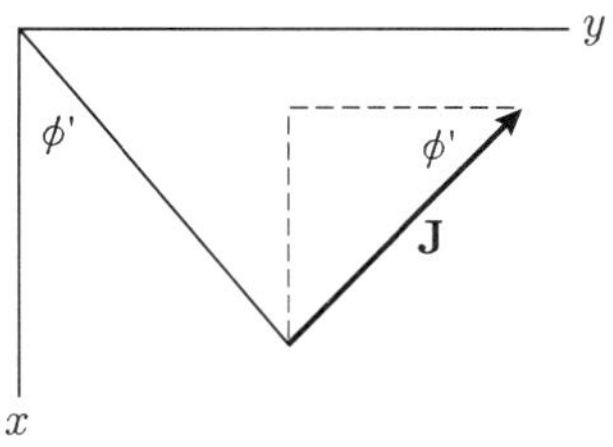

그림으로부터

$$\mathbf{J} = J\hat{\boldsymbol{\phi}} = -J\sin\phi'\,\hat{\mathbf{x}} + J\cos\phi'\,\hat{\mathbf{y}}$$

이고 구하는 지점은 $x-z$ 평면상에 있고[$\phi'=0$] 이것은 ϕ'에 대해서는 대칭이므로 $\hat{\mathbf{x}}$ 성분은 0이다. 따라서 벡터퍼텐셜은 식 (3.16)으로부터

$$A_\phi(r,\ \theta) = \frac{\mu_0}{4\pi}\int \frac{J\cos\phi'}{|\mathbf{r}-\mathbf{r}'|}d\tau'$$

$$= \frac{\mu_0 I}{4\pi R}\int \frac{\cos\phi'\,\delta(\cos\theta')\delta(r'-R)}{|\mathbf{r}-\mathbf{r}'|}r'^2 dr'\sin\theta'\,d\theta'\,d\phi'$$

이다. 여기서 $\mathbf{r} = r\sin\theta\,\hat{\mathbf{x}} + r\cos\theta\,\hat{\mathbf{z}}$, $\mathbf{r}' = R\cos\phi'\,\hat{\mathbf{x}} + R\sin\phi'\,\hat{\mathbf{y}}$이므로

$$|\mathbf{r}-\mathbf{r}'| = (r^2 + R^2 - 2rR\sin\theta\cos\phi')^{1/2}$$

이다. 따라서

$$A_\phi(r,\ \theta) = \frac{\mu_0 RI}{4\pi}\int_0^{2\pi}\frac{\cos\phi'\,d\phi'}{(r^2 + R^2 - 2rR\sin\theta\cos\phi')^{1/2}}$$

에서 $\cos\phi' = 2\cos^2(\phi'/2) - 1$이므로

$$A_\phi(r,\ \theta) = \frac{\mu_0 IR}{4\pi(r^2 + R^2 + 2rR\sin\theta)^{1/2}}\int_0^{2\pi}\frac{[2\cos^2(\phi'/2) - 1]d\phi'}{[1 - k^2\cos^2(\phi'/2)]^{1/2}}$$

이 된다. 여기서

$$k^2 = \frac{4Rr\sin\theta}{R^2 + r^2 + 2Rr\sin\theta}$$

이다. 따라서 $\phi' = 2\alpha + \pi$로 두면 적분의 분자는

$$\text{분자} = 2\sin^2\alpha - 1 = \frac{2-k^2}{k^2} - \frac{2}{k^2}(1 - k^2\sin^2\alpha)$$

이므로

$$A_\phi(r,\ \theta)= \frac{\mu_0 RI}{4\pi(R^2+r^2+2Rr\sin\theta)^{1/2}}2\int_{-\pi/2}^{\pi/2}\frac{2-k^2}{k^2}\frac{d\alpha}{\sqrt{1-k^2\sin^2\alpha}}$$

$$-\frac{\mu_0 RI}{4\pi(R^2+r^2+2Rr\sin\theta)^{1/2}}4\int_{-\pi/2}^{\pi/2}\frac{(1-k^2\sin^2\alpha)^{1/2}}{k^2}d\alpha$$

$$=\frac{\mu_0 RI}{\pi(R^2+r^2+2Rr\sin\theta)^{1/2}}\left[\frac{(2-k^2)E_1(k)-2E_2(k)}{k^2}\right]$$

가 된다. 여기서 타원적분은 다음과 같이 정의된다.

$$E_1(k)=\int_0^{\pi/2}(1-k^2\sin^2\theta)^{-1/2}d\theta$$

: 제1종 완전 타원적분

(first kind complete elliptical integral)

$$E_2(k)=\int_0^{\pi/2}(1-k^2\sin^2\theta)^{1/2}d\theta$$

: 제2종 완전 타원적분

(second kind complete elliptical integral)

(b) $r>R$일 때는 식 (B.17)의 테일러 급수전개를 사용하면

$$E_1(k)=\int_0^{\pi/2}(1-k^2\sin^2\theta)^{-1/2}d\theta$$

$$=\int_0^{\pi/2}\left[1+\frac{1}{2}k^2\sin^2\theta+\frac{3}{8}k^4\sin^4\theta+\cdots\right]$$

에서 $\sin^2\theta=\frac{1-\cos 2\theta}{2}$, $\sin^4\theta=\frac{3}{8}-\frac{1}{2}\cos 2\theta+\frac{1}{8}\cos 4\theta$ 이므로

$$E_1(k)=\frac{\pi}{2}+\frac{\pi}{8}k^2+\frac{9\pi}{128}k^4+\cdots$$

이고 같은 방식으로 하면

$$E_2(k)=\int_0^{\pi/2}\left[1-\frac{1}{2}k^2\sin^2\theta-\frac{1}{8}k^4\sin^4\theta+\cdots\right]$$

$$=\frac{\pi}{2}-\frac{\pi}{8}k^2-\frac{3\pi}{128}k^4\pm\cdots$$

이다. 따라서

$$(2-k^2)E_1(k)-2E_2(k) \approx \frac{\pi}{16}k^4$$

이므로

$$\begin{aligned} A_\phi(r,\ \theta) &= \frac{\mu_0 RI}{\pi(R^2+r^2+2Rr\sin\theta)^{1/2}}\frac{\pi}{16}\frac{4Rr\sin\theta}{R^2+r^2+2Rr\sin\theta} \\ &= \frac{\mu_0 R^2 I}{4}\frac{r\sin\theta}{(R^2+r^2+2Rr\sin\theta)^{3/2}}. \end{aligned}$$

(c) $\mathbf{B}=\nabla\times\mathbf{A}$ 에 식 (1.53)을 적용하면

$$B_r = \frac{1}{r\sin\theta}\frac{\partial}{\partial\theta}(\sin\theta A_\phi) = \frac{\mu_0 R^2 I}{4}\frac{(2R^2+2r^2+Rr\sin\theta)\cos\theta}{(R^2+r^2+2Rr\sin\theta)^{5/2}}$$

$$B_\theta = -\frac{1}{r}\frac{\partial}{\partial r}(rA_\phi) = -\frac{\mu_0 R^2 I}{4}\frac{(2R^2-r^2+Rr\sin\theta)\sin\theta}{(R^2+r^2+2Rr\sin\theta)^{5/2}}$$

$$B_\phi = 0.$$

(d) $B_r = 2\left(\dfrac{\mu_0 IR^2}{4}\right)\dfrac{\cos\theta}{r^3} = \dfrac{\mu_0}{4\pi}\dfrac{2m\cos\theta}{r^3}$

$$B_\theta = \left(\frac{\mu_0 IR^2}{4}\right)\frac{\sin\theta}{r^3} = \frac{\mu_0}{4\pi}\frac{m\sin\theta}{r^3}$$

CHAPTER 04

전기회로 및 유전체와 자성체

4.1 전기소자

[4.1] 안쪽 반지름이 a이고 바깥쪽 반지름이 b인 동심구형 축전기의 전기용량을 구하라. 고립된 구형 축전기의 전기용량은 얼마인가?

풀이 안쪽 구 껍질에 $+Q$의 전하를 바깥쪽 구 껍질에는 $-Q$의 전하를 두면 두 도체 사이의 전기장은 $\mathbf{E}=Q\hat{\mathbf{r}}/4\pi\epsilon_0 r^2$이므로 전위차는 식 (2.12b)로부터

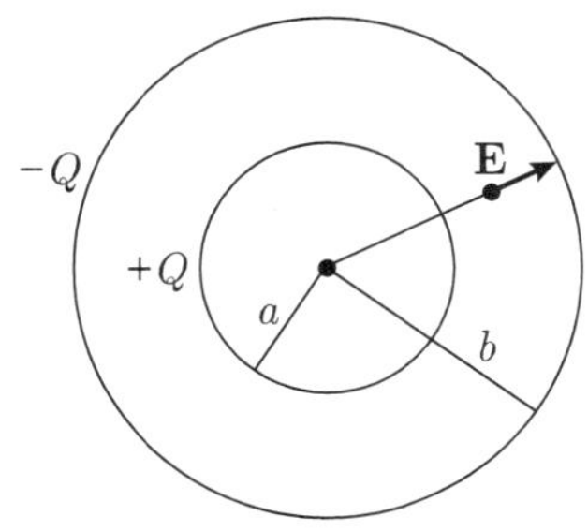

$$V=-\int_b^a \mathbf{E}\cdot d\mathbf{l}=-\frac{Q}{4\pi\epsilon_0}\int_b^a \frac{1}{r^2}dr=\frac{Q}{4\pi\epsilon_0}\left(\frac{1}{a}-\frac{1}{b}\right)=\frac{Q}{C}$$

이므로 전기용량은

$$C = \frac{4\pi\epsilon_0 ab}{b-a}$$

이고 고립구($b \to \infty$)의 전기용량은

$$C = 4\pi\epsilon_0 a.$$

[4.2] 안쪽 반지름이 a이고 바깥쪽 반지름이 b, 길이가 l인 원통형 축전기의 전기용량을 구하라.

풀이 그림과 같이 안쪽 원통에는 $+Q$의 전하를 바깥쪽 원통에는 $-Q$의 전하를 균일하게 두면 두 극판 사이에는 전기장이 생긴다.

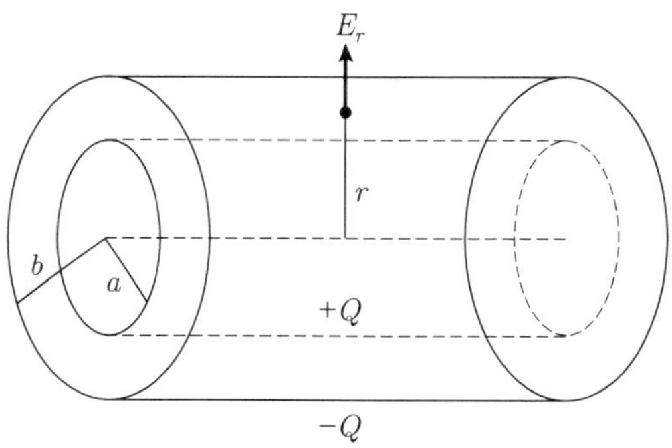

안쪽 원통을 감싸는 길이 l', 반지름 r ($a < r < b$)인 원통을 가우스 면으로 선택하고 원통의 길이가 매우 길다고 가정하면 옆면에서의 전기장은 일정하고 지름 방향이므로 가우스의 법칙[식 (2.24a)]에 의해

$$\oint \mathbf{E} \cdot d\mathbf{a} = \oint E_r\, da = E_r 2\pi r l' = \frac{Q_{\text{in}}}{\epsilon_0}$$

이고 선 전하밀도는 $\lambda = Q_{\text{in}}/l' = Q/l$이므로

$$E_r = \frac{1}{2\pi\epsilon_0 r}\frac{Q}{l}$$

이 된다. 따라서 식 (2.12b)에 의해

$$V = -\int_b^a E_r\,dr = \frac{Q}{2\pi\epsilon_0 l}\ln\left(\frac{b}{a}\right) = \frac{Q}{C}$$

이므로

$$C = \frac{2\pi\epsilon_0 l}{\ln(b/a)}.$$

[4.3] 같은 크기의 전류 I가 흐르는 동축 솔레노이드의 상호인덕턴스를 구하라. 안쪽 코일의 단위 길이당 감은 수는 n_1, 길이는 l, 단면적은 S이고 바깥쪽 코일의 감은 수는 n_2, 길이는 l보다 매우 크다고 가정하라.

풀이 바깥쪽 코일이 매우 크므로 바깥쪽 전류 I에 의한 자기장 $B_2 = \mu_0 n_2 I$ [식 (2.56)]은 안쪽 코일 안에서는 일정하다고 가정하면 이 자기장에 의한 감은 수가 N_1인 안쪽 코일을 관통하는 자기선속은 식 (2.69)에 의해

$$\Phi = BSN_1 = \mu_0 n_2 ISn_1 l = MI$$

이므로

$$M = \mu_0 n_1 n_2 Sl.$$

[4.4] 그림 4.7과 같이 원환체에 감긴 코일에 전류 I가 흐른다. 안쪽 반지름은 a, 바깥쪽 반지름은 b, 높이는 h이고 감은 횟수는 N이다. 자체인덕턴스를 구하라.

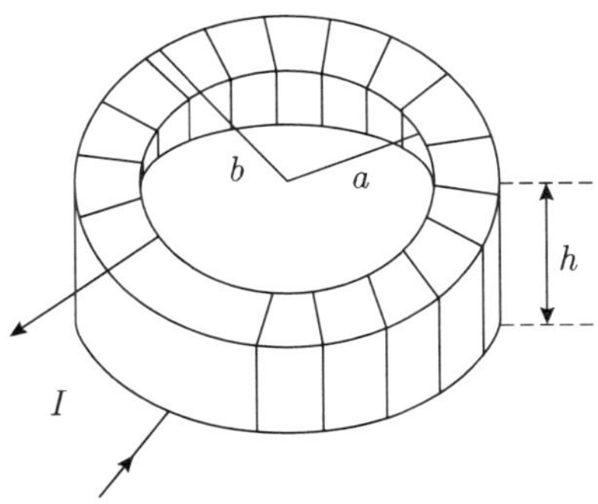

그림 4.7 연습문제 4.4

풀이 그림과 같이 원환체를 수직으로 자른 단면을 고려하자.

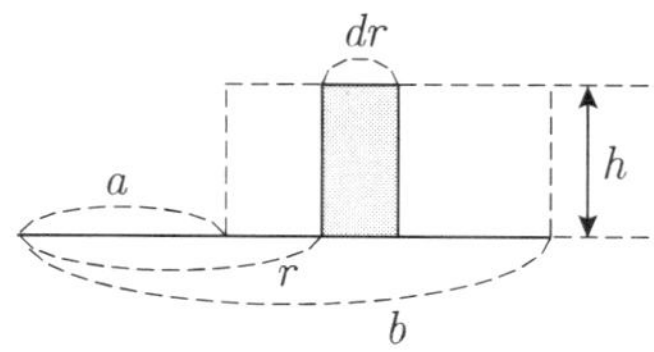

보충문제 2.21로부터 $B = \mu_0 NI/2\pi r$이므로

$$\Phi_1 = \int_S \mathbf{B} \cdot d\mathbf{a} = \int_S \frac{\mu_0 NI}{2\pi r} h\, dr$$

를 $N\Phi_1 = LI$에 대입하면

$$L = \frac{\mu_0 N^2 h}{2\pi} \ln\left(\frac{b}{a}\right).$$

[4.5] 고립된 도체구의 표면에 전하 Q가 대전되어 있다. 에너지를 구하라.

풀이 도체구 안에서는 $E = 0$이고 도체구 밖에서는 $E = Q/4\pi\epsilon_0 r^2$이므로

$$U_C = \int \frac{1}{2}\epsilon_0 E^2 d\tau = \int_R^\infty \frac{\epsilon_0}{2}\left(\frac{Q}{4\pi\epsilon_0 r^2}\right)^2 d\tau$$

$$= \frac{Q^2}{32\pi^2\epsilon_0}\int_R^\infty \frac{1}{r^4} 4\pi r^2 dr = \frac{Q^2}{8\pi\epsilon_0 R}.$$

[4.6] 반지름이 R인 도체구에 전하 Q가 분포되어 있다. 반지름이 $R/2$인 작은 도체구를 접촉시킬 때 작은 도체구로 이동하는 전하량을 구하라.

풀이 각각의 전기용량을 C_1(큰 구)과 C_2(작은 구)라 하면 전위가 같으므로

$$V_1 = V_2 \ : \ \frac{Q_1}{C_1} = \frac{Q_2}{C_2}$$

이고 $Q_1 = Q - Q_2$을 대입하면

$$Q_2 = \frac{C_2}{C_1 + C_2} Q$$

이다. 따라서 연습문제 4.1로부터 $C_1 = 4\pi\epsilon_0 R$, $C_2 = 2\pi\epsilon_0 R$를 대입하면

$$Q_2 = \frac{Q}{3}.$$

[4.7] 전하가 Q_1인 반지름 a인 도체구를 전하가 Q_2인 안쪽 반지름이 b이고 바깥쪽 반지름이 c인 두꺼운 구 껍질 도체가 중심을 같이 한 채 감싸고 있다.

(a) 전위계수를 구하라.

(b) 예 4.5에서 용량계수와 유도계수를 구하라.

풀이 (a) $V_1 = p_{11}Q_1 + p_{12}Q_2$, $V_2 = p_{21}Q_1 + p_{22}Q_2$ 에서

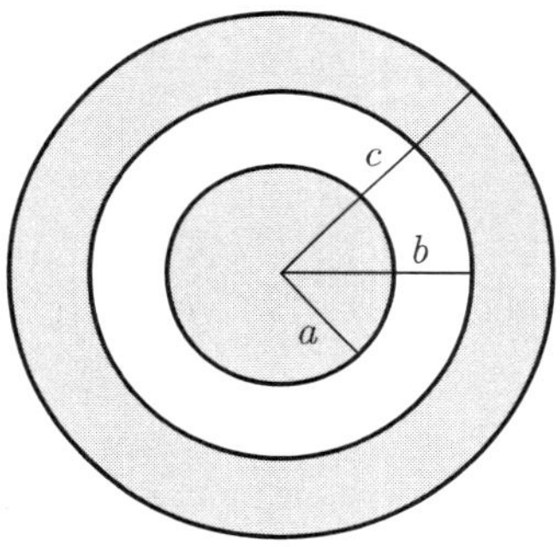

(i) p_{ij}는 Q_i에 무관한 상수이므로 $Q_1 = 1\,[\mathrm{C}]$, $Q_2 = 0$으로 두면 구 껍질도체내에서는 전위가 일정하므로 식 (2.12b)로부터

$$V_1(a) - V_1(\infty) = -\int_b^a \frac{1}{4\pi\epsilon_0 r^2}dr - \int_\infty^c \frac{1}{4\pi\epsilon_0 r^2}dr$$

이고 $V_1(\infty) = 0$으로 두면

$$p_1 = V_1 = V_1(a) = -\frac{1}{4\pi\epsilon_0}\left[-\frac{1}{r}\right]_b^a - \frac{1}{4\pi\epsilon_0}\left[-\frac{1}{r}\right]_\infty^c$$
$$= \frac{1}{4\pi\epsilon_0}\left(\frac{1}{a} - \frac{1}{b} + \frac{1}{c}\right)$$

$$p_{21} = V_2 = -\int_\infty^c \frac{1}{4\pi\epsilon_0 r^2}dr = \frac{1}{4\pi\epsilon_0 c}$$

(ii) $Q_1 = 0$, $Q_2 = 1$ [C]으로 두면 $p_{12} = V_1$, $p_{22} = V_2$이고 연습문제 2.8로부터 $V_1 = V_2 = 1/4\pi\epsilon_0 c$ 이다. 즉, $p_{12} = p_{21} = p_{22}$이고 $p_{12} = p_{21}$는 일반적으로 성립한다.

(b) $p_{12} = p_{22}$이므로 예 4.5에서 $q_{12} = q_{21} = -q_{11}$이다. 따라서

$$q_{11} = \frac{4\pi\epsilon_0}{c}\left[\left(\frac{1}{a} - \frac{1}{b} + \frac{1}{c}\right)\frac{1}{c} - \frac{1}{c^2}\right]^{-1} = \frac{4\pi\epsilon_0}{1/a - 1/b} = \frac{4\pi\epsilon_0 ab}{b-a}$$

$$q_{22} = 4\pi\epsilon_0\left(\frac{1}{a} - \frac{1}{b} + \frac{1}{c}\right)\left[\left(\frac{1}{a} - \frac{1}{b} + \frac{1}{c}\right)\frac{1}{c} - \frac{1}{c^2}\right]^{-1}$$

$$= 4\pi\epsilon_0\frac{(bc - ac + ab)/abc}{(b-a)/abc} = 4\pi\epsilon_0\frac{bc - ac + ab}{(b-a)}.$$

4.2 전기회로

[4.8] 그림 4.28에서 $R_1 = 2\,\Omega$, $R_2 = 4\,\Omega$, $L = 8$ H, $\mathcal{E} = 12$ V일 때 I_1과 I_2를 구하라.

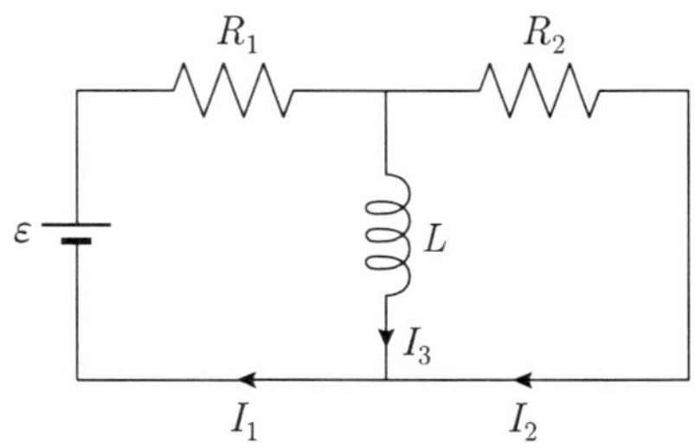

그림 4.28 연습문제 4.8

풀이 전류 법칙 : $I_1 = I_2 + I_3$

전압법칙(왼쪽 회로) : $\mathcal{E} = R_1 I_1 + L\dfrac{d}{dt}(I_1 - I_2)$로부터

$$2I_1 + 8\frac{d}{dt}(I_1 - I_2) = 12$$

전압법칙 (오른쪽 회로) : $0 = R_2 I_2 - L \frac{d}{dt}(I_1 - I_2)$로부터

$$4I_2 - 8\frac{d}{dt}(I_1 - I_2) = 0$$

두 식을 더하면 $I_1 + 2I_2 = 6$ 이므로 $dI_1/dt = -2(dI_2/dt)$이고 이것을 둘째 식에 대입하면

$$dI_2/dt = -I_2/6$$

이므로

$$I_2 = ae^{-t/6}, \quad I_1 = -2a^{-t/6} + 6$$

이다[a는 적분 상수].

[4.9] 그림 4.29와 같이 인덕터와 축전기가 무한 연결된 경우 임피던스를 구하라.

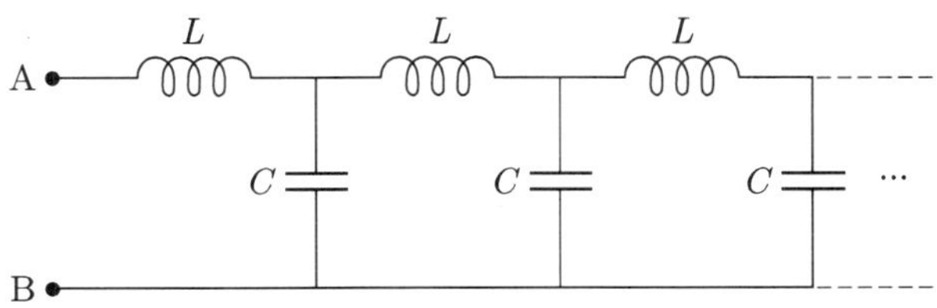

그림 4.29 연습문제 4.9

풀이 임피던스를 Z라 하고 이것을 그림과 같이 $Z_L = j\omega L$, $Z_C = 1/j\omega C$와 연결하면 이것도 임피던스가 Z이다.

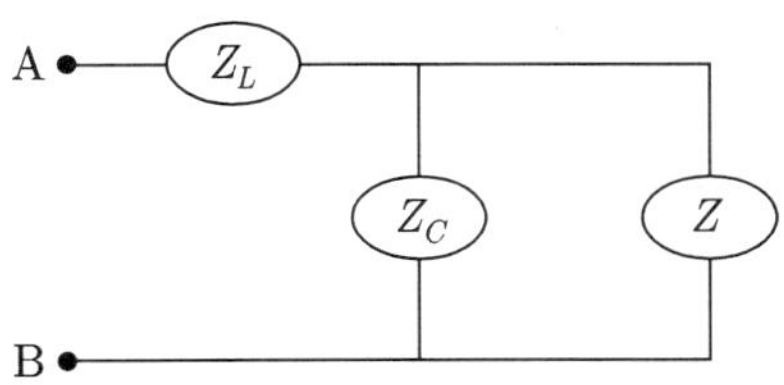

$$Z = Z_L + \left(\frac{1}{Z_C} + \frac{1}{Z}\right)^{-1} = Z_L + \frac{Z_C Z}{Z_C + Z}$$

로부터 $Z^2 - Z_L Z - Z_L Z_C = 0$ 이므로

$$Z = \frac{Z_L \pm \sqrt{Z_L^2 + 4Z_L Z_C}}{2} = \frac{j\omega L}{2} \pm \frac{1}{2}\sqrt{\frac{4L}{C} - \omega^2 L^2}\,.$$

[4.10] 휘트스톤 브리지(Wheatstone bridge)

그림 4.30에서 R_1, R_2, R_3를 적당히 조절하여 I_G를 0으로 만들었다. 이 때 R_4를 구하라.

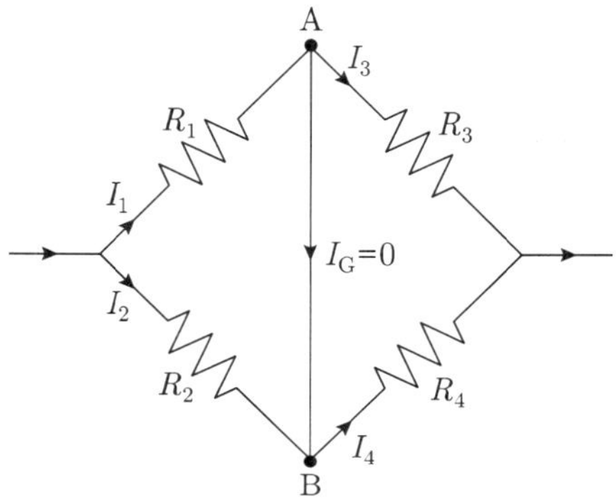

그림 4.30 연습문제 4.10

풀이 $I_G = 0$ 이므로 A와 B의 전위는 같다(전위차가 있어야 전류가 흐른다). 따라서 R_1과 R_2에서의 전압강하가 같고 R_3와 R_4에서의 전압강하가 같다. 즉,

$$I_1 R_1 = I_2 R_2, \quad I_3 R_3 = I_4 R_4$$

이고 $I_1 = I_3$, $I_2 = I_4$ 이므로

$$R_4 = \frac{R_2 R_3}{R_1}.$$

[4.11] 그림 4.31의 RLC 직렬회로에 직류기전력 $\mathcal{E}_0$를 인가했다. 미분방정식을 풀어서 전류를 구하라.

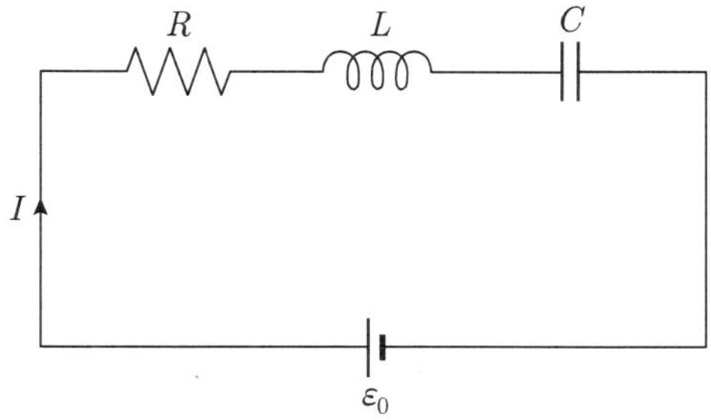

그림 4.31 연습문제 4.11

풀이 전압법칙에 의해

$$\mathcal{E}_0 = L\frac{dI}{dt} + RI + \frac{Q}{C} \quad \text{또는} \quad \mathcal{E}_0 = L\frac{d^2Q}{dt^2} + R\frac{dQ}{dt} + \frac{Q}{C}$$

이고 이것의 해는 좌변이 0일 때의 해인 일반해 Q_g와 특해 Q_p의 합이다.

(a) 일반해

좌변이 0일 때의 해인 특해를 $Q_\mathrm{g} \sim e^{\lambda t}$로 두면

$$\lambda^2 + \frac{R}{L}\lambda + \frac{1}{LC} = 0$$

이다. 이것의 해는

$$\lambda = \frac{-R/L \pm \sqrt{(R/L)^2 - 4/LC}}{2}$$

이므로 $\omega = 1/\sqrt{LC}$, $b = R/2L$로 두면

$$\lambda = -b \pm \sqrt{b^2 - \omega^2}$$

이 된다. 따라서 $\omega' \equiv \sqrt{\omega^2 - b^2}$로 두면

(i) $\omega > b$ (underdamping, 미급감쇠) :

$$Q_\mathrm{g} = e^{-bt}\left(Ae^{j\omega' t} + Be^{-j\omega' t}\right) = e^{-bt}(C_1\cos\omega' t + C_2\sin\omega' t)$$
$$= De^{-bt}\cos(\omega' t + \phi)$$

여기서 $e^{jx} = \cos x + j\sin x$이다[$j = \sqrt{-1}$].

(ii) $\omega = b$ (critical damping, 임계감쇠) :

중근이므로

$$\frac{d^2 Q_g}{dt^2} + 2b\frac{dQ_g}{dt} + b^2 Q_g = 0 \quad (*-1)$$

는 $U = (d/dt + b)Q_g$를 도입하면 $(d/dt + b)U = 0$이고 이것의 해는 $U = Be^{-bt}$(B : 적분상수)이므로 이것을 식 (*-1)에 대입하면

$$\frac{dQ_g}{dt} + bQ_g = Be^{-bt}$$

이다. 이것의 해를 구하기 위해 $Q_g = F(t)e^{-bt}$로 두면 $dF/dt = B$이므로 $F(t) = A + Bt$(A : 적분상수)이다. 따라서

$$Q_g = e^{-bt}(A + Bt).$$

(iii) $b > \omega$ (overdamping, 과감쇠) :

$$Q_g = e^{-bt}\left(Ae^{t\sqrt{b^2-\omega^2}} + Be^{-t\sqrt{b^2-\omega^2}}\right)$$

(b) 특해

좌변이 상수이므로 $Q_p = C\mathcal{E}_0$이다.

[4.12] 그림 4.32의 회로에 교류기전력 $\mathcal{E}(t) = \mathcal{E}_m \sin(\omega t)$를 인가했다. 전류 I_1과 I_2를 구하라.

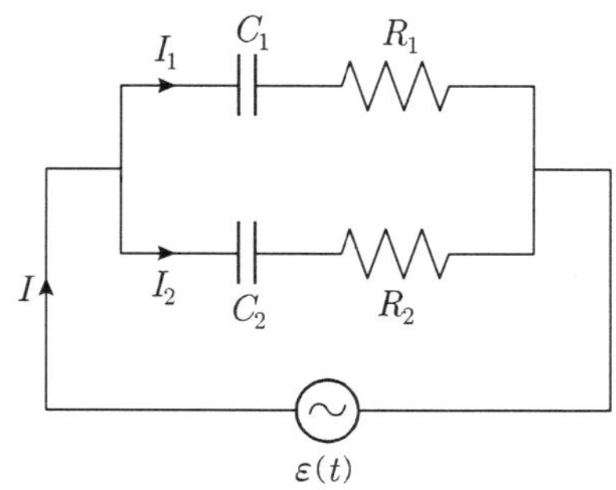

그림 4.32 연습문제 4.12

풀이 병렬연결이므로 기전력이 같다. 식 (4.37)~(4.39)로부터

$$I_i(t) = \frac{\mathcal{E}_{\rm m}}{Z_i}\sin(\omega t - \phi_i) = \frac{\mathcal{E}_{\rm m}}{\sqrt{R_i^2 + X_{Ci}^2}}\sin(\omega t - \phi_i)$$
$$= \frac{\mathcal{E}_{\rm m}}{\sqrt{R_i^2 + (1/\omega C_i)^2}}\sin(\omega t - \phi_i) \ \ [i = 1,\ 2]$$

이고 표 4.1로부터 $Z_i^* = R_i - j/\omega C_i$이므로

$$\tan\phi_i = \frac{\mathrm{Im}(Z_i^*)}{\mathrm{Re}(Z_i^*)} = \frac{-1/\omega C_i}{R_i}.$$

[4.13] 그림 4.33의 복소 임피던스를 구하라.

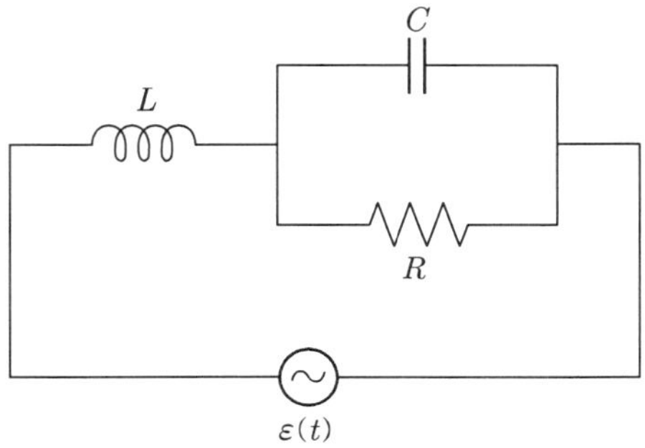

그림 4.33 연습문제 4.13

풀이 $Z = j\omega L + \left(\frac{1}{R} + j\omega C\right)^{-1} = j\omega L + \frac{R}{1 + j\omega RC}$

[4.14] 그림 4.34에서 (a) a와 d 사이의 합성저항과 (b) b와 d 사이의 합성저항을 구하라.

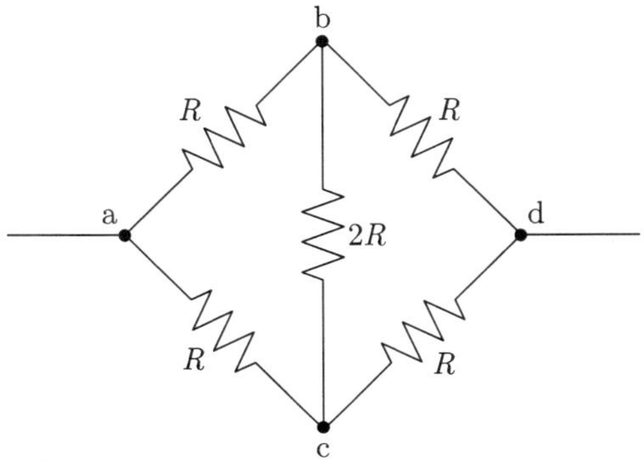

그림 4.34 연습문제 4.14

풀이 (a) 예 4.9처럼 하면

$$R_1 = \frac{RR}{2R+R+R} = \frac{R}{4}, \quad R_2 = R_3 = \frac{2RR}{2R+R+R} = \frac{R}{2}$$

이므로

$$R_{\rm ad} = \frac{R}{4} + \left(\frac{1}{3R/2} + \frac{1}{3R/2}\right)^{-1} = R.$$

(b) 세 개의 $2R$ 저항의 병렬연결이므로

$$\frac{1}{R_{\rm bc}} = \frac{1}{2R} + \frac{1}{2R} + \frac{1}{2R} \ \Rightarrow\ R_{\rm bc} = \frac{2R}{3}.$$

[4.15] 그림 4.35와 같이 △형 축전기 연결을 Y형 축전기 연결로 바꾸었을 때 C_1, C_2, C_3를 구하라.

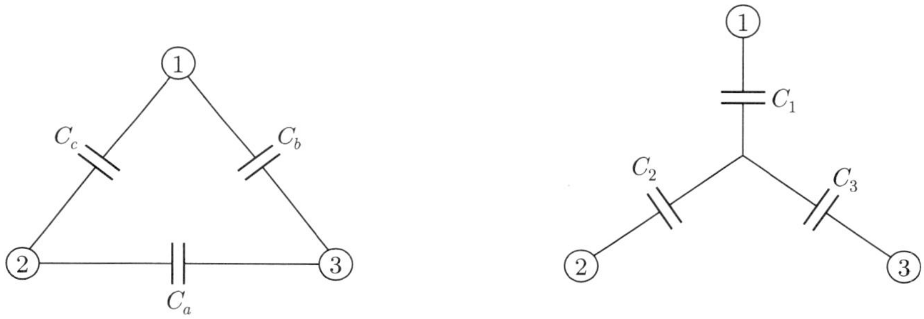

그림 4.35 연습문제 4.15

풀이 ③을 개방한 경우 : ①과 ② 사이의 전기용량은 각각

$$\triangle\ 형\ :\ C_c + \frac{1}{1/C_a + 1/C_b} = \frac{C_aC_b + C_aC_c + C_bC_c}{C_a + C_b}$$

$$\mathrm{Y}\ 형\ :\ \frac{1}{1/C_1 + 1/C_2}$$

이고 두 값이 같으므로

$$\frac{C_a + C_b}{C_aC_b + C_aC_c + C_bC_c} = \frac{1}{C_1} + \frac{1}{C_2}. \tag{i}$$

②를 개방한 경우 : ①과 ③ 사이의 전기용량은 각각

$$\triangle \text{ 형 : } C_b + \frac{1}{1/C_a + 1/C_c} = \frac{C_aC_c + C_aC_b + C_bC_c}{C_a + C_c}$$

$$\text{Y 형 : } \frac{1}{1/C_1 + 1/C_3}$$

이고 두 값이 같으므로

$$\frac{C_a + C_c}{C_aC_c + C_aC_b + C_bC_c} = \frac{1}{C_1} + \frac{1}{C_3}. \tag{ii}$$

①을 개방한 경우 : ②와 ③ 사이의 전기용량은 각각

$$\triangle \text{ 형 : } C_a + \frac{1}{1/C_b + 1/C_c} = \frac{C_bC_c + C_aC_b + C_aC_c}{C_b + C_c}$$

$$\text{Y 형 : } \frac{1}{1/C_2 + 1/C_3}$$

이고 두 값이 같으므로

$$\frac{C_b + C_c}{C_bC_c + C_aC_b + C_aC_c} = \frac{1}{C_2} + \frac{1}{C_3}. \tag{iii}$$

(i), (ii), (iii) 세 식을 모두 더하면

$$\frac{1}{C_1} + \frac{1}{C_2} + \frac{1}{C_3} = \frac{C_a + C_b + C_c}{C_aC_b + C_bC_c + C_aC_c} \tag{iv}$$

이다. 따라서 $C = C_aC_b + C_bC_c + C_aC_c$로 두고 식 (iv)에서 식 (i), (ii), (iii)를 빼면 다음을 얻는다.

$$C_1 = \frac{C}{C_a}, \quad C_2 = \frac{C}{C_b}, \quad C_3 = \frac{C}{C_c}$$

4.3 유전체

[4.16] 판 넓이가 S이고 간격이 d인 평행판 축전기 사이에 유전율이 ϵ인 유전체를 채우고 극판 사이의 전하량을 일정하게(양극에 $+Q$, 음극에 $-Q$) 유지시킨다. 극판 바깥쪽

은 진공(유전율 ϵ_0)이다.

(a) 유전체의 전기에너지를 구하라.

(b) + 극판을 진공 쪽으로 x 만큼 이동시키면 에너지는 얼마인가?

(c) (b)와 같이 극판을 당기면 극판 사이의 힘은 얼마인가?

풀이

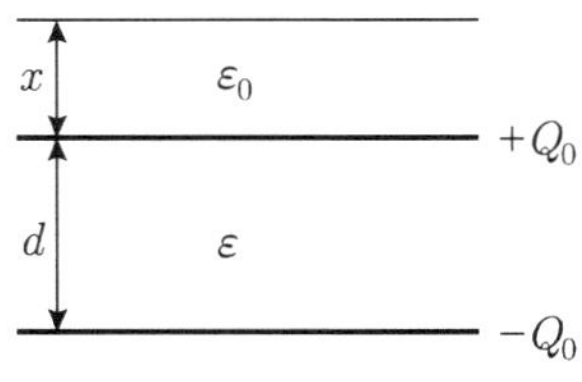

(a) $U_0 = \dfrac{Q_0^2}{2C_0} = \dfrac{Q_0^2 d}{2\epsilon S}$

(b) 유전체의 전기용량 $C_1 = S\epsilon/d$와 진공의 전기용량 $C_2 = S\epsilon_0/x$의 직렬연결이므로

$$C = \frac{C_1 C_2}{C_1 + C_2} = \frac{S}{d/\epsilon + x/\epsilon_0} = \frac{\epsilon_0 \epsilon S}{d\epsilon_0 + x\epsilon},$$

$$U_e = \frac{Q_0^2}{2C} = \frac{Q_0^2(d\epsilon_0 + x\epsilon)}{2\epsilon_0 \epsilon S}$$

(c) 전하가 일정한 경우이므로 식 (4.47)에 의해

$$F = -\left(\frac{\partial U_e}{\partial x}\right)_{x=0} = -\frac{Q_0^2}{2\epsilon_0 S} < 0 \text{ (인력)}$$

[4.17] 비유전율 ϵ_r, 안쪽 반지름 a, 바깥쪽 반지름 b의 두꺼운 구 껍질 유전체의 중심에 점전하 Q가 있다.

(a) 전기장 $\mathbf{E}$, 전위 V, 전속밀도 $\mathbf{D}$, 분극벡터 $\mathbf{P}$를 구하라.

(b) 안쪽과 바깥쪽의 속박 면전하밀도를 구하라.

(c) 속박 부피전하밀도를 구하라.

풀이 (a) (i) $r > b$: $E_1 = \dfrac{Q}{4\pi\epsilon_0 r^2}$, $V_1 = \dfrac{Q}{4\pi\epsilon_0 r}$, $D_1 = \epsilon_0 E_1$, $P_1 = 0$

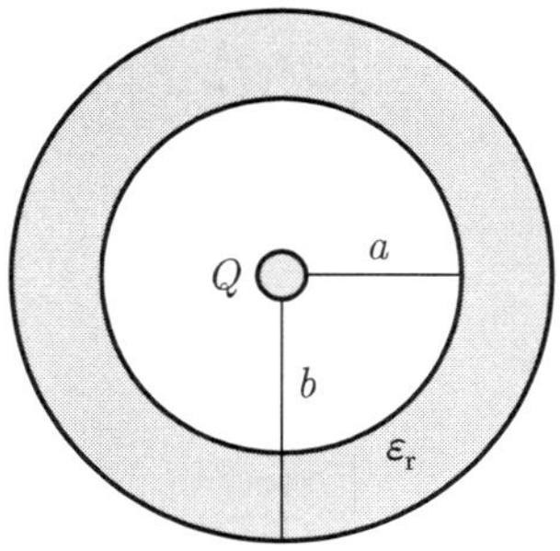

(ii) $a < r < b$일 때 : $E_2 = \dfrac{Q}{4\pi\epsilon_r\epsilon_0 r^2}$,　$D_2 = D_1$ [식 (3.20)]이므로

$$P_2 = \left(1 - \frac{1}{\epsilon_r}\right)\frac{Q}{4\pi r^2}\ [\mathbf{P} = \mathbf{D} - \epsilon_0\mathbf{E}]$$

$$V_2 = -\int_\infty^b E_1\,dr - \int_b^r E_2\,dr = \frac{Q}{4\pi\epsilon_0}\left[\left(1 - \frac{1}{\epsilon_r}\right)\frac{1}{b} + \frac{1}{\epsilon_r r}\right]$$

(iii) $r < a$일 때 : $E_3 = \dfrac{Q}{4\pi\epsilon_0 r^2}$, $D_3 = D_2 = D_1$, $P_3 = 0$이므로

$$\begin{aligned} V_3 &= V_2(r = a) - \int_a^r E_3\,dr \\ &= \frac{Q}{4\pi\epsilon_0}\left[\left(1 - \frac{1}{\epsilon_r}\right)\frac{1}{b} - \left(1 - \frac{1}{\epsilon_r}\right)\frac{1}{a} + \frac{1}{r}\right] \end{aligned}$$

(b) $\sigma_d(r = a) = \mathbf{P}\cdot\hat{\mathbf{r}}\big|_{r=a} = -P_2(r = a) = -\left(1 - \dfrac{1}{\epsilon_r}\right)\dfrac{Q}{4\pi a^2}$

$\sigma_d(r = b) = \mathbf{P}\cdot\hat{\mathbf{r}}\big|_{r=b} = P_2(r = b) = \left(1 - \dfrac{1}{\epsilon_r}\right)\dfrac{Q}{4\pi b^2}$

(c) 식 (1.52)로부터

$$\rho_d = -\nabla\cdot\mathbf{P} = -\frac{1}{r^2}\frac{\partial}{\partial r}(r^2 P_2) = 0.$$

[4.18] 예 4.13의 균일하게 분극된 공은 다음과 같이 다룰 수도 있다. 그림 4.43과 같이 $+q$의 양전하와 $-q$의 음전하로 고르게 대전된 크기가 같은 두 공이 매우 가깝게 포개져 있는 경우를 고려하자.

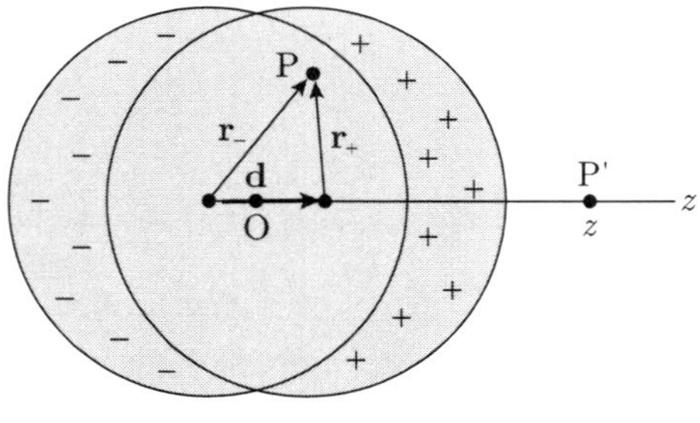

그림 4.43 연습문제 4.18

(a) 겹쳐진 부분인 P 지점의 전기장을 구하라.

(b) 구 밖의 P′ 지점의 전위를 구하라.

풀이 (a) 일정한 부피 전하밀도 ρ로 대전된 공 내부의 전기장은 연습문제 2.8로부터

$$\mathbf{E} = \frac{\rho}{3\epsilon_0}\mathbf{r} = \frac{q}{4\pi\epsilon_0 R^3}\mathbf{r}$$

이므로

$$\mathbf{E} = \frac{q}{4\pi\epsilon_0 R^3}\mathbf{r}_+ + \frac{-q}{4\pi\epsilon_0 R^3}\mathbf{r}_- = -\frac{q\mathbf{d}}{4\pi\epsilon_0 R^3}$$

이고 총 전기쌍극자 모멘트는 $\mathbf{p} = q\mathbf{d} = (4\pi R^3/3)\mathbf{P}$ 이므로

$$\mathbf{E} = -\frac{\mathbf{P}}{3\epsilon_0}$$

이다. 이것은 $\mathbf{d}$와는 무관하다.

(b) 구 밖에서는 하나의 전기쌍극자로 다룰 수 있으므로 식 (3.30)으로부터

$$V_{\text{out}} = \frac{\mathbf{p}\cdot\hat{\mathbf{r}}}{4\pi\epsilon_0 r^2} = \frac{p}{4\pi\epsilon_0 z^2}.$$

[4.19] 안쪽 반지름이 a이고 바깥쪽 반지름이 b인 두꺼운 구 껍질 유전체 내의 분극벡터가 $\mathbf{P} = (c/r)\,\hat{\mathbf{r}}$ 이다[c는 상수].

(a) 속박 전하밀도를 구하라.

(b) 전기장을 구하라.

풀이 (a) 식 (4.53)에 식 (1.52)를 적용하면 속박 부피전하밀도는

$$\rho_{\mathrm{d}} = -\nabla \cdot \mathbf{P}(\mathbf{r}) = -\frac{1}{r^2}\frac{d}{dr}\left(r^2\frac{c}{r}\right) = -\frac{c}{r^2}$$

이고 식 (4.54)에 의해 속박 면전하밀도는

$$\sigma_{\mathrm{d}}(a) = \mathbf{P}(\mathbf{r}) \cdot \hat{\mathbf{n}}\Big|_{r=a} = \frac{c}{r}\hat{\mathbf{r}} \cdot (-\hat{\mathbf{r}})\Big|_{r=a} = -\frac{c}{a}$$

$$\sigma_{\mathrm{d}}(b) = \mathbf{P}(\mathbf{r}) \cdot \hat{\mathbf{n}}\Big|_{r=b} = \frac{c}{r}\hat{\mathbf{r}} \cdot \hat{\mathbf{r}}\Big|_{r=b} = \frac{c}{b}.$$

(b) 식 (2.24a)에서 $Q_{\mathrm{in}} = 0$이므로 $\oint_{\mathrm{S}} \mathbf{D} \cdot \hat{\mathbf{n}}da = 0$으로부터 $\mathbf{D} = 0$이다. 따라서

$\mathbf{D} = \epsilon_0 \mathbf{E} + \mathbf{P}$ 로부터

$$r < a,\ r > b \text{일 때 : } \mathbf{E} = -\frac{\mathbf{P}}{\epsilon_0} = 0$$

$$a \le r \le b \text{일 때 : } \mathbf{E} = -\frac{\mathbf{P}}{\epsilon_0} = -\frac{c}{\epsilon_0 r}\hat{\mathbf{r}}.$$

4.4 자성체

[4.20] 투자율이 μ인 자성체가 그림 4.51과 같이 자석 사이에 들어 있다. 면 A와 B가 받는 힘의 방향은 반대이므로 상쇄된다. 단면적 S의 면 C가 받는 힘을 구하라.

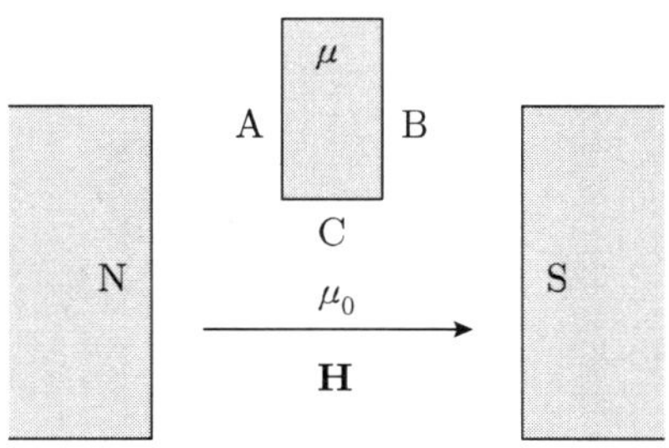

그림 4.51 연습문제 4.20

풀이 식 (4.58)로부터

$$F_{\mathrm{m}} = \frac{H^2 S}{2}(\mu - \mu_0) > 0 \text{ (아래쪽)}.$$

[4.21] 긴 원통이 축 방향으로 일정한 자기화벡터 $\mathbf{M}$으로 자기화되어 있다. 자기장을 구하라.

풀이 원통 옆면의 면적벡터를 $\hat{\mathbf{r}}$이라 하면

$$\mathbf{J}_{\mathrm{m}} = \nabla \times \mathbf{M} = 0, \quad \mathbf{K}_{\mathrm{m}} = \mathbf{M} \times \hat{\mathbf{r}} = M\hat{\phi}$$

이다. 따라서 표면 전류밀도가 $\mathbf{J}_{\mathrm{s}} = M\hat{\phi}$인 솔레노이드와 같으므로

$$\mathbf{B}_{\mathrm{out}} = 0$$

이고 $\mathbf{B}_{\mathrm{in}} = \mu_0 nI$에서 $nI = K_m$이므로

$$|\mathbf{B}_{\mathrm{in}}| = \mu_0 \mathbf{K}_{\mathrm{m}} = \mu_0 \mathbf{M}.$$

[4.22] 길이가 l_1, l_2, l_3, ⋯ 인 여러 조각의 자성체(각각의 투자율이 μ_1, μ_2, μ_3, ⋯ 이고 단면적은 S_1, S_2, S_3, ⋯)를 연결하여 루프를 만들고 그 위에 코일을 N번 감고 전류 I를 흘리면 k번째 조각 안의 자기장세기는

$$H_k = \frac{NI}{\mu_k S_k} \frac{1}{\sum_k (l_i/\mu_i S_i)}$$

로 주어짐을 증명하라.

풀이 그림과 같이 둘레의 길이가 l_1, l_2인 두 개의 자성체(투자율 μ_1과 μ_2, 단면적 S_1과 S_2)를 고려한다.

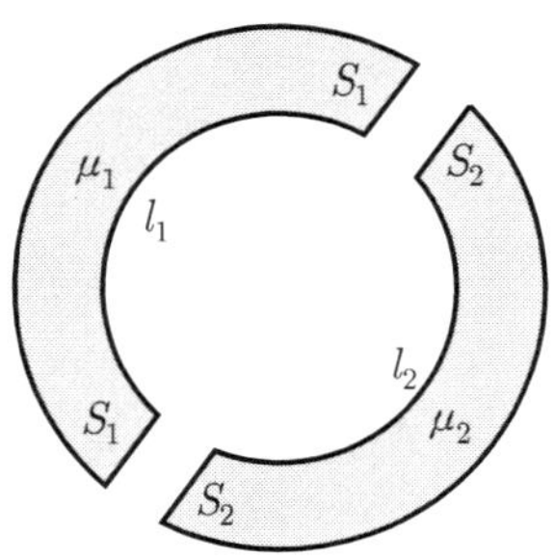

자성체 안에 원형고리를 고려하면 앙페르의 법칙[식 (2.52)]에 의해

$$H_1 l_1 + H_2 l_2 = NI$$

이고 자기선속의 누수가 없다고 가정하면 $\Phi_{\mathrm{m}} = B_1 S_1 = B_2 S_2$이므로 $B_i = \mu_i H_i$ $[i = 1,\ 2]$로부터

$$\frac{B_1}{\mu_1} l_1 + \frac{B_2}{\mu_2} l_2 = \frac{l_1}{\mu_1}\frac{\Phi_{\mathrm{m}}}{S_1} + \frac{l_2}{\mu_2}\frac{\Phi_{\mathrm{m}}}{S_2} = NI$$

이다. 따라서

$$\Phi_{\mathrm{m}} = \frac{NI}{(l_1/\mu_1 S_1 + l_2/\mu_2 S_2)} = B_i S_i = \mu_i H_i S_i$$

이고 이것을 여러 개의 자성체로 확장하면 된다.

[4.23] 그림 4.52와 같이 동축 원통의 표면에 전류 I가 흐른다. 원통 사이에는 자기편극률이 χ_{m}인 자성체가 채워져 있다. 자기장과 속박 전류밀도를 구하라.

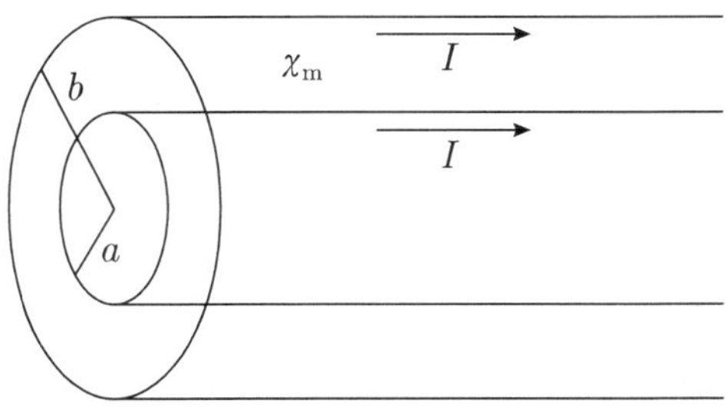

그림 4.52 연습문제 4.23

풀이 원통 사이에 반지름 r인 앙페르 고리를 만들면 식 (2.52)로부터 $\mathbf{H} = (I/2\pi r)\hat{\boldsymbol{\phi}}$이므로

$$\mathbf{M} = \chi_{\mathrm{m}} \mathbf{H} = \frac{\chi_{\mathrm{m}} I}{2\pi r}\hat{\boldsymbol{\phi}}$$

이고 식 (1.49)로부터

$$\mathbf{J}_{\mathrm{m}} = \nabla \times \mathbf{M} = \frac{1}{r}\frac{\partial}{\partial r}\left(r\frac{\chi_{\mathrm{m}} I}{2\pi r}\right)\hat{\mathbf{z}} = 0$$

$$\mathbf{K}_{\mathrm{m}} = \mathbf{M} \times \hat{\mathbf{n}} = \begin{cases} +\dfrac{\chi_{\mathrm{m}} I}{2\pi b}\hat{\mathbf{z}} & (r=b) \\ -\dfrac{\chi_{\mathrm{m}} I}{2\pi a}\hat{\mathbf{z}} & (r=a). \end{cases}$$

4.5 보충문제

[4.1] 전위가 V_{i}인 도체 A를 전위가 0인 도체 B와 연결하였더니 전위가 V_{f}가 되었다. A와 B의 전기용량의 비율을 구하라.

풀이 에너지는 일정하므로

$$W = \frac{1}{2} C_{\mathrm{A}} V_{\mathrm{i}}^2 = \frac{1}{2} C_{\mathrm{A}} V_{\mathrm{f}}^2 + \frac{1}{2} C_{\mathrm{B}} V_{\mathrm{f}}^2$$

로부터

$$\frac{C_{\mathrm{A}}}{C_{\mathrm{B}}} = \frac{V_{\mathrm{f}}^2}{V_{\mathrm{i}}^2 - V_{\mathrm{f}}^2}.$$

[4.2] 전하 Q를 띤 반지름이 R인 두 도체구가 합쳐져서 부피가 두 배인 하나의 도체구가 되었다. (a) 합쳐지기 전과 후의 전위와 (b) 에너지를 구하라.

풀이 (a) 합쳐진 후의 반지름을 R'이라 하면 $2(4\pi R^3/3) = (4\pi R'^3/3)$이므로 $R' = 2^{1/3}R$이고 연습문제 4.1로부터 고립구의 전기용량은 $C = 4\pi\epsilon_0 R$이므로

$$V_{\mathrm{i}} = \frac{Q_{\mathrm{i}}}{C_{\mathrm{i}}} = \frac{Q}{4\pi\epsilon_0 R}$$

$$V_{\mathrm{f}} = \frac{Q_{\mathrm{f}}}{C_{\mathrm{f}}} = \frac{2Q}{4\pi\epsilon_0 R'} = \frac{Q}{4\pi\epsilon_0 R} 2^{2/3}.$$

(b) $W_{\mathrm{i}} = 2 \times \dfrac{1}{2} C_{\mathrm{i}} V_{\mathrm{i}}^2 = \dfrac{Q^2}{4\pi\epsilon_0 R}$

$$W_{\mathrm{f}} = \frac{1}{2} C_{\mathrm{f}} V_{\mathrm{f}}^2 = \frac{1}{2} \times 4\pi\epsilon_0 2^{1/3} R \times \left(\frac{Q}{4\pi\epsilon_0 R} 2^{2/3}\right)^2 = \frac{Q^2}{8\pi\epsilon_0 R} 2^{5/3}$$

[4.3] 회로 1, 2의 자체인덕턴스가 L_1, L_2이고 상호인덕턴스가 M이면 **결합 계수**(coupling coefficient) $k = M/\sqrt{L_1 L_2}$가 $1 > k > 0$임을 증명하라.

풀이 $N_1\Phi_1 = L_1 I_1$, $N_2\Phi_2 = L_2 I_2$, $N_1\Phi_{12} = M_{12} I_2$, $N_2\Phi_{21} = M_{21} I_1$에서 $M_{12} = M_{21} \equiv M$이고 자기선속의 누설이 없다고 가정하면 $\Phi_{12} = \Phi_2$, $\Phi_{21} = \Phi_1$이므로

$$M^2 = M_{12} M_{21} = \frac{N_1\Phi_2}{I_2} \times \frac{N_2\Phi_1}{I_1} = \frac{N_2\Phi_2}{I_2} \times \frac{N_1\Phi_1}{I_1} = L_1 L_2$$

이다. 실제는 자기선속의 누설이 있으므로 $\Phi_1 \geq \Phi_{21}$, $\Phi_2 \geq \Phi_{12}$이다. 따라서 $L_1 L_2 \geq M^2$이다. $\Phi_{12} = \Phi_{21} = 0$이면 자기결합이 없는 상태이다.

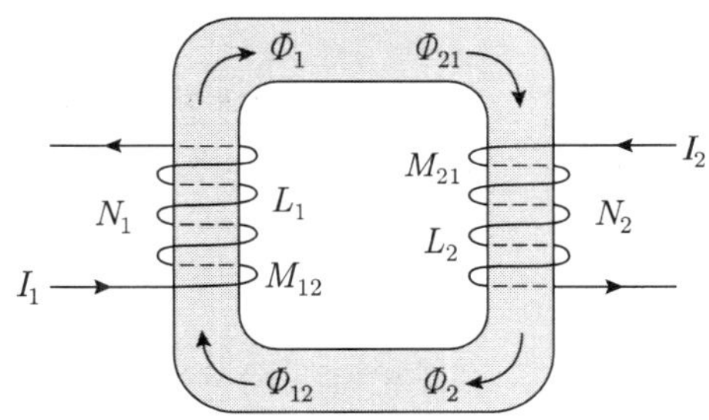

$$k = \frac{M^2}{L_1 L_2}\begin{cases} k = 0 & (\text{자기결합이 없음}) \\ 0 < k < 1 & (\text{자기결합 상태}) \\ k = 1 & (\text{완전한 자기결합}) \end{cases}$$

[4.4] 회로 1, 2의 자체인덕턴스가 L_1, L_2이고 상호인덕턴스가 M인 두 코일을 직렬로 연결하면 전체 자체인덕턴스 L는 다음과 같음을 증명하라.

$$L = L_1 + L_2 \pm 2M\,[+\text{는 순접속이고 }-\text{는 역접속}]$$

풀이 순접속이면 총 자기선속은 $\Phi = \Phi_1 + \Phi_2$이므로 변형된 자체인덕턴스는

$$L_1' = \frac{N_1(\Phi_1 + \Phi_2)}{I} = L_1 + M, \quad L_2' = \frac{N_2(\Phi_1 + \Phi_2)}{I} = L_2 + M$$

이므로 전체인덕턴스는

$$L = L_1{}' + L_2{}' = L_1 + L_2 + 2M$$

이고 역접속이면 $\Phi = \Phi_1 - \Phi_2$이다.

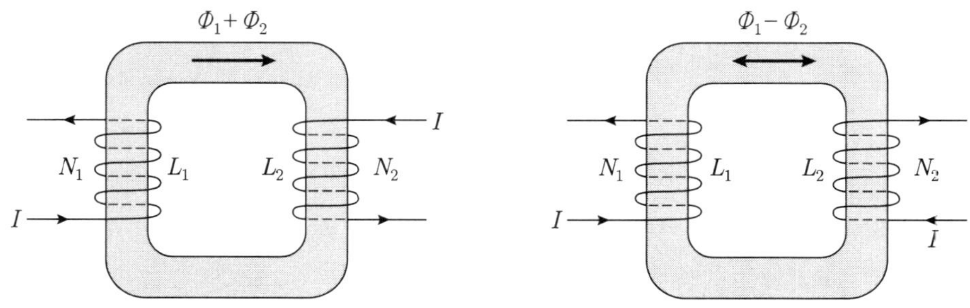

(a) 순접속 (b) 역접속

[4.5] 반지름 a, 길이 l, 투자율 μ인 원통형 도선에 전류 I가 균일하게 흐른다. 내부 자체인덕턴스와 외부 자체인덕턴스를 구하라.

풀이 (a) 내부 자체인덕턴스 $L_{\rm in}$:

중심축에서 거리 r $(r < a)$ 떨어진 지점의 자기장의 세기는 보충문제 2.20으로부터

$$\mathbf{B}_{\rm in} = \frac{\mu r I}{2\pi a^2}$$

이므로 자기에너지는 식 (3.7)에 의해

$$W_{\rm B} = \int \frac{B^2}{2\mu} d\tau = \frac{\mu I^2}{8\pi^2 a^4} \int_0^a r^2 l \, 2\pi r \, dr$$

$$= \frac{\mu l I^2}{16\pi} = \frac{1}{2} L_{\rm in} I^2$$

이다. 따라서

$$L_{\rm in} = \frac{\mu l}{8\pi}.$$

(b) 외부 자체인덕턴스 $L_{\rm out}$:

그림에서 P 지점의 자기장은 연습문제 2.27로부터

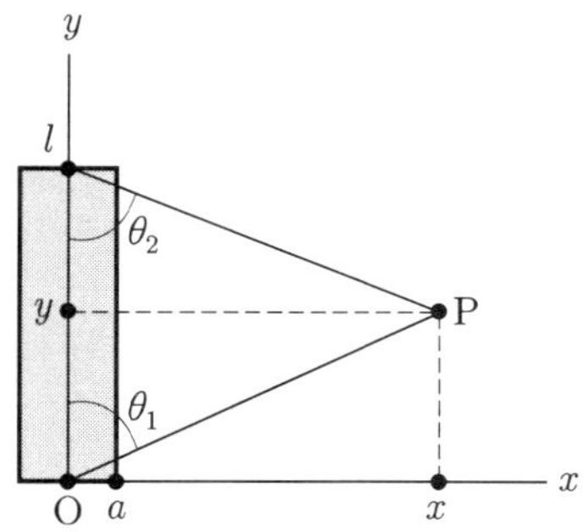

$$B_{\text{out}} = \frac{\mu I}{4\pi x}(\cos\theta_1 + \cos\theta_2)$$
$$= \frac{\mu I}{4\pi x}\left[\frac{y}{\sqrt{x^2+y^2}} + \frac{l-y}{\sqrt{x^2+(l-y)^2}}\right]$$

이므로 자기장이 오른쪽 상반부[$a < x < \infty$, $0 < y < l$]를 관통하는 자기선속은

$$\Phi_{\text{out}} = \int B_{\text{out}}\, dx\, dy$$
$$= \frac{\mu I}{4\pi}\int_a^\infty dx \int_0^l dy \frac{1}{x}\left[\frac{y}{\sqrt{x^2+y^2}} + \frac{l-y}{\sqrt{x^2+(l-y)^2}}\right]$$
$$= \frac{\mu I}{4\pi}\int_a^\infty \frac{1}{x}\left[\sqrt{x^2+y^2} - \sqrt{x^2+(l-y)^2}\right]_{y=0}^{l} dx$$
$$= \frac{\mu I}{2\pi}\int_a^\infty \left(\frac{\sqrt{x^2+l^2}}{x} - 1\right) dx \text{ [적분공식 (B.16) 사용]}$$
$$= \frac{\mu I}{2\pi}\left[\sqrt{x^2+l^2} - l\ln\left(\frac{l+\sqrt{x^2+l^2}}{x}\right) - x\right]_{x=a}^{\infty} = L_{\text{out}} I$$

이다. 따라서

$$L_{\text{out}} = \frac{\mu}{2\pi}\left[l\ln\left(\frac{l+\sqrt{a^2+l^2}}{a}\right) - \sqrt{a^2+l^2} + a\right].$$

[4.6] 길이가 l, 반지름이 a, b인 두 굵은 도선이 중심 사이의 간격 $d(\gg a,\ b)$로 떨어져 있고 크기가 같은 전류가 반대 방향으로 흐른다. 내부 자체인덕턴스와 외부 자체인덕턴스를 구하라.

풀이

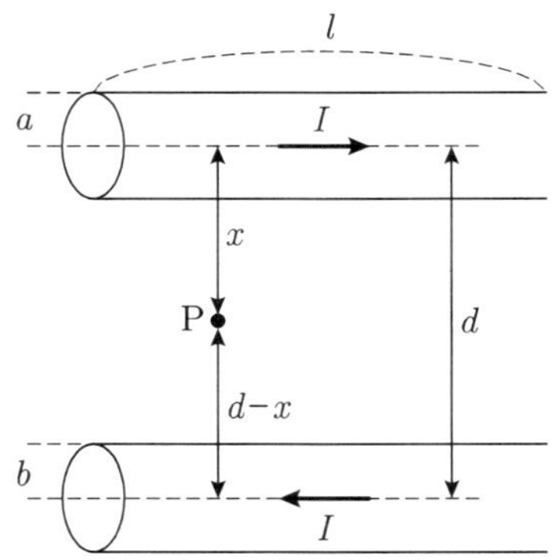

(a) 보충문제 4.5의 2배이므로

$$L_{\text{in}} = 2\left(\frac{\mu l}{8\pi}\right).$$

(b) P 지점의 자기장은[$l \gg d$로 가정]

$$B_{\text{out}} = \mu\left[\frac{I}{2\pi x} + \frac{I}{2\pi(d-x)}\right]$$

이므로

$$\Phi_{\text{out}} = \int_a^{d-b} \mathbf{B}\cdot d\mathbf{a} = \int_a^{d-b} B_{\text{out}}\, l\, dx = \frac{\mu I l}{2\pi}\int_a^{d-b}\left[\frac{1}{x} + \frac{1}{d-x}\right]dx$$

$$= \frac{\mu I l}{2\pi}\left[\ln\left(\frac{d-b}{a}\right) + \ln\left(\frac{d-a}{b}\right)\right] = \frac{\mu I l}{2\pi}\ln\frac{(d-a)(d-b)}{ab} = L_{\text{out}} I$$

이다. 따라서

$$L_{\text{out}} = \frac{\mu l}{2\pi}\ln\frac{(d-a)(d-b)}{ab} \approx \frac{\mu l}{2\pi}\ln\frac{d^2}{ab}.$$

[4.7] 대전되지 않은 도체(1)를 전하 Q로 대전된 도체(2)에 연결했을 때 이동한 전하량을 전위계수로 나타내라.

풀이 $V_1 = p_{11}Q_1 + p_{12}Q_2$, $V_2 = p_{21}Q_1 + p_{22}Q_2$에서 $p_{12} = p_{21}$이고 이동한 전하량 Q_1은 $Q_1 = Q - Q_2$이다. 따라서 $V_1 = V_2$이므로

$$p_{11}Q_1 + p_{12}(Q - Q_1) = p_{12}Q_1 + p_{22}(Q - Q_1)$$

로부터

$$Q_1 = \frac{p_{22} - p_{12}}{p_{11} + p_{22} - 2p_{12}} Q.$$

[4.8] $+Q$와 $-Q$로 대전된 두 도체의 전기용량을 전위계수로 나타내라. 전기용량 C는 $C = Q/(V_1 - V_2)$이다.

풀이 $V_1 = p_{11}Q - p_{12}Q$, $V_2 = p_{21}Q - p_{22}Q$이므로

$$C = (p_{11} + p_{22} - 2p_{12})^{-1}.$$

[4.9] 전위가 V_i, 전하량이 Q_i인 n개의 도체로 구성된 계의 에너지 W가 $W = \frac{1}{2}\sum_{i=1}^{n} V_i Q_i$로 주어짐을 전위계수를 사용하여 증명하라.

풀이 (i) 1번 도체에 전하를 충전하는 경우, 전하가 q일 때 전위 v_1은 $v_1 = p_{11}q_1$이므로 dq_1의 전하를 추가로 충전하는 데 필요한 에너지는 $dW_1 = v_1 dq_1$이다. 따라서

$$W_1 = \int_0^{Q_1} p_{11} q_1 \, dq_1 = \frac{1}{2} p_{11} Q_1^2.$$

(ii) 1번 도체를 Q_1으로 충전한 후 2번 도체를 q_2만큼 충전했을 때 전위 v_2는 $v_2 = p_{21}Q_1 + p_{22}q_2$이고 추가로 dq_2의 전하를 충전하는 데 필요한 에너지는 $dW_2 = v_2 \, dq_2$이므로

$$W_2 = \int_0^{Q_2} (p_{21}Q_1 + p_{22}q)\, dq = p_{21}Q_1 Q_2 + \frac{1}{2} p_{22} Q_2^2.$$

(iii) 같은 방식으로 하면 3번 도체를 Q_3까지 충전하는 데 필요한 에너지는

$$W_3 = \int_0^{Q_3} (p_{31}Q_1 + p_{32}Q_2 + p_{33}q_3)\, dq_3 = p_{31}Q_1 Q_3 + p_{32}Q_2 Q_3 + \frac{1}{2} p_{33} Q_3^2$$

이다. 따라서 (i), (ii), (iii)을 더하면

$$
\begin{aligned}
W &= W_1 + W_2 + W_3 \\
&= \frac{1}{2}\left(p_{11}Q_1^2 + 2p_{21}Q_1Q_2 + p_{22}Q_2^2 + 2p_{31}Q_1Q_3 + 2p_{32}Q_2Q_3 + p_{33}Q_3^2\right)
\end{aligned}
$$

이고 식 (4.14)를 고려하면[$p_{ij} = p_{ji}$]

$$W = \frac{1}{2}(V_1Q_1 + V_2Q_2 + V_3Q_3)$$

이므로 이것을 일반화하면 된다.

[4.10] 복소 임피던스를 구하라.

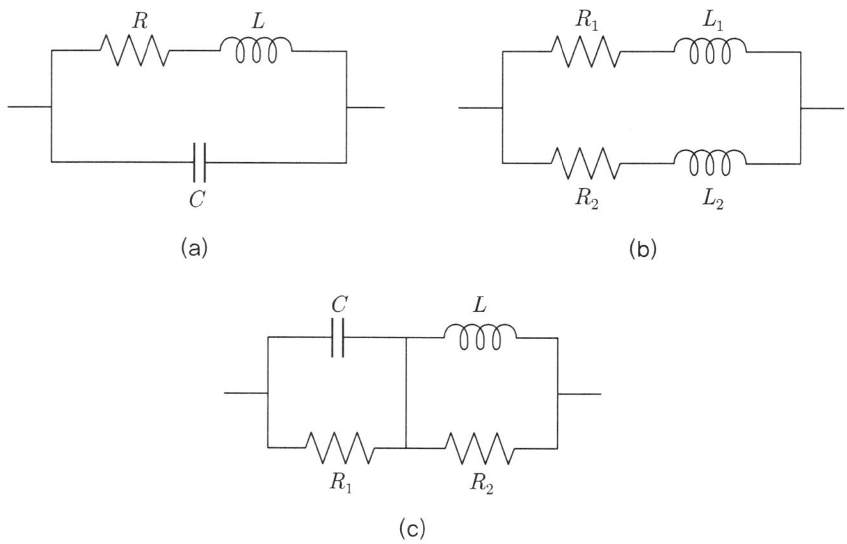

그림 4.53 보충문제 4.10

풀이 (a) $\dfrac{1}{Z^*} = \dfrac{1}{R + j\omega L} + \dfrac{1}{-j/\omega C}$

(b) $\dfrac{1}{Z^*} = \dfrac{1}{R_1 + j\omega L_1} + \dfrac{1}{R_2 + j\omega L_2}$

(c) $\dfrac{1}{Z_1^*} = \dfrac{1}{R_1} + \dfrac{1}{-j/\omega C}, \quad \dfrac{1}{Z_2^*} = \dfrac{1}{R_2} + \dfrac{1}{j\omega L}$

$$Z^* = Z_1^* + Z_2^* = \frac{R_1}{1 + jR_1\omega C} + \frac{R_2\omega L}{\omega L - jR_2}$$

[4.11] RLC 직렬회로에 교류기전력 $\mathcal{E}(t) = \mathcal{E}_{\mathrm{m}}\sin(\omega t)$를 인가했다. 미분방정식을 풀어서 정상전류의 최대값을 구하라.

풀이 연습문제 4.11로부터

$$L\frac{d^2Q}{dt^2} + R\frac{dQ}{dt} + \frac{Q}{C} = \mathcal{E}_{\mathrm{m}}\sin\omega t$$

이고 우변이 0인 일반해는 연습문제 4.11에서 구했다. 일반해의 전류는 $t \to \infty$일 때 0이다. 특수해를

$$Q_{\mathrm{p}} = k_1\sin\omega t + k_2\cos\omega t$$

로 두고 위 식에 대입하여 $\sin\omega t$ 항과 $\cos\omega t$ 항의 계수를 비교하면

$$\sin\omega t \text{ 항 : } \left(\omega^2 - \frac{1}{LC}\right)k_1 + \frac{\omega R}{L}k_2 = -\frac{\mathcal{E}_{\mathrm{m}}}{L}$$

$$\cos\omega t \text{ 항 : } \left(\omega^2 - \frac{1}{LC}\right)k_2 - \frac{\omega R}{L}k_1 = 0$$

이다. 따라서 $\omega_0 = 1/\sqrt{LC}$, $b = R/2L$로 두면

$$\begin{pmatrix} \omega_0^2 - \omega^2 & -2b\omega \\ 2b\omega & \omega_0^2 - \omega^2 \end{pmatrix}\begin{pmatrix} k_1 \\ k_2 \end{pmatrix} = \begin{pmatrix} \mathcal{E}_{\mathrm{m}}/L \\ 0 \end{pmatrix}$$

이므로

$$k_1 = \frac{(\mathcal{E}_{\mathrm{m}}/L)(\omega_0^2 - \omega^2)}{(\omega_0^2 - \omega^2)^2 + (2b\omega)^2}, \quad k_2 = -\frac{(\mathcal{E}_{\mathrm{m}}/L)2b\omega}{(\omega_0^2 - \omega^2)^2 + (2b\omega)^2}$$

이다. 이것은 그림과 같이 ϕ를 도입하면

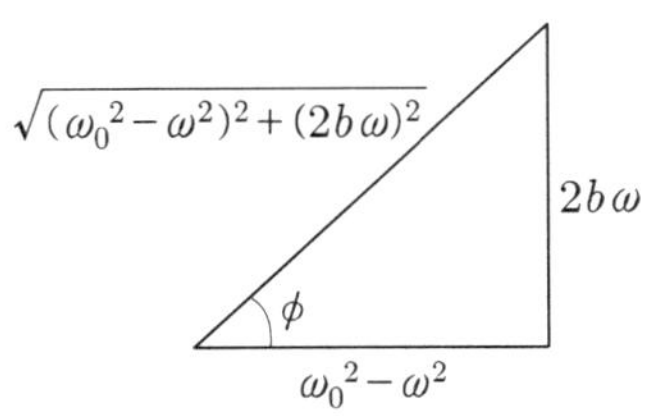

$$k_1 = \frac{(\mathcal{E}_m/L)}{\sqrt{(\omega_0^2-\omega^2)^2+(2b\omega)^2}}\cos\phi, \quad k_2 = -\frac{(\mathcal{E}_{\rm m}/L)}{\sqrt{(\omega_0^2-\omega^2)^2+(2b\omega)^2}}\sin\phi$$

이 되므로

$$Q_{\rm p} = \frac{\mathcal{E}_{\rm m}/L}{\sqrt{(\omega_0^2-\omega^2)^2+(2b\omega)^2}}(\cos\phi\sin\omega t - \sin\phi\cos\omega t)$$
$$= \frac{\mathcal{E}_{\rm m}/L}{\sqrt{(\omega_0^2-\omega^2)^2+(2b\omega)^2}}\sin(\omega t-\phi)$$

이다. 따라서

$$I(t) = \frac{dQ_{\rm p}(t)}{dt} = \frac{\omega\mathcal{E}_{\rm m}/L}{\sqrt{(\omega_0^2-\omega^2)^2+(2b\omega)^2}}\cos(\omega t-\phi)$$
$$= I_{\rm m}\cos(\omega t-\phi)$$

이고

$$I_{\rm m} = \frac{\omega\mathcal{E}_{\rm m}/L}{\sqrt{(\omega_0^2-\omega^2)^2+(2b\omega)^2}}$$

이다. 한편,

$$Z = \sqrt{R^2+(X_L-X_C)^2} = \sqrt{R^2+(\omega L-1/\omega C)^2}$$
$$= \sqrt{R^2+\left(\frac{L}{\omega}\right)^2\left(\omega^2-\frac{1}{LC}\right)^2} = \frac{L}{\omega}\sqrt{\left(\frac{\omega R}{L}\right)^2+\left(\omega^2-\frac{1}{LC}\right)^2}$$
$$= \frac{L}{\omega}\sqrt{(2b\omega)^2+(\omega_0^2-\omega^2)^2}$$

이므로

$$I_{\rm m} = \frac{\mathcal{E}_{\rm m}}{Z}$$

로 본문의 내용[식 (4.38)]과 같다.

[4.12] 그림 4.54와 같이 축전기에 Q_0의 전하를 충전한 후 저항과 인덕터에 연결하였을 때 전류를 구하라.

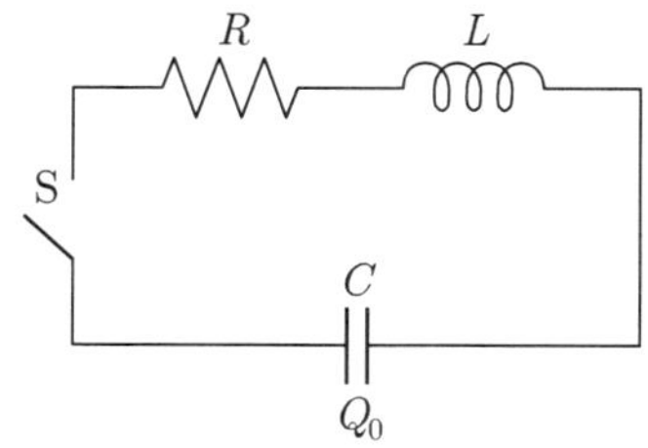

그림 4.54 보충문제 4.12

풀이 키르히호프의 전압법칙에 의해

$$L\frac{dI}{dt}+RI+\frac{Q}{C}=0 \quad (\text{또는}) \quad L\frac{d^2Q}{dt^2}+R\frac{dQ}{dt}+\frac{Q}{C}=0 \tag{i}$$

이므로 $Q=Q_0e^{\alpha t}$로 두면

$$L\alpha^2+R\alpha+1/C=0$$

이다. 이것의 해는

$$\alpha=\frac{-R\pm\sqrt{R^2-4L/C}}{2L}.$$

(i) $R^2<4L/C$일 때 :

$b=R/2L$, $\omega=\sqrt{1/LC-(R/2L)^2}$ 으로 두면 $\alpha=-b\pm j\omega$이므로

$$Q(t)=c_1e^{-bt}e^{j\omega t}+c_2e^{-bt}e^{-j\omega t}$$

$$I(t)=c_1(-b+j\omega)e^{-bt}e^{j\omega t}+c_2(-b-j\omega)e^{-bt}e^{-j\omega t}$$

이다. $Q(0)=Q_0$, $I(0)=0$ 이므로

$$c_1+c_2=Q_0, \quad c_1(-b+j\omega)+c_2(-b-j\omega)=0$$

이고 이것의 해는

$$c_1=Q_0(\omega-jb)/2\omega, \quad c_2=Q_0(\omega+jb)/2\omega$$

이다. 따라서

$$Q(t)=\frac{Q_0}{2\omega}e^{-bt}\left[(\omega-jb)e^{j\omega t}+(\omega+jb)e^{-j\omega t}\right]$$

$$= Q_0 e^{-bt}[\cos\omega t + (b/\omega)\sin\omega t]$$

$$I(t) = Q_0 e^{-bt}\left[-b\cos\omega t - \frac{b^2}{\omega}\sin\omega t + \omega\sin\omega t + b\cos\omega t\right]$$

$$= -Q_0\left(\frac{\omega^2 + b^2}{\omega}\right)e^{-bt}\sin\omega t.$$

(ii) $R^2 = 4L/C$일 때 :

$R^2 = 4L/C$를 식 (i)에 대입하면

$$\frac{d^2Q}{dt^2} + \frac{R}{L}\frac{dQ}{dt} + \frac{R^2}{4L^2}Q = 0$$

이고 $b = R/2L$이므로

$$\left(\frac{d}{dt} + b\right)\left(\frac{d}{dt} + b\right)Q = \left(\frac{d}{dt} + b\right)q = 0$$

이 된다. $q = q_0 e^{-bt}$이므로 $q = (d/dt + b)Q$ 또는

$$\frac{dQ}{dt} + bQ = q_0 e^{-bt}$$

의 해를 구하기 위해 $Q = Te^{-bt}$로 두고 위 식에 대입하면

$$\frac{dT}{dt}e^{-bt} - bTe^{-bt} + bTe^{-bt} = q_0 e^{-bt}$$

즉, $T = q_0 t + T_0$ 이므로

$$Q(t) = (q_0 t + T_0)e^{-bt}$$

이고

$$I(t) = \frac{dQ}{dt} = q_0 e^{-bt} - b(q_0 t + T_0)e^{-bt}$$

이다. 따라서 $Q(0) = Q_0 = T_0$이고 $I(0) = 0 = q_0 - bT_0$ 로부터 $q_0 = bT_0 = bQ_0$이므로

$$Q(t) = Q_0(1 + bt)e^{-bt}, \quad I(t) = -Q_0 b^2 t e^{-bt}.$$

(iii) $R^2 > 4L/C$일 때 :

$\omega_0 = \sqrt{1/LC}$, $\alpha_\pm = -b \pm \sqrt{b^2 - \omega_0^2}$ 로 두면

$$Q(t) = c_1 e^{\alpha_+ t} + c_2 e^{-\alpha_- t}, \quad I(t) = c_1 \alpha_+ e^{\alpha_+ t} - c_2 \alpha_- e^{-\alpha_- t}$$

이고 $Q(0) = Q_0$, $I(0) = 0$ 로부터 $c_1 + c_2 = Q$, $c_1 \alpha_+ - c_2 \alpha_- = 0$ 이므로

$$c_1 = \frac{Q_0 \alpha_-}{\alpha_+ + \alpha_-}, \quad c_2 = \frac{Q_0 \alpha_+}{\alpha_+ + \alpha_-}.$$

[4.13] 반지름이 R이고 유전상수가 ϵ_r인 유전체 공의 중심에 점전하 q가 있다.

(a) 전기장과 분극벡터를 구하라.

(b) 속박 전하밀도를 구하라.

(c) 총 속박전하는 얼마인가?

풀이 (a) $\oint \mathbf{D} \cdot d\mathbf{a} = Q_\mathrm{in}$ 으로부터 $\mathbf{D} = \dfrac{q}{4\pi r^2} \hat{\mathbf{r}}$ 이므로

$$\mathbf{E} = \frac{\mathbf{D}}{\epsilon} = \frac{q}{4\pi\epsilon_0 \epsilon_\mathrm{r} r^2} \hat{\mathbf{r}}, \quad \mathbf{P} = \mathbf{D} - \epsilon_0 \mathbf{E} = \frac{q}{4\pi r^2} \frac{\epsilon_r - 1}{\epsilon_\mathrm{r}} \hat{\mathbf{r}}.$$

(b) $\rho_\mathrm{d} = -\nabla \cdot \mathbf{P} = -\dfrac{q(\epsilon_\mathrm{r} - 1)}{4\pi\epsilon_\mathrm{r}} \nabla \cdot \left(\dfrac{\hat{\mathbf{r}}}{r^2} \right) = -q \dfrac{\epsilon_\mathrm{r} - 1}{\epsilon_\mathrm{r}} \delta^3(\mathbf{r})$ [식 (1.61)]

$$\sigma_\mathrm{d} = \mathbf{P} \cdot \hat{\mathbf{n}} \big|_{r=R} = \frac{q}{4\pi R^2} \frac{\epsilon_r - 1}{\epsilon_\mathrm{r}}$$

(c) $Q_\mathrm{s} = \displaystyle\int \sigma_\mathrm{d}\, da = \frac{q}{4\pi R^2} \frac{\epsilon_r - 1}{\epsilon_\mathrm{r}} 4\pi R^2 = q \frac{\epsilon_r - 1}{\epsilon_\mathrm{r}}$ (속박 면전하)

$Q_\mathrm{v} = \displaystyle\int \rho_\mathrm{d}\, d\tau = -q \frac{\epsilon_\mathrm{r} - 1}{\epsilon_\mathrm{r}} \int \delta^3(\mathbf{r})\, d\tau = -q \frac{\epsilon_\mathrm{r} - 1}{\epsilon_\mathrm{r}}$ (속박 부피전하)

따라서 총 속박전하는 0이다.

[4.14] 안쪽 반지름이 a이고 바깥쪽 반지름이 b인 동축 원통축전기의 일부를 유전체[유전율 ϵ] 안에 담그고 극판 사이에 전지를 연결하여 전압 V_0를 일정하게 유지하면 유전체는 상승한다.

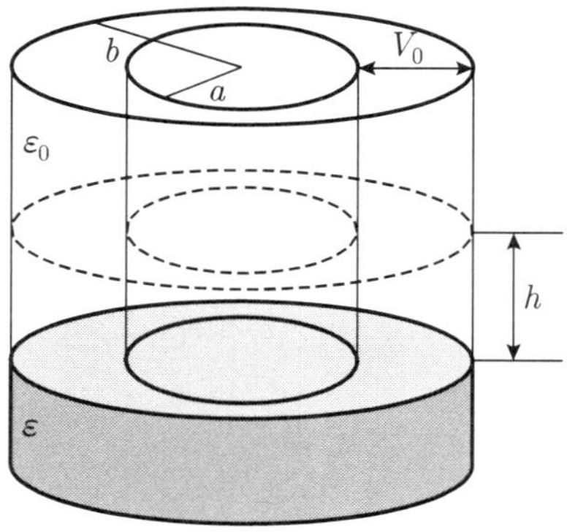

그림 4.55 보충문제 4.14

(a) 원통축에서 거리 $r\,(b > r > a)$인 지점의 전기장은 얼마인가?

(b) 극판 사이의 전체 유전체에 작용하는 힘을 구하라.

(c) 유전체가 상승하는 높이 h를 구하라.

풀이 (a) 연습문제 2.16으로부터$[\lambda = Q/l]$

$$E = \frac{Q}{2\pi\epsilon_0 l}\frac{1}{r}, \quad V_0 = -\int_b^a E\,dr = \frac{Q}{2\pi\epsilon_0 l}\ln\left(\frac{b}{a}\right)$$

이므로

$$E = \frac{V_0}{\ln(b/a)}\frac{1}{r}.$$

(b) $\mathbf{E}$는 액면에 나란하므로 식 (4.51)에 의해

$$f = \frac{1}{2}(\epsilon - \epsilon_0)E^2$$

이고 $dS = r dr\, d\theta$이므로

$$F = \frac{(\epsilon - \epsilon_0)V_0^2}{2[\ln(b/a)]^2}\int_a^b \frac{1}{r^2}r\,dr\int_0^{2\pi} d\theta = \frac{\pi(\epsilon - \epsilon_0)V_0^2}{\ln(b/a)}.$$

(c) 중력은 $F_g = mg = \rho\pi(b^2 - a^2)hg$이므로

$$h = \frac{(\epsilon - \epsilon_0)V_0^2}{\rho g(b^2 - a^2)\ln(b/a)}.$$

[4.15] 그림 4.56과 같이 면 전하밀도 $\pm\rho_s$로 대전된 두 평행판 사이에 유전율이 $\epsilon_1 = 2\epsilon_0$, $\epsilon_2 = 3\epsilon_0$인 유전체를 채웠다. 판 사이의 간격은 $2d$이다.

(a) 각 유전체 안의 전기장을 구하라.

(b) 각 유전체 안의 분극벡터를 구하라.

(c) 판 사이의 전위차를 구하라.

(d) 속박 전하밀도를 구하라.

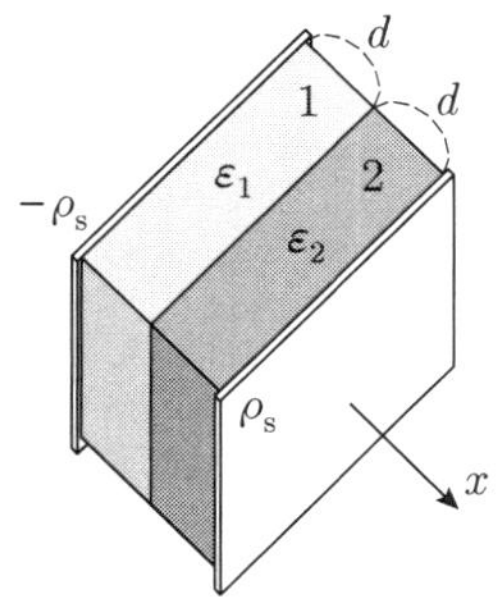

그림 4.56 보충문제 4.15

풀이 (a) 유전체 경계면에 자유전하가 없으므로 식 (3.20)에 의해 $D_{2n} = D_{1n} = D_n$이고, 한쪽 판을 감싸는 단면적 S의 원통을 가우스 면으로 선택하면 $\oint \mathbf{D} \cdot d\mathbf{a} = Q_{in}$으로부터 $DS = \rho_s S$이므로 $\mathbf{D} = -\rho_s \hat{\mathbf{x}}$이다. 따라서

$$\mathbf{E}_1 = \frac{\mathbf{D}}{\epsilon_1} = -\frac{\rho_s}{2\epsilon_0}\hat{\mathbf{x}}, \quad \mathbf{E}_2 = \frac{\mathbf{D}}{\epsilon_2} = -\frac{\rho_s}{3\epsilon_0}\hat{\mathbf{x}}.$$

(b) 식 (2.18)로부터 $\mathbf{P} = (\epsilon - \epsilon_0)\mathbf{E}$ 이므로

$$\mathbf{P}_1 = -\frac{\rho_s}{2}\hat{\mathbf{x}}, \quad \mathbf{P}_2 = -\frac{2\rho_s}{3}\hat{\mathbf{x}}.$$

(c) 식 (2.12)로부터 $V = E_1 d + E_2 d = \dfrac{5\rho_s d}{6\epsilon_0}$.

(d) $\mathbf{P}$가 일정하므로 식 (4.53)과 (4.54)로부터 $\rho_d = 0$이고 $\sigma_d = \mathbf{P} \cdot \hat{\mathbf{n}}$이므로

$$\sigma_d = \frac{\rho_s}{2}\text{(1의 왼쪽)}, \ -\frac{\rho_s}{2}\text{(1의 오른쪽)}$$

$$\frac{2\rho_s}{3}\text{(2의 왼쪽)}, \ -\frac{2\rho_s}{3}\text{(2의 오른쪽)}.$$

[4.16] 반지름이 R인 공이 분극벡터 $\mathbf{P}(\mathbf{r}) = P_0\mathbf{r}$로 분극되어 있다. $\mathbf{r}$은 공의 중심으로부터의 위치벡터이다.

(a) 속박 부피전하밀도 ρ_d와 속박 면전하밀도 σ_d를 구하라.

(b) 전기장을 구하라.

풀이 (a) 식 (1.52)로부터

$$\rho_\mathrm{d} = -\nabla \cdot \mathbf{P}(\mathbf{r}) = -\frac{1}{r^2}\frac{\partial}{\partial r}(r^2 P_0 r) = -3P_0$$

$$\sigma_\mathrm{d} = \mathbf{P}(\mathbf{r}) \cdot \hat{\mathbf{n}}\Big|_{r=R} = P_0 R.$$

(b) $r < R$일 때 : 일정한 부피 전하밀도의 공이므로 연습문제 2.8로부터

$$\mathbf{E}_\mathrm{in} = \frac{\rho_\mathrm{d}}{3\epsilon_0}\hat{\mathbf{r}} = -\frac{P_0}{\epsilon_0}\hat{\mathbf{r}}.$$

$r > R$일 때 : 총 전하가 $-3P_3 4\pi R^3/3 + P_0 R 4\pi R^2 = 0$이므로

$$\mathbf{E}_\mathrm{out} = 0.$$

[4.17] 예 4.8(a)에서 양극판이 일정한 면 전하밀도 $+\rho_\mathrm{s}$, $-\rho_\mathrm{s}$로 대전되어 있다. 각 영역의 전기장을 판 사이의 전압으로 나타내어라.

풀이 $E = \rho_\mathrm{s}/\epsilon$와 $V = Ed$로부터

$$V = \frac{\rho_\mathrm{s} d}{2\epsilon_0} + \frac{\rho_\mathrm{s} d}{2\epsilon} = \frac{\rho_\mathrm{s} d}{2\epsilon_0}\left(\frac{\epsilon_\mathrm{r}+1}{\epsilon_\mathrm{r}}\right)$$

이므로

$$E_1 = \frac{\rho_\mathrm{s}}{\epsilon_0} = \frac{2V}{d}\left(\frac{\epsilon_\mathrm{r}}{\epsilon_\mathrm{r}+1}\right), \quad E_2 = \frac{\rho_\mathrm{s}}{\epsilon} = \frac{2V}{d}\left(\frac{1}{\epsilon_\mathrm{r}+1}\right).$$

[4.18] 안쪽 반지름이 a이고 바깥쪽 반지름이 b인 두꺼운 구 껍질이 분극벡터 $\mathbf{P}(\mathbf{r}) = (P_0/r)\mathbf{r}$로 분극되어 있다. $\mathbf{r}$은 공의 중심으로부터의 위치벡터이다.

(a) 속박 부피전하밀도 ρ_d와 속박 면전하밀도 σ_d를 구하라.

(b) 전속밀도 D로부터 전기장을 구하라.

(c) 속박 전하밀도로부터 전기장을 직접 구하라.

풀이 (a) $\rho_{\mathrm{d}} = -\nabla \cdot \mathbf{P} = -\frac{1}{r^2}\frac{\partial}{\partial r}\left(r^2 \frac{P_0}{r}\right) = -\frac{P_0}{r^2}$

$$\sigma_{\mathrm{d}} = \mathbf{P} \cdot \hat{\mathbf{n}} = \begin{cases} P_0/b & (r=b) \\ -P_0/a & (r=a) \end{cases}$$

(b) $\oint \mathbf{D} \cdot d\mathbf{a} = Q_{\mathrm{in}} = 0$으로부터 $\mathbf{D} = 0 = \epsilon_0 \mathbf{E} + \mathbf{P}$이므로

$$\mathbf{E} = -\frac{\mathbf{P}}{\epsilon_0} = -\frac{P_0}{\epsilon_0 r}\mathbf{r}.$$

(c) $\mathbf{E} = \frac{Q_{\mathrm{in}}}{4\pi\epsilon_0 r^2}\hat{\mathbf{r}}$

(i) $r < a$일 때 :

$$Q_{\mathrm{in}} = 0, \ \mathbf{E} = 0$$

(ii) $a < r < b$일 때 :

$$Q_{\mathrm{in}} = \oint_{r=a} \sigma_{\mathrm{d}}\, da + \int \rho_{\mathrm{d}}\, d\tau = -\frac{P_0}{a} 4\pi a^2 + \int_{r=a}^{r} \frac{-P_0}{r^2} 4\pi r^2 dr$$
$$= -4\pi a P_0 - 4\pi (r-a) P_0 = -4\pi r P_0$$

$$\mathbf{E} = -\frac{P_0}{\epsilon_0 r}\hat{\mathbf{r}}$$

(iii) $r > b$일 때 :

$$Q_{\mathrm{in}} = \oint \sigma_{\mathrm{d}}\, da + \int \rho_{\mathrm{d}}\, d\tau = \oint \mathbf{P} \cdot d\mathbf{a} + \int (-\nabla \cdot \mathbf{P})\, d\tau$$

은 발산정리에 의해 0이므로 $\mathbf{E} = 0$

[4.19] 반지름이 R인 매우 긴 원통이 축에 수직인 방향으로 분극벡터 $\mathbf{P}$로 고르게 분극되어 있다. 원통 내부와 원통에서 매우 멀리 떨어진 지점에서의 전기장을 구하라.

풀이 부피 전하밀도 $+\rho$와 $-\rho$로 전하가 분포된 두 개의 원통이 가깝게 포개져 있는 경우를 고려한다.

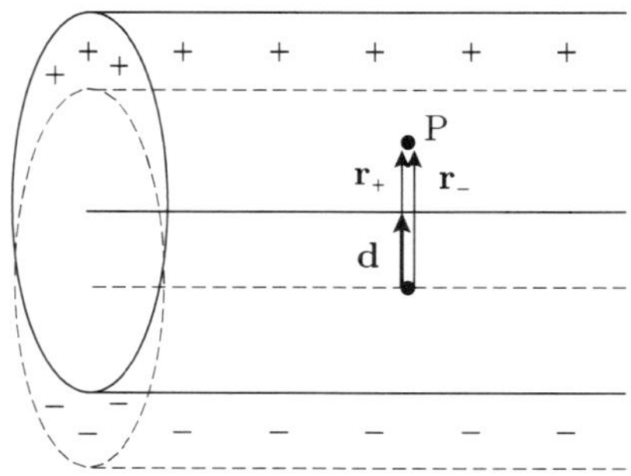

(i) 균일한 원통 전하에 의한 전기장은 반지름이 r이고 길이가 l인 원통을 가우스 면으로 선택하면 $E(2\pi rl) = \rho\pi r^2 l/\epsilon_0$로부터

$$\mathbf{E}_{\text{in}} = \frac{\rho}{2\epsilon_0}\mathbf{r}$$

이므로 위 그림에서 P 지점의 전기장은

$$\mathbf{E}_{\text{in}} = \frac{\rho}{2\epsilon_0}(\mathbf{r}_+ - \mathbf{r}_-) = -\frac{\rho\mathbf{d}}{2\epsilon_0}$$

이다. 총 전기쌍극자 모멘트 $\mathbf{p}$에 대해 $\pi a^2\mathbf{P} = \mathbf{p}/l = q\mathbf{d}/l = \rho\pi a^2\mathbf{d}$이므로 $\rho\mathbf{d} = \mathbf{P}$이다. 따라서

$$\mathbf{E}_{\text{in}} = -\frac{\mathbf{P}}{2\epsilon_0}.$$

(ii) 반지름이 R인 원통 밖에서는 $E(2\pi rl) = \rho\pi R^2 l/\epsilon_0$로부터

$$\mathbf{E}_{\text{out}} = \frac{\rho R^2}{2\epsilon_0 r^2}\mathbf{r}$$

이므로

$$\mathbf{E}_{\text{out}} = \frac{\rho R^2}{2\epsilon_0}\left(\frac{\mathbf{r}_+}{r_+^2} - \frac{\mathbf{r}_-}{r_-^2}\right).$$

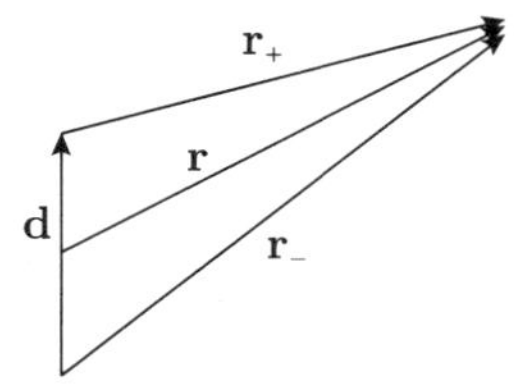

$\mathbf{r}_{\pm} = \mathbf{r} \mp \mathbf{d}/2$로 두면 $|\mathbf{r}| \gg |\mathbf{d}|$일 때는

$$\frac{\mathbf{r}_{\pm}}{r_{\pm}^2} = \left(\mathbf{r} \mp \frac{\mathbf{d}}{2}\right)\left(r^2 + \frac{d^2}{4} \mp \mathbf{r}\cdot\mathbf{d}\right)^{-1} \approx \frac{1}{r^2}\left(\mathbf{r} \mp \frac{\mathbf{d}}{2}\right)\left(1 \pm \frac{\mathbf{r}\cdot\mathbf{d}}{r^2}\right)$$

$$= \frac{1}{r^2}\left[\mathbf{r} \pm \mathbf{r}\frac{\mathbf{r}\cdot\mathbf{d}}{r^2} \mp \frac{\mathbf{d}}{2}\right]$$

이므로

$$\mathbf{E}_{\text{out}} = \frac{\rho R^2}{2\epsilon_0}\frac{1}{r^2}\left(\mathbf{r} + \mathbf{r}\frac{\mathbf{r}\cdot\mathbf{d}}{r^2} - \frac{\mathbf{d}}{2} - \mathbf{r} + \mathbf{r}\frac{\mathbf{r}\cdot\mathbf{d}}{r^2} - \frac{\mathbf{d}}{2}\right)$$

$$= \frac{\rho R^2}{2\epsilon_0}\frac{1}{r^2}\left(2\mathbf{r}\frac{\mathbf{r}\cdot\mathbf{d}}{r^2} - \mathbf{d}\right)$$

이다. 따라서 $\mathbf{P} = \rho\mathbf{d}$를 대입하면

$$\mathbf{E}_{\text{out}} = \frac{R^2}{2\epsilon_0 r^2}\left[2\hat{\mathbf{r}}(\hat{\mathbf{r}}\cdot\mathbf{P}) - \mathbf{P}\right].$$

[4.20] 반지름이 a와 b인 두 동심 도체구면의 바깥쪽 구면에 $-Q$의 전하가, 안쪽 구면에 $+Q$의 전하가 대전되어 있고 구면 사이의 절반은 유전상수가 ϵ인 유전체로 채워져 있다.

(a) 구면 사이의 전기장을 구하라.

(b) $r = a$에서의 표면 전하밀도를 구하라.

(c) $r = a$에서의 속박 면전하밀도를 구하라.

풀이 그림과 같은 전하분포를 고려한다.

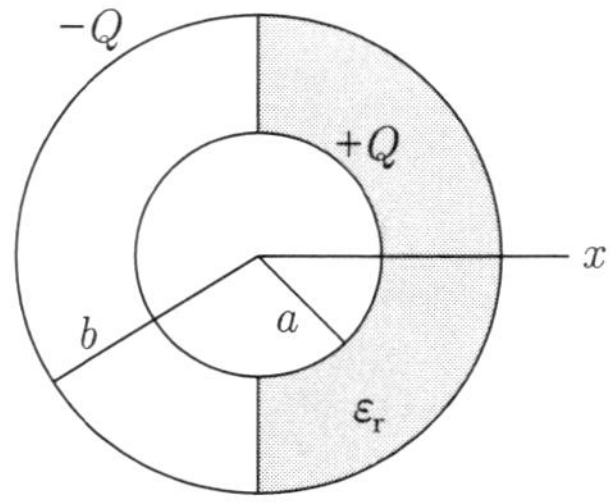

(a) 각각의 도체 구면에서의 전위는 일정해야 하므로 구면 사이의 반지름이 r인 구면상에서는 전기장이 일정하다. 가우스의 법칙 $\oint \mathbf{D} \cdot d\mathbf{a} = Q_{\text{in}}$로부터

$$\epsilon_{\mathrm{r}}\epsilon_0 E 2\pi r^2 + \epsilon_0 E 2\pi r^2 = Q$$

이므로

$$\mathbf{E}(\mathbf{r}) = \frac{Q}{2\pi\epsilon_0(1+\epsilon_{\mathrm{r}})r^2}\hat{\mathbf{r}}.$$

(b) $r < a$일 때는 $D = 0$이므로 식 (3.20)으로부터

오른쪽 : $\rho_{\mathrm{s}} = \mathbf{D}\cdot\hat{\mathbf{n}}\big|_{r=a} = \epsilon_{\mathrm{r}}\epsilon_0\mathbf{E}\cdot(\hat{\mathbf{r}}) = \dfrac{\epsilon_{\mathrm{r}}Q}{2\pi(1+\epsilon_{\mathrm{r}})a^2}$

왼쪽 : $\rho_{\mathrm{s}} = \mathbf{D}\cdot\hat{\mathbf{n}}\big|_{r=a} = \epsilon_0\mathbf{E}\cdot(\hat{\mathbf{r}}) = \dfrac{Q}{2\pi(1+\epsilon_{\mathrm{r}})a^2}$

(c) 식 (2.18)로부터 $\mathbf{P} = \epsilon_0(\epsilon_{\mathrm{r}}-1)\mathbf{E}$ 이므로

오른쪽 : $\sigma_{\mathrm{d}} = \mathbf{P}\cdot\hat{\mathbf{n}}\big|_{r=a} = \epsilon_0(\epsilon_{\mathrm{r}}-1)\mathbf{E}\cdot(-\hat{\mathbf{r}}) = -\dfrac{(\epsilon_{\mathrm{r}}-1)Q}{2\pi(1+\epsilon_{\mathrm{r}})a^2}$

왼쪽 : $\sigma_{\mathrm{d}} = 0\ (\epsilon_{\mathrm{r}} = 1)$

[4.21] 두께가 d이고 반지름이 a인 얇은 유전체 원판이 축 방향으로 일정한 분극벡터 $\mathbf{P}$로 분극되어 있다.

(a) 유전체 외부와 (b) 내부에서의 전기장을 구하라.

(c) $d \ll a$일 때 유전체 내부에서의 전속밀도 $\mathbf{D}$를 구하라.

풀이

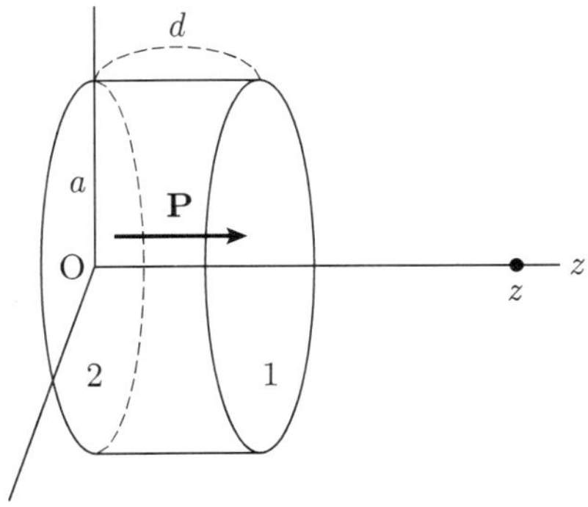

(a) 그림과 같이 좌표를 선택하면 오른쪽 면의 속박 면전하밀도는 $\sigma_{d1} = \mathbf{P} \cdot \hat{\mathbf{n}} = P$이고 왼쪽 면의 속박 면전하밀도는 $\sigma_{d2} = \mathbf{P} \cdot \hat{\mathbf{n}} = -P$이므로 연습문제 2.7로부터

$$E_{out}(z) = \frac{(z-d)\sigma_{d1}}{2\epsilon_0}\left[\frac{1}{z-d} - \frac{1}{\sqrt{(z-d)^2+a^2}}\right] + \frac{z\sigma_{d2}}{2\epsilon_0}\left[\frac{1}{z} - \frac{1}{\sqrt{z^2+a^2}}\right]$$

$$= \frac{P}{2\epsilon_0}\left[\frac{z}{\sqrt{z^2+a^2}} - \frac{z-d}{\sqrt{(z-d)^2+a^2}}\right].$$

(b) $$E_{in}(z) = \frac{-zP}{2\epsilon_0}\left[\frac{1}{z} - \frac{1}{\sqrt{z^2+a^2}}\right] - \frac{(d-z)P}{2\epsilon_0}\left[\frac{1}{d-z} - \frac{1}{\sqrt{(d-z)^2+a^2}}\right]$$

$$= -\frac{P}{\epsilon_0} + \frac{P}{2\epsilon_0}\left[\frac{z}{\sqrt{z^2+a^2}} + \frac{d-z}{\sqrt{(d-z)^2+a^2}}\right]$$

(c) $d \ll a$이면 동시에 $z \ll a$이므로

$$E_{in}(z) \approx -\frac{P}{\epsilon_0} + \frac{P}{2\epsilon_0}\left[\frac{z}{a} + \frac{d-z}{a}\right] = -\frac{P}{\epsilon_0}\left[1 - \frac{d}{2a}\right]$$

이고

$$\mathbf{D} = \epsilon_0\mathbf{E} + \mathbf{P} = \frac{\mathbf{P}\,\mathrm{d}}{2a}.$$

[4.22] 반지름이 a와 b인 두 동심구 사이를 유전율 ϵ인 유전체로 채웠다. 안쪽 구의 전위는 V_0이고 바깥쪽 구는 접지되어 있다.

(a) 유전체 영역에서 전기장과 전위를 구하라.

(b) $r = a$에서 속박 면전하밀도를 구하라.

풀이 (a) $E=\dfrac{Q}{4\pi\epsilon r^2}$, $V_0=V_a-V_b=-\displaystyle\int_b^a \mathbf{E}\cdot d\mathbf{r}=\dfrac{Q}{4\pi\epsilon}\left(\dfrac{1}{a}-\dfrac{1}{b}\right)$ 이므로

$$\mathbf{E}=\frac{ab\,V_0}{(b-a)r^2}\hat{\mathbf{r}}$$

이고

$$V(r)=-\int_b^r \mathbf{E}\cdot d\mathbf{r}=\frac{ab\,V_0}{b-a}\left(\frac{1}{r}-\frac{1}{b}\right).$$

(b) $\mathbf{E}(a)=\dfrac{b\,V_0}{(b-a)a}\hat{\mathbf{r}}$, $\mathbf{P}(a)=(\epsilon-\epsilon_0)\mathbf{E}(a)=(\epsilon-\epsilon_0)\dfrac{b\,V_0}{a(b-a)}\hat{\mathbf{r}}$

$$\sigma_d=-\mathbf{P}(a)\cdot\hat{\mathbf{n}}=-(\epsilon-\epsilon_0)\frac{b\,V_0}{a(b-a)}$$

[4.23] 두 평면 도체판 사이를 그림 4.57과 같이 두 유전체로 채우고 전압 V를 가해 정상전류가 흐르게 하였다. 두 유전체의 유전율은 ϵ_1, ϵ_2이고 전기전도도는 σ_1, σ_2이다. 두 도체판의 면적이 매우 클 때 유전체 사이에 생기는 면 전하밀도를 구하라.

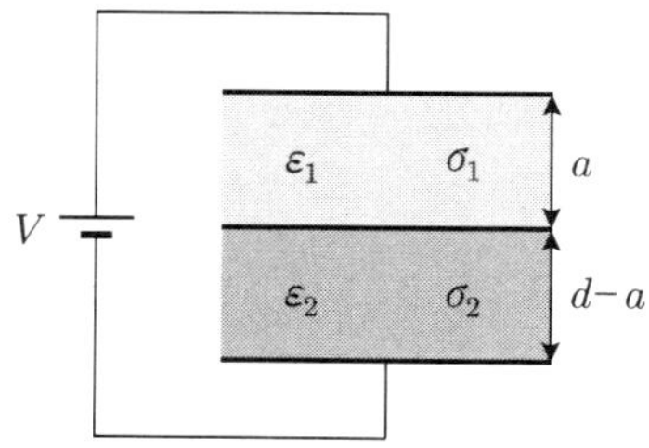

그림 4.57 보충문제 4.23

풀이 면적이 매우 크므로 각 유전체 영역에서의 전기장이 E_1과 E_2로 일정하다고 가정하면

$$V=E_1a+E_2(d-a)$$

이고 면 전하밀도를 ρ_s라 하면 식 (3.20)으로부터 $D_2-D_1=\rho_s$이다. 또한, 정상전류이므로 $J_1=J_2$로부터 $\sigma_1E_1=\sigma_2E_2$이다. 따라서

$$V=E_1a+\frac{\sigma_1}{\sigma_2}(d-a)E_1$$

이므로

$$E_1 = \frac{\sigma_2 V}{\sigma_2 a + \sigma_1 (d-a)}, \quad E_2 = \frac{\sigma_1 V}{\sigma_2 a + \sigma_1 (d-a)}$$

이고

$$\rho_s = \epsilon_2 E_2 - \epsilon_1 E_1 = \frac{\epsilon_2 \sigma_1 - \epsilon_1 \sigma_2}{\sigma_2 a + \sigma_1 (d-a)} V.$$

[4.24] 자기편극률이 χ_m 인 자성체로 채워진 반지름이 R인 매우 긴 원통에 전류 I가 고르게 흐른다. 자기장과 속박 전류밀도를 구하라. 원통에는 속박전류가 흐르는가?

풀이 반지름이 r인 앙페르 고리를 고려하면

$$\oint \mathbf{H} \cdot d\mathbf{l} = 2\pi r H = I_{in}$$

에서 $r > R$이면 $I_{in} = I$이고 $r < R$이면 $I_{in} = Ir^2/R^2$이므로

$$\mathbf{H} = \begin{cases} \dfrac{I}{2\pi r}\hat{\phi} & (r > R) \\ \dfrac{Ir}{2\pi R^2}\hat{\phi} & (r < R) \end{cases}$$

이다. 따라서 식 (1.49)를 사용하면

$$\mathbf{J}_m = \nabla \times \mathbf{M} = \chi_m \nabla \times \mathbf{H} = \frac{1}{r}\frac{\partial}{\partial r}\left(r \frac{\chi_m I r}{2\pi R^2}\right)\hat{\mathbf{z}} = \frac{\chi_m I}{\pi R^2}\hat{\mathbf{z}}$$

$$\mathbf{K}_m = \mathbf{M} \times \hat{\mathbf{n}}\Big|_{r=R} = -\frac{\chi_m I}{2\pi R}\hat{\mathbf{z}}$$

이다. $I_m = J_m(\pi R^2) + K_m(2\pi R) = 0$이므로 속박전류는 없다.

[4.25] 반지름이 R이고 매우 긴 원통의 자기화가 중심축에서의 거리에 비례하고 축 방향이다. 자기장을 구하라.

풀이 두 가지 방법으로 풀 수 있다.

(i) 자기화를 $\mathbf{M} = ar\hat{\mathbf{z}}$라 하고 식 (1.49)을 사용하면

$$\mathbf{J}_{\mathrm{m}} = \nabla \times \mathbf{M} = -\hat{\phi}\frac{\partial M_z}{\partial r} = -a\hat{\phi}$$

$$\mathbf{K}_{\mathrm{m}} = \mathbf{M} \times \hat{\mathbf{n}} = aR\hat{\phi}$$

이므로 그림과 같은 폐회로 C에 대해 $\oint_{\mathrm{C}} \mathbf{B} \cdot d\mathbf{l} = \mu_0 I$에서 $B_{\mathrm{out}} = 0$이므로

$$B_{\mathrm{in}} l = \mu_0 [(R-r) l J_{\mathrm{m}} + K_{\mathrm{m}} l]$$

즉,

$$B_{\mathrm{in}} = \mu_0 [(R-r)(-a) + aR] = \mu_0 ar.$$

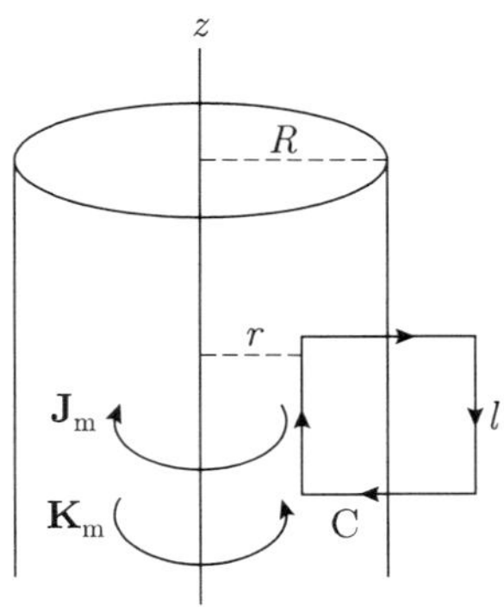

(ii) 자유전류가 없으므로 $\oint_{\mathrm{C}} \mathbf{H} \cdot d\mathbf{l} = 0$로부터 $\mathbf{H} = 0$이다. 따라서

$$\mathbf{B} = \mu_0 (\mathbf{H} + \mathbf{M}) = \mu_0 \mathbf{M}$$

이므로 $B_{\mathrm{in}} = \mu_0 ar\hat{\mathbf{z}}$ 이고 원통 밖에서는 $\mathbf{M} = 0$이므로 $\mathbf{B}_{\mathrm{out}} = 0$이다.

CHAPTER 05

전자기파

5.1 자유공간의 전자기파

[5.1] 자유공간에서 전기장이 $\mathrm{E} = E_0 \sin(\omega t - kz)\hat{\mathbf{y}}$ 일 때 자기장을 구하라.

풀이 식 (2.70b)로부터

$$\nabla \times \mathrm{E} = \begin{vmatrix} \hat{\mathbf{x}} & \hat{\mathbf{y}} & \hat{\mathbf{z}} \\ \partial/\partial x & \partial/\partial y & \partial/\partial z \\ 0 & E_0 \sin(\omega t - kz) & 0 \end{vmatrix} = k E_0 \cos(\omega t - kz)\hat{\mathbf{x}} = -\frac{\partial \mathrm{B}}{\partial t}$$

이므로

$$B = -\frac{kE_0}{\omega}\sin(\omega t - kz) = -\frac{E_0}{c}\sin(\omega t - kz).$$

[5.2] 자유공간에서 $\mu_0 \epsilon_0 \omega^2 = k^2 + (\pi/a)^2$ 이고

$$H_x = H_0 k\left(\frac{a}{\pi}\right)\sin\left(\frac{\pi x}{a}\right)\sin(kz - \omega t)$$

$$H_z = H_0 \cos\left(\frac{\pi x}{a}\right)\cos(kz - \omega t)$$

$$H_y = 0$$

일 때 E_y를 구하라.

풀이 식 (5.1)에서 $\sigma = 0$, $\epsilon \to \epsilon_0$ 이고

$$\begin{aligned}(\nabla \times \mathbf{H})_y &= \frac{\partial}{\partial z}H_x - \frac{\partial}{\partial x}H_z \\ &= H_0 k^2\left(\frac{a}{\pi}\right)\sin\left(\frac{\pi x}{a}\right)\cos(kz-\omega t) + H_0\left(\frac{\pi}{a}\right)\sin\left(\frac{\pi x}{a}\right)\cos(kz-\omega t) \\ &= \left[k^2 + \left(\frac{\pi}{a}\right)^2\right]H_0\left(\frac{a}{\pi}\right)\sin\left(\frac{\pi x}{a}\right)\cos(kz-\omega t) \\ &= -\epsilon_0\frac{\partial}{\partial t}\mu_0\omega H_0\left(\frac{a}{\pi}\right)\sin\left(\frac{\pi x}{a}\right)\sin(kz-\omega t) \\ &= \epsilon_0\frac{\partial E_y}{\partial t}\end{aligned}$$

이므로

$$E_y = -\mu_0\omega H_0\left(\frac{a}{\pi}\right)\sin\left(\frac{\pi x}{a}\right)\sin(kz-\omega t).$$

5.2 도파관

[5.3] 4각형 도파관에서 $a > 2b$일 때

(a) 최소 f_c의 두 모드를 구하라.

(b) TE_{10}의 f_c보다 25% 이상 크고 TE_{20}의 f_c보다 5% 이상 작은 영역에서 작동하려면 f의 값은 얼마인가?

풀이 (a) 식 (5.35)로부터 $n=0$, $m=1$과 $n=0$, $m=2$일 때

$$(f_c)_{10} = v/2a, \quad (f_c)_{20} = v/a$$

(b) $1.25(f_c)_{10} \le f \le 0.95(f_c)_{20}$

[5.4] 원통형 공동공명기에서 $R = 0.05\,\mathrm{m}$, $L = 0.12\,\mathrm{m}$일 때 TM 모드에서 h_{11}의 진동수를 구하라.

풀이 식 (5.47)로부터

$$f_{11p} = \frac{\omega_{11p}}{2\pi} = \frac{1}{2\pi\sqrt{\epsilon\mu}}\sqrt{\left(\frac{l_{11}}{R}\right)^2 + \left(\frac{p\pi}{L}\right)^2}.$$

[5.5] TE 모드일 때 예 5.1의 해를 구하라. 위첨자(0)는 생략한다.

풀이 식 (1.50)을 사용하면 TE 모드의 파동방정식[식 (5.23)]의 원통좌표계 표현은

$$\frac{\partial^2 H_z}{\partial r^2} + \frac{1}{r}\frac{\partial H_z}{\partial r} + \frac{1}{r^2}\frac{\partial^2 H_z}{\partial \theta^2} + h^2 H_z = 0$$

이고 이것은 예 5.1의 E_z의 미분방정식과 같은 형태이므로 해는

$$H_z = J_m(hr)[A\cos(m\theta) + B\sin(m\theta)]$$

이다. 예 1.12로부터

$$\frac{\partial H_z}{\partial r} = \frac{\partial H_z}{\partial x}\cos\theta + \frac{\partial H_z}{\partial y}\sin\theta$$

$$\frac{1}{r}\frac{\partial H_z}{\partial \theta} = -\sin\theta\frac{\partial H_z}{\partial x} + \cos\theta\frac{\partial H_z}{\partial y}$$

이므로 여기에 식 (5.24)와 예 5.1(b)를 적용하면

$$\frac{\partial H_z}{\partial r} = \frac{h^2}{j\omega\mu}(E_y\cos\theta - E_x\sin\theta) = \frac{h^2}{j\omega\mu}E_\theta$$

이 된다. 도체 표면에서는 $E_\theta(r=R) = 0$이므로

$$\left(\frac{\partial H_z}{\partial r}\right)_{r=R} = 0$$

에 의해 $J_m'(hR) = 0$이다. $h_{mn}R = s_{mn}$에서 $J_m'(h_{mn}R) = 0$이면

$$h_{mn} = \frac{s_{mn}}{R}\begin{cases} m = 0, 1, 2, \cdots \\ n = 1, 2, 3, \cdots \end{cases}$$

이 결정된다. 따라서 예 5.1과 같이 하면 결과는 다음과 같다. $\gamma = j\beta$이다.

$$E_r = E_x \cos\theta + E_y \sin\theta = -\frac{j\omega\mu}{h^2}\frac{\partial H_z}{\partial y}\cos\theta + \frac{j\omega\mu}{h^2}\frac{\partial H_z}{\partial x}\sin\theta$$

$$= -\frac{j\omega\mu}{h^2}\frac{1}{r}\frac{\partial H_z}{\partial \theta} = \frac{j\omega\mu}{h^2}\frac{m}{r}J_m\left(\frac{s_{mn}r}{R}\right)[A\sin(m\theta) - B\cos(m\theta)]$$

$$E_\theta = -E_x \sin\theta + E_y \cos\theta = \frac{j\omega\mu}{h^2}\frac{\partial H_z}{\partial y}\sin\theta + \frac{j\omega\mu}{h^2}\frac{\partial H_z}{\partial x}\cos\theta$$

$$= \frac{j\omega\mu}{h^2}\frac{\partial H_z}{\partial r} = \frac{j\omega\mu}{h^2}\frac{s_{mn}}{R}J_m{}'\left(\frac{s_{mn}r}{R}\right)[A\cos(m\theta) + B\sin(m\theta)]$$

$$H_r = H_x \cos\theta + H_y \sin\theta = -\frac{j\beta}{h^2}\frac{\partial H_z}{\partial x}\cos\theta - \frac{j\beta}{h^2}\frac{\partial H_z}{\partial y}\sin\theta$$

$$= -\frac{j\beta}{h^2}\frac{\partial H_z}{\partial r} = -\frac{j\beta}{h^2}\frac{s_{mn}}{R}J_m{}'\left(\frac{s_{mn}r}{R}\right)[A\cos(m\theta) + B\sin(m\theta)]$$

$$H_\theta = -H_x \sin\theta + H_y \cos\theta = \frac{j\beta}{h^2}\frac{\partial H_z}{\partial x}\sin\theta - \frac{j\beta}{h^2}\frac{\partial H_z}{\partial y}\cos\theta$$

$$= -\frac{j\beta}{h^2}\frac{1}{r}\frac{\partial H_z}{\partial \theta} = \frac{j\beta}{h^2}\frac{m}{r}J_m\left(\frac{s_{mn}r}{R}\right)[A\sin(m\theta) - B\cos(m\theta)]$$

[5.6] 식 (5.42)~(5.46)을 증명하라.

풀이 TE 모드의 도파관에 대한 식 (5.28)~(5.33)에서 $H_0 \to H_0{}'$, $\gamma = j\beta$로 쓰고 반사파인 경우 $j\beta \to -j\beta$로 둔다.

(a) $$H_x(x,\ y,\ z) = \frac{j\beta H_0{}'}{h^2}\left(\frac{m\pi}{a}\right)\sin\left(\frac{m\pi x}{a}\right)\cos\left(\frac{n\pi y}{b}\right)e^{-j\beta z}$$

$$+ \frac{-j\beta H_0{}'}{h^2}\left(\frac{m\pi}{a}\right)\sin\left(\frac{m\pi x}{a}\right)\cos\left(\frac{n\pi y}{b}\right)e^{j\beta z}$$

$$= \frac{H_0}{h^2}\left(\frac{m\pi}{a}\right)\left(\frac{p\pi}{d}\right)\sin\left(\frac{m\pi x}{a}\right)\cos\left(\frac{n\pi y}{b}\right)\sin\left(\frac{p\pi z}{d}\right)$$

여기서 $H_0 = 2H_0{}'$이고 $\sin(\beta d) = 0$으로부터 $\beta = p\pi/d$ $(p = 1,\ 2,\ 3,\ \cdots)$이다.

$$\text{(b)}\ H_y(x,\ y,\ z) = \frac{j\beta H_0'}{h^2}\left(\frac{n\pi}{b}\right)\cos\left(\frac{m\pi x}{a}\right)\sin\left(\frac{n\pi y}{b}\right)e^{-j\beta z}$$

$$+\frac{-j\beta H_0'}{h^2}\left(\frac{n\pi}{b}\right)\cos\left(\frac{m\pi x}{a}\right)\sin\left(\frac{n\pi y}{b}\right)e^{j\beta z}$$

$$= \frac{H_0}{h^2}\left(\frac{n\pi}{b}\right)\left(\frac{p\pi}{d}\right)\cos\left(\frac{m\pi x}{a}\right)\sin\left(\frac{n\pi y}{b}\right)\sin\left(\frac{p\pi z}{d}\right)$$

$$\text{(c)}\ H_z(x,\ y,\ z) = H_0'\cos\left(\frac{m\pi x}{a}\right)\cos\left(\frac{n\pi y}{b}\right)e^{-j\beta z}$$

$$+H_0'\cos\left(\frac{m\pi x}{a}\right)\cos\left(\frac{n\pi y}{b}\right)e^{j\beta z}$$

$$= H_0\cos\left(\frac{m\pi x}{a}\right)\cos\left(\frac{n\pi y}{b}\right)\cos\left(\frac{p\pi z}{d}\right)$$

$$\text{(d)}\ E_x(x,\ y,\ z) = \frac{j\omega\mu H_0'}{h^2}\left(\frac{n\pi}{b}\right)\cos\left(\frac{m\pi x}{a}\right)\sin\left(\frac{n\pi y}{b}\right)e^{-j\beta z}$$

$$+\frac{j\omega\mu H_0'}{h^2}\left(\frac{n\pi}{b}\right)\cos\left(\frac{m\pi x}{a}\right)\sin\left(\frac{n\pi y}{b}\right)e^{j\beta z}$$

$$= \frac{j\omega\mu H_0}{h^2}\left(\frac{n\pi}{b}\right)\cos\left(\frac{m\pi x}{a}\right)\sin\left(\frac{n\pi y}{b}\right)\cos\left(\frac{p\pi z}{d}\right)$$

$$\text{(e)}\ E_y(x,\ y,\ z) = -\frac{j\omega\mu H_0'}{h^2}\left(\frac{m\pi}{a}\right)\sin\left(\frac{m\pi x}{a}\right)\cos\left(\frac{n\pi y}{b}\right)e^{-j\beta z}$$

$$-\frac{j\omega\mu H_0'}{h^2}\left(\frac{m\pi}{a}\right)\sin\left(\frac{m\pi x}{a}\right)\cos\left(\frac{n\pi y}{b}\right)e^{j\beta z}$$

$$= -\frac{j\omega\mu H_0}{h^2}\left(\frac{m\pi}{a}\right)\sin\left(\frac{m\pi x}{a}\right)\cos\left(\frac{n\pi y}{b}\right)\cos\left(\frac{p\pi z}{d}\right)$$

[5.7] 원통형 공명기 내에서 TE 모드의 전기장과 자기장을 구하라.

풀이 θ에 대해 대칭이므로 연습문제 5.5의 H_z에서 $B=0$으로 선택한다. $z=0$, L에서 $E_r=0$, $E_\theta=0$이므로 $A \to A'$으로 두면

$$\text{(a)}\ E_r = \frac{j\omega\mu}{h^2}\frac{m}{r}A'J_m\left(\frac{s_{mn}r}{R}\right)\sin(m\theta)e^{-j\beta z}$$

$$+\frac{j\omega\mu}{h^2}\frac{m}{r}A' J_m\left(\frac{s_{mn}r}{R}\right)\sin(m\theta)e^{j\beta z}$$

$$=\frac{j\omega\mu}{h^2}\frac{m}{r}A\, J_m\left(\frac{s_{mn}r}{R}\right)\sin(m\theta)\cos\left[\frac{(p-1/2)\pi z}{L}\right]\ [A\equiv 2A']$$

(b) $$E_\theta=\frac{j\omega\mu}{h^2}\frac{s_{mn}}{R}A' J_m{}'\left(\frac{s_{mn}r}{R}\right)\cos(m\theta)e^{-j\beta z}$$

$$+\frac{j\omega\mu}{h^2}\frac{s_{mn}}{R}A' J_m{}'\left(\frac{s_{mn}r}{R}\right)\cos(m\theta)e^{j\beta z}$$

$$=\frac{j\omega\mu}{h^2}\frac{s_{mn}}{R}A\, J_m{}'\left(\frac{s_{mn}r}{R}\right)\cos(m\theta)\cos\left[\frac{(p-1/2)\pi}{L}\right]$$

(c) $E_z=0$

(d) $$H_r=\frac{-j\beta}{h^2}\frac{s_{mn}}{R}A' J_m{}'\left(\frac{s_{mn}r}{R}\right)\cos(m\theta)e^{-j\beta z}$$

$$+\frac{j\beta}{h^2}\frac{s_{mn}}{R}A' J_m{}'\left(\frac{s_{mn}r}{R}\right)\cos(m\theta)e^{j\beta z}$$

$$=-\frac{1}{h^2}\frac{(p-1/2)\pi}{L}\frac{s_{mn}}{R}A\, J_m{}'\left(\frac{s_{mn}r}{R}\right)\cos(m\theta)\sin\left[\frac{(p-1/2)\pi z}{L}\right]$$

(e) $$H_\theta=\frac{j\beta}{h^2}\frac{m}{r}A' J_m\left(\frac{s_{mn}r}{R}\right)\sin(m\theta)e^{-j\beta z}$$

$$+\frac{-j\beta}{h^2}\frac{m}{r}A' J_m\left(\frac{s_{mn}r}{R}\right)\sin(m\theta)e^{j\beta z}$$

$$=\frac{1}{h^2}\frac{(p-1/2)\pi}{L}\frac{m}{r}A\, J_m\left(\frac{s_{mn}r}{R}\right)\sin(m\theta)\sin\left[\frac{(p-1/2)\pi z}{z}\right]$$

(f) $$H_z=A' J_m\left(\frac{s_{mn}r}{R}\right)\cos(m\theta)e^{-j\beta z}+A' J_m\left(\frac{s_{mn}r}{R}\right)\cos(m\theta)e^{j\beta z}$$

$$=A\, J_m\left(\frac{s_{mn}r}{R}\right)\cos(m\theta)\cos\left[\frac{(p-1/2)\pi z}{L}\right]$$

$$\omega^2\epsilon\mu=h^2+\beta^2=\left(\frac{s_{mn}}{R}\right)^2+\left[\frac{(p-1/2)\pi}{L}\right]^2.$$

5.3 복사

[5.8] 헤르츠 쌍극자에 의한 스칼라퍼텐셜로 다음과 같은 지연퍼텐셜 V를 고려한다.

$$V=\frac{Q_0}{4\pi\epsilon_0}\left(\frac{e^{-jkr_b}}{r_b}-\frac{e^{-jkr_a}}{r_a}\right)$$

(a) 본문의 전기쌍극자 복사와 같은 결과[식 (5.56)]가 됨을 증명하라. $e^{j\omega t}$는 생략한다.

(b) 식 (3.11)의 $\mathbf{E}=-\nabla V-\partial\mathbf{A}/\partial t$를 계산하라.

풀이 (a) 그림 5.3에서 $r\gg s$라 가정하고 테일러 급수전개[식 (B.17)]를 하면

$$r_b=[r^2+(s/2)^2-rs\cos\theta]^{1/2}\approx r[1-s\cos\theta/r]^{1/2}\approx r[1-s\cos\theta/2r]$$

$$r_a=[r^2+(s/2)^2+rs\cos\theta]^{1/2}\approx r[1+s\cos\theta/r]^{1/2}\approx r[1+s\cos\theta/2r]$$

$$1/r_b\approx(1/r)[1-s\cos\theta/2r]^{-1}\approx[1+s\cos\theta/2r]/r$$

$$1/r_a\approx(1/r)[1+s\cos\theta/2r]^{-1}\approx[1-s\cos\theta/2r]/r$$

$$e^{-jkr_b}\approx e^{-jkr}e^{jks\cos\theta/2}\approx e^{-jkr}(1+jks\cos\theta/2)$$

$$e^{-jkr_a}\approx e^{-jkr}e^{-jks\cos\theta/2}\approx e^{-jkr}(1-jks\cos\theta/2)$$

이므로

$$\begin{aligned}\frac{e^{-jkr_b}}{r_b}-\frac{e^{-jkr_a}}{r_a}&=e^{-jkr}\left(1+\frac{jks}{2}\cos\theta\right)\frac{1}{r}\left(1+\frac{s}{2r}\cos\theta\right)\\&\quad-e^{-jkr}\left(1-\frac{jks}{2}\cos\theta\right)\frac{1}{r}\left(1-\frac{s}{2r}\cos\theta\right)\\&\approx\frac{e^{-jkr}}{r}\left[1+\frac{s\cos\theta}{2r}(jkr+1)-\left\{1-\frac{s\cos\theta}{2r}(jkr+1)\right\}\right]\\&=\frac{e^{-jkr}}{r^2}s\cos\theta(jkr+1).\end{aligned}$$

따라서

$$V=\frac{Q_0se^{-jkr}}{4\pi\epsilon_0r^2}\cos\theta(jkr+1)=\frac{j\omega Q_0se^{-jkr}}{4\pi\epsilon_0j\omega r^2}\cos\theta(jkr+1)$$

이고 식 (5.49)에 의해서 $j\omega Q_0 = I_0$이다.

(b) 식 (1.51), (5.52), (5.54)를 사용하면

$$\mathbf{E} = -\nabla V - \frac{\partial \mathbf{A}}{\partial t} = -\hat{\mathbf{r}}\frac{\partial V}{\partial r} - \hat{\boldsymbol{\theta}}\frac{1}{r}\frac{\partial V}{\partial \theta} - \hat{\boldsymbol{\phi}}\frac{1}{r\sin\theta}\frac{\partial V}{\partial \phi} - \frac{\partial \mathbf{A}}{\partial t}$$

$$= -\hat{\mathbf{r}}\frac{I_0 s\cos\theta\, e^{j\omega t}}{4\pi\epsilon_0 j\omega}\frac{\partial}{\partial r}\left[\frac{jke^{-jkr}}{r} + \frac{e^{-jkr}}{r^2}\right]$$

$$-\hat{\boldsymbol{\theta}}\frac{1}{r}\frac{I_0 s e^{j\omega t}e^{-jkr}}{4\pi\epsilon_0 j\omega r^2}(jkr+1)\frac{\partial\cos\theta}{\partial\theta}$$

$$-\frac{\mu_0 I_0 s e^{-jkr}}{4\pi r}[\hat{\mathbf{r}}\cos\theta - \hat{\boldsymbol{\theta}}\sin\theta]\frac{\partial e^{j\omega t}}{\partial t}$$

$$= -\hat{\mathbf{r}}\frac{I_0 s\cos\theta\, e^{j\omega t}e^{-jkr}}{4\pi\epsilon_0 j\omega}\left[\frac{jk(-jkr-1)}{r^2} + \frac{-jkr-2}{r^3}\right]$$

$$-\hat{\boldsymbol{\theta}}\frac{I_0 s e^{j\omega t}e^{-jkr}}{4\pi\epsilon_0 j\omega r^3}(jkr+1)(-\sin\theta)$$

$$-\frac{\mu_0 I_0 s e^{-jkr}}{4\pi r}[\hat{\mathbf{r}}\cos\theta - \hat{\boldsymbol{\theta}}\sin\theta]\, j\omega e^{j\omega t}$$

이므로

$$E_r = \frac{I_0 s\cos\theta\, e^{j\omega t}e^{-jkr}}{4\pi\epsilon_0 j\omega}\left[\frac{-k^2 r + jk}{r^2} + \frac{jkr+2}{r^3} - \frac{\mu_0\epsilon_0 (j\omega)^2}{r}\right]$$

$$= \frac{I_0 s\cos\theta\, e^{j\omega t}e^{-jkr}}{4\pi\epsilon_0 j\omega}\left[\frac{2}{r^3} + \frac{2jk}{r^2} - \frac{k^2 - \mu_0\epsilon_0\omega^2}{r}\right] = (5.60)$$

이다. 여기서 $k^2 - \mu_0\epsilon_0\omega^2 = k^2 - \omega^2/v^2 = 0$이고

$$E_\theta = \frac{I_0 s\sin\theta\, e^{j\omega t}e^{-jkr}}{4\pi\epsilon_0\omega}\left[\frac{jkr+1}{jr^3} + \frac{j\mu_0\epsilon_0\omega^2}{r}\right]$$

$$= \frac{I_0 s\sin\theta\, e^{j\omega t}e^{-jkr}}{4\pi\epsilon_0\omega}\left[-\frac{j}{r^3} + \frac{k}{r^2} + \frac{jk^2}{r}\right] = (5.61).$$

[5.9] 쌍극자모멘트의 크기가 $p_1 = p_0\cos\omega t$, $p_2 = p_0\sin\omega t$인 두 전기쌍극자가 그림 5.5와 같이 xy 평면에 놓였다. $r \to \text{large}$일 때

(a) $\mathbf{p}_1$에 의한 자기장과 전기장을 구하라.

(b) $\mathbf{p}_2$에 의한 자기장과 전기장을 구하라.

(c) 포인팅벡터를 구하라.

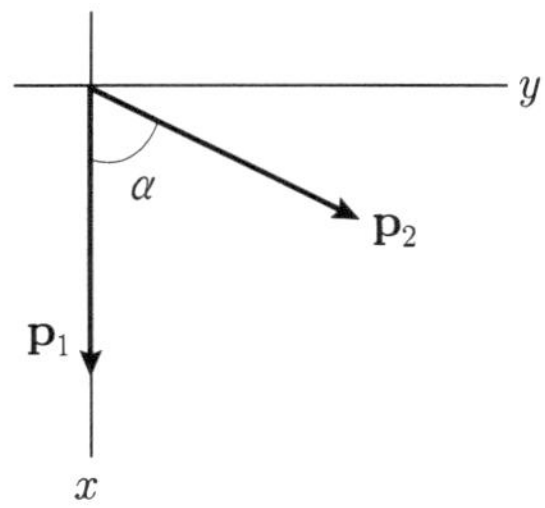

그림 5.5 연습문제 5.9

풀이 (a) 식 (5.52)로부터 $\mathbf{p}_1$에 의한 벡터퍼텐셜은

$$A_x(r,\ t) = A_x^0 \frac{e^{-jkr}}{r}, \quad A_x^0 = \frac{\mu_0 I_0 s}{4\pi} e^{j\omega t}$$

이고 식 (1.34)로부터

$$\hat{\mathbf{x}} = \sin\theta\cos\phi\,\hat{\mathbf{r}} + \cos\theta\cos\phi\,\hat{\boldsymbol{\theta}} - \sin\phi\,\hat{\boldsymbol{\phi}}$$

이므로

$$A_r = A_x\sin\theta\cos\phi, \quad A_\theta = A_x\cos\theta\cos\phi, \quad A_\phi = -A_x\sin\phi$$

이다. 따라서 식 (1.53)으로부터

$$\begin{aligned}
\mathbf{B}_1 = \nabla\times\mathbf{A} = \frac{1}{r^2\sin\theta}\Bigg[&\hat{\mathbf{r}}\left\{\frac{\partial}{\partial\theta}(r\sin\theta A_\phi) - \frac{\partial}{\partial\phi}(rA_\theta)\right\}\\
&+\hat{\boldsymbol{\theta}}\,r\left\{\frac{\partial A_r}{\partial\phi} - \frac{\partial}{\partial r}(r\sin\theta A_\phi)\right\}\\
&+\hat{\boldsymbol{\phi}}\,r\sin\theta\left\{\frac{\partial}{\partial r}(rA_\theta) - \frac{\partial A_r}{\partial\theta}\right\}\Bigg]\\
= \frac{A_x^0}{r^2\sin\theta}\Bigg[&\hat{\mathbf{r}}\left\{\frac{\partial}{\partial\theta}(-r\sin\theta\sin\phi) - \frac{\partial}{\partial\phi}(r\cos\theta\cos\phi)\right\}\frac{e^{-jkr}}{r}\\
&+\hat{\boldsymbol{\theta}}\,r\left\{\frac{\partial}{\partial\phi}\left(\frac{\sin\theta\cos\phi e^{-jkr}}{r}\right) - \frac{\partial}{\partial r}\left(-r\sin\theta\sin\phi\frac{e^{-jkr}}{r}\right)\right\}
\end{aligned}$$

$$+\hat{\boldsymbol{\phi}} r\sin\theta\left\{\frac{\partial}{\partial r}\left(r\frac{e^{-jkr}}{r}\cos\theta\cos\phi\right)-\frac{\partial}{\partial\theta}\left(\frac{e^{-jkr}}{r}\sin\theta\cos\phi\right)\right\}\Bigg]$$

$$=\frac{A_x^0}{r^2\sin\theta}\left[\hat{\boldsymbol{\theta}} r\left\{-\sin\theta\sin\phi\frac{e^{-jkr}}{r}-jke^{-jkr}\sin\theta\sin\phi\right\}\right.$$

$$\left.+\hat{\boldsymbol{\phi}} r\sin\theta\left\{-jk\cos\theta\cos\phi e^{-jkr}-\frac{e^{-jkr}}{r}\cos\theta\cos\phi\right\}\right]$$

이므로 $1/r$ 항은

$$\mathbf{B}_1=-\hat{\boldsymbol{\theta}}A_x^0\frac{jk}{r}\sin\phi e^{-jkr}-\hat{\boldsymbol{\phi}}A_x^0\frac{jk}{r}\cos\theta\cos\phi e^{-jkr}$$

$$=-\frac{\mu_0 I_0 sjk}{4\pi r}[\sin\phi\hat{\boldsymbol{\theta}}+\cos\theta\cos\phi\hat{\boldsymbol{\phi}}]e^{j(\omega t-kr)} \qquad (*-1)$$

이고

$$\nabla\times\mathbf{B}_1=\frac{1}{r^2\sin\theta}\left[\hat{\mathbf{r}}\left\{\frac{\partial}{\partial\theta}(r\sin\theta B_\phi)-\frac{\partial}{\partial\phi}(rB_\theta)\right\}\right.$$

$$\left.+\hat{\boldsymbol{\theta}} r\left\{\frac{\partial B_r}{\partial\phi}-\frac{\partial}{\partial r}(r\sin\theta B_\phi)\right\}+\hat{\boldsymbol{\phi}} r\sin\theta\left\{\frac{\partial}{\partial r}(rB_\theta)-\frac{\partial B_r}{\partial\theta}\right\}\right]$$

$$=\frac{-\mu_0 I_0 sjk}{4\pi}\frac{e^{j\omega t}}{r^2\sin\theta}\left[\hat{\mathbf{r}}\left\{\frac{\partial}{\partial\theta}\left(r\sin\theta\cos\theta\cos\phi\frac{e^{-jkr}}{r}\right)\right.\right.$$

$$\left.-\frac{\partial}{\partial\phi}\left(r\sin\phi\frac{e^{-jkr}}{r}\right)\right\}+\hat{\boldsymbol{\theta}} r\left\{-\frac{\partial}{\partial r}\left(r\sin\theta\cos\theta\cos\phi\frac{e^{-jkr}}{r}\right)\right\}$$

$$\left.+\hat{\boldsymbol{\phi}} r\sin\theta\left\{\frac{\partial}{\partial r}\left(r\sin\phi\frac{e^{-jkr}}{r}\right)\right\}\right]$$

에서 $1/r$ 항은

$$\nabla\times\mathbf{B}_1=\frac{-\mu_0 I_0 sjk}{4\pi}\frac{e^{j(\omega t-kr)}}{r}[jk\cos\theta\cos\phi\hat{\boldsymbol{\theta}}-jk\sin\phi\hat{\boldsymbol{\phi}}]$$

이므로

$$\mathbf{E}_1=\frac{1}{j\omega\epsilon_0\mu_0}\nabla\times\mathbf{B}_1$$

$$=-\frac{I_0 sjk^2}{4\pi\omega\epsilon_0 r}[\cos\theta\cos\phi\hat{\boldsymbol{\theta}}-\sin\phi\hat{\boldsymbol{\phi}}]e^{j(\omega t-kr)} \qquad (*-2)$$

이다. 식 (*−1)과 (*−2)의 실수부는

$$\mathrm{Re}\{\mathbf{E}_1\} = \frac{I_0 s k^2}{4\pi\omega\epsilon_0 r}[\cos\theta\cos\phi\hat{\boldsymbol{\theta}} - \sin\phi\hat{\boldsymbol{\phi}}]\sin(\omega t - kr)$$

$$\mathrm{Re}\{\mathbf{B}_1\} = \frac{\mu_0 I_0 s k}{4\pi r}[\sin\phi\hat{\boldsymbol{\theta}} + \cos\theta\cos\phi\hat{\boldsymbol{\phi}}]\sin(\omega t - kr).$$

(b) $\mathbf{p}_2$는 $\mathbf{p}_1$을 z축 둘레로 α만큼 회전한 것이므로

$$\mathrm{Re}\{\mathbf{E}_2\} = \frac{I_0 s k^2}{4\pi\omega\epsilon_0 r}[\cos\theta\cos(\phi-\alpha)\hat{\boldsymbol{\theta}} - \sin(\phi-\alpha)\hat{\boldsymbol{\phi}}]\sin(\omega t - kr)$$

$$\mathrm{Re}\{\mathbf{B}_2\} = \frac{\mu_0 I_0 s k}{4\pi r}[\sin(\phi-\alpha)\hat{\boldsymbol{\theta}} + \cos\theta\cos(\phi-\alpha)\hat{\boldsymbol{\phi}}]\sin(\omega t - kr).$$

(c) 전체 전기장 $\mathbf{E} = \mathbf{E}_1 + \mathbf{E}_2$와 자기장 $\mathbf{B} = \mathbf{B}_1 + \mathbf{B}_2$은

$$\mathrm{Re}\{\mathbf{E}(\mathbf{r},\ t)\} = \frac{I_0 s k^2}{4\pi\omega\epsilon_0 r}\sin(\omega t - kr)$$
$$\times [\cos\theta\{\cos\phi + \cos(\phi-\alpha)\}\hat{\boldsymbol{\theta}} - \{\sin\phi + \sin(\phi-\alpha)\}\hat{\boldsymbol{\phi}}]$$

$$\mathrm{Re}\{\mathbf{B}(\mathbf{r},\ t)\} = \frac{\mu_0 I_0 s k}{4\pi r}\sin(\omega t - kr)$$
$$\times [\{\sin\phi + \sin(\phi-\alpha)\}\hat{\boldsymbol{\theta}} + \cos\theta\{\cos\phi + \cos(\phi-\alpha)\}\hat{\boldsymbol{\phi}}]$$

이므로 포인팅벡터 크기의 시간평균값은

$$\overline{P} = \langle |[\mathrm{Re}\{\mathbf{E}(\mathbf{r},\ t)\} \times \mathrm{Re}\{\mathbf{H}(\mathbf{r},\ t)\}]_r| \rangle$$
$$= \frac{I_0 s k^2}{4\pi\omega\epsilon_0 r}\frac{I_0 s k}{4\pi r}\frac{1}{2}$$
$$\times [\cos^2\theta\{\cos\phi + \cos(\phi-\alpha)\}^2 + \{\sin\phi + \sin(\phi-\alpha)\}^2].$$

[5.10] 지면에서 높이 h인 지점에 자기쌍극자가 수직축 방향으로 놓여있다. 지면 근방에서 전자기파를 정면으로 받을 때 세기가 최대인 지점을 구하라.

풀이

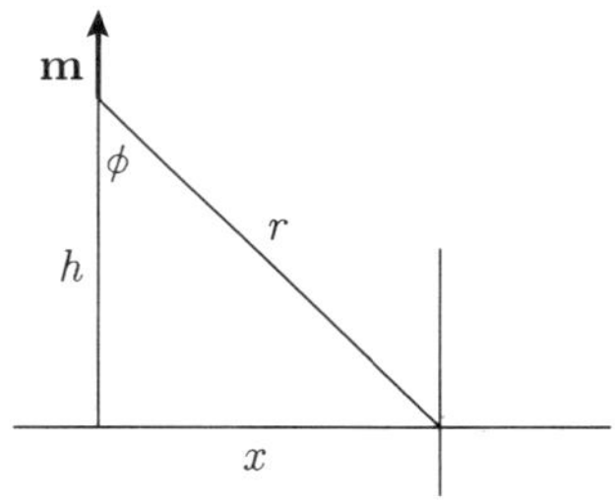

그림과 같은 좌표를 선택하면 위치 x 지점의 전자기파의 세기 I는 포인팅벡터의 크기와 같으므로 식 (5.79)로부터[$\theta = \pi - \phi$]

$$I = \frac{m_0^2 k^4 Z_0}{32\pi^2 r^2} \sin^2\phi = \frac{m_0^2 k^4 Z_0}{32\pi^2} \frac{x^2}{(x^2+h^2)^2}$$

이다. 따라서 전자기파의 세기가 최대인 곳에서는 $dI/dx = 0$이므로

$$2x(x^2+h^2)^2 - x^2 2(x^2+h^2)2x = 0$$

로부터 $x = h$이다.

5.4 평면 전자기파

[5.11] $\sigma \ll \omega\epsilon$인 부도체인 경우 침투깊이가 진동수에 무관함을 증명하라.

풀이 식 (B.18)의 테일러 급수전개 $(1+x)^p \approx 1 + px$를 하면 식 (5.90)은

$$\beta = \omega\sqrt{\frac{\mu\epsilon}{2}}\left[\sqrt{1+\left(\frac{\sigma}{\omega\epsilon}\right)^2} - 1\right]^{1/2} \approx \omega\sqrt{\frac{\mu\epsilon}{2}}\left[1+\frac{1}{2}\left(\frac{\sigma}{\omega\epsilon}\right)^2 - 1\right]^{1/2}$$

$$= \omega\frac{\sqrt{\mu\epsilon}}{2}\frac{\sigma}{\omega\epsilon} = \frac{\sigma}{2}\sqrt{\frac{\mu}{\epsilon}}$$

이므로

$$\delta = \frac{1}{\beta} = \frac{2}{\sigma}\sqrt{\frac{\epsilon}{\mu}}.$$

[5.12] E가 입사평면에 수직인 경우 E는 경계면에 나란하고[그림 5.11에서는 지면 밖으로 향함] H는 입사평면에 평행하다. 다음을 증명하라.

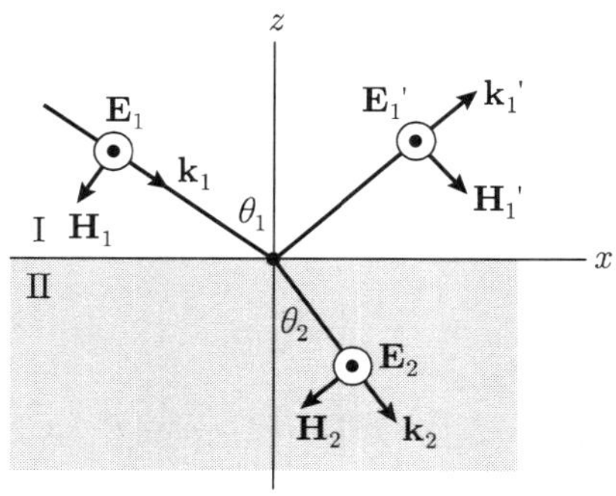

그림 5.11 연습문제 5.12

(a) $$\left(\frac{E_1'}{E_1}\right)_\perp = \frac{Z_2\cos\theta_1 - Z_1[1-(n_1/n_2)^2\sin^2\theta_1]^{1/2}}{Z_2\cos\theta_1 + Z_1[1-(n_1/n_2)^2\sin^2\theta_1]^{1/2}} \tag{5.138}$$

(b) $$\left(\frac{E_2}{E_1}\right)_\perp = \frac{2Z_2\cos\theta_1}{Z_2\cos\theta_1 + Z_1[1-(n_1/n_2)^2\sin^2\theta_1]^{1/2}} \tag{5.139}$$

(c) $\theta_1 = \theta_2 = 0$인 경우

$$\left(\frac{E_1'}{E_1}\right)_\perp = \frac{Z_2 - Z_1}{Z_2 + Z_1} = \frac{\mu_2 n_1 - \mu_1 n_2}{\mu_2 n_1 + \mu_1 n_2} \tag{5.140}$$

$$\left(\frac{E_2}{E_1}\right)_\perp = \frac{2Z_2}{Z_2 + Z_1} = \frac{2\mu_2 n_1}{\mu_2 n_1 + \mu_1 n_2} \tag{5.141}$$

(d) $\mu_1 = \mu_2$이면

- **수직입사일 때의 프레넬 방정식**

$$\left(\frac{E_1'}{E_1}\right)_\perp = -\frac{n_2 - n_1}{n_2 + n_1}, \quad \left(\frac{E_2}{E_1}\right)_\perp = \frac{2n_1}{n_2 + n_1} \tag{5.142}$$

풀이 (a) 식 (5.104)에서 $\hat{\mathbf{z}} \times \mathbf{E} = E\hat{\mathbf{x}}$를 대입하면

$$\mathbf{H} \cdot \hat{\mathbf{x}} = \frac{\hat{\mathbf{k}} \times \mathbf{E}}{Z} \cdot \frac{\hat{\mathbf{z}} \times \mathbf{E}}{E}$$

이므로 연습문제 1.1(c)의 스칼라 4중곱과 $\hat{\mathbf{k}} \cdot \mathbf{E} = 0$을 적용하면

$$Z\mathbf{H} \cdot \hat{\mathbf{x}} = (1/E)\left[(\hat{\mathbf{k}} \cdot \hat{\mathbf{z}})(\mathbf{E} \cdot \mathbf{E}) - (\hat{\mathbf{k}} \cdot \mathbf{E})(\mathbf{E} \cdot \hat{\mathbf{z}})\right] = E(\hat{\mathbf{k}} \cdot \hat{\mathbf{z}}) \qquad (*-1)$$

이다. 여기서 $\mathbf{E}$와 $\mathbf{H}$의 접선성분의 연속성으로부터[식 (3.19)와 (3.22)]

$$[\mathbf{E}]_{\mathrm{I}}(\text{접선}) = [\mathbf{E}]_{\mathrm{II}}(\text{접선}) \ : \ E_1 + E_1{}' = E_2 \qquad (*-2)$$

와

$$[\mathbf{H}]_{\mathrm{I}}(\text{접선}) = [\mathbf{H}]_{\mathrm{II}}(\text{접선}) \ : \ (\mathbf{H}_1 + \mathbf{H}_1{}') \cdot \hat{\mathbf{x}} = \mathbf{H}_2 \cdot \hat{\mathbf{x}}$$

이므로 이것들을 (*−1)의 $Z_2\mathbf{H}_2 \cdot \hat{\mathbf{x}} = E_2(\hat{\mathbf{k}}_2 \cdot \hat{\mathbf{z}})$에 대입하면

$$Z_2(\mathbf{H}_1 + \mathbf{H}_1{}') \cdot \hat{\mathbf{x}} = \mathrm{E}_2(\hat{\mathbf{k}}_2 \cdot \hat{\mathbf{z}})$$

이므로

$$Z_2[E_1(\hat{\mathbf{k}}_1 \cdot \hat{\mathbf{z}}) + E_1{}'(\hat{\mathbf{k}}_1{}' \cdot \hat{\mathbf{z}})] = Z_1(E_1 + E_1{}')(\hat{\mathbf{k}}_2 \cdot \hat{\mathbf{z}}) \qquad (*-3)$$

즉,

$$E_1[Z_2(\hat{\mathbf{k}}_1 \cdot \hat{\mathbf{z}}) - Z_1(\hat{\mathbf{k}}_2 \cdot \hat{\mathbf{z}})] = E_1{}'[Z_1(\hat{\mathbf{k}}_2 \cdot \hat{\mathbf{z}}) - Z_2(\hat{\mathbf{k}}_1{}' \cdot \hat{\mathbf{z}})]$$

이 된다. 입사각과 반사각은 같으므로 $\mathbf{k}_1{}' \cdot \hat{\mathbf{z}} = -\hat{\mathbf{k}}_1 \cdot \hat{\mathbf{z}}$ 이고 $\hat{\mathbf{k}}_1 \cdot \hat{\mathbf{z}} = -\cos\theta_1$, $\hat{\mathbf{k}}_2 \cdot \hat{\mathbf{z}} = -\cos\theta_2$ 이므로 굴절의 법칙으로부터

$$\cos\theta_2 = \sqrt{1 - \sin^2\theta_2} = \sqrt{1 - (n_1/n_2)^2 \sin^2\theta_1}$$

이다. 따라서

$$\left(\frac{E_1{}'}{E_1}\right)_{\perp} = \frac{Z_2(\hat{\mathbf{k}}_1 \cdot \hat{\mathbf{z}}) - Z_1(\hat{\mathbf{k}}_2 \cdot \hat{\mathbf{z}})}{Z_2(\hat{\mathbf{k}}_1 \cdot \hat{\mathbf{z}}) + Z_1(\hat{\mathbf{k}}_2 \cdot \hat{\mathbf{z}})} = \frac{Z_2\cos\theta_1 - Z_1\cos\theta_2}{Z_2\cos\theta_1 + Z_1\cos\theta_2}$$

$$= \frac{Z_2\cos\theta_1 - Z_1[1 - (n_1/n_2)^2\sin^2\theta_1]^{1/2}}{Z_2\cos\theta_1 + Z_1[1 - (n_1/n_2)^2\sin^2\theta_1]^{1/2}}.$$

(b) (*−2)를 사용하여 (*−3)을

$$Z_2[E_1(\hat{\mathbf{k}}_1 \cdot \hat{\mathbf{z}}) + (E_2 - E_1)(\hat{\mathbf{k}}_1{}' \cdot \hat{\mathbf{z}})] = Z_1E_2(\hat{\mathbf{k}}_2 \cdot \hat{\mathbf{z}})$$

로 바꾸면 $\hat{\mathbf{k}}_1{}' \cdot \hat{\mathbf{z}} = -\hat{\mathbf{k}}_1 \cdot \hat{\mathbf{z}}$이므로

$$\left(\frac{E_2}{E_1}\right)_\perp = \frac{2Z_2(\hat{\mathbf{k}}_1 \cdot \hat{\mathbf{z}})}{Z_2(\hat{\mathbf{k}}_1 \cdot \hat{\mathbf{z}}) + Z_1(\hat{\mathbf{k}}_2 \cdot \hat{\mathbf{z}})} = \frac{2Z_2\cos\theta_1}{Z_2\cos\theta_1 + Z_1\cos\theta_2}$$

$$= \frac{2Z_2\cos\theta_1}{Z_2\cos\theta_1 + Z_1[1-(n_1/n_2)^2\sin^2\theta_1]^{1/2}}.$$

(c) $\theta_1 = \theta_2 = 0$인 경우에는 $Z_1/Z_2 = \mu_1 n_2/\mu_2 n_1$[예 5.3(d)의 답 참고]를 고려하면

$$\left(\frac{E_1'}{E_1}\right)_\perp = \frac{Z_2 - Z_1}{Z_2 + Z_1} = \frac{\mu_2 n_1 - \mu_1 n_2}{\mu_2 n_1 + \mu_1 n_2}$$

$$\left(\frac{E_2}{E_1}\right)_\perp = \frac{2Z_2}{Z_2 + Z_1} = \frac{2\mu_2 n_1}{\mu_2 n_1 + \mu_1 n_2}.$$

(d) $\mu_1 = \mu_2$이면

$$\left(\frac{E_1'}{E_1}\right)_\perp = -\frac{n_2 - n_1}{n_2 + n_1}, \quad \left(\frac{E_2}{E_1}\right)_\perp = \frac{2n_1}{n_2 + n_1}$$

이 된다. $n_1 < n_2$ $(\theta_1 > \theta_2)$인 경우, E_1'은 음수가 된다. 즉, 굴절률이 큰 매질에서 반사할 때는 반사파의 위상은 180° 변한다. 반대로 $n_1 > n_2$ $(\theta_1 < \theta_2)$인 굴절률이 작은 매질에서 반사할 때는 위상이 변하지 않는다.

[5.13] $\mu_1 = \mu_2$일 때 도체표면에 수직으로 입사하는 경우의 반사율과 투과율을 구하라.

풀이 식 (5.95)로부터 n_2를 복소 굴절률 $N_2 = n_2 - jK$로 대치하면[$K = c\beta/\omega$] 식 (5.140)과 (5.141)은

$$\frac{E_1'}{E_1} = \frac{n_1 - N_2}{n_1 + N_2} = \frac{[n_1 - n_2] + jK_2}{[n_1 + n_2] - jK_2}$$

$$\frac{E_2}{E_1} = \frac{2n_1}{n_1 + N_2} = \frac{2n_1}{[n_1 + n_2] - jK_2}$$

이므로

$$R = \left|\frac{E_1'}{E_1}\right|^2 = \frac{[n_1 - n_2]^2 + K_2^2}{[n_1 + n_2]^2 + K_2^2}$$

$$T = \left|\frac{E_2}{E_1}\right|^2 = \frac{4n_1^2}{[n_1 + n_2]^2 + K_2^2}.$$

5.5 보충문제

[5.1] 구면파 $\mathbf{E}(\mathbf{r}, t) = E_0 \frac{\sin\theta}{r}\left[\cos(\omega t - kr) + \frac{1}{kr}\sin(\omega t - kr)\right]\hat{\boldsymbol{\phi}}$를 고려하자.

(a) $\nabla \cdot \mathbf{E}$를 계산하라

(b) $\mathbf{B}$를 구하라.

(c) $\nabla \times \mathbf{B} = \frac{1}{c^2}\frac{\partial \mathbf{E}}{\partial t}$이 성립하는가?

풀이 (a) 식 (1.52)로부터

$$\nabla \cdot \mathbf{E} = \frac{1}{r^2 \sin\theta}\left[\sin\theta \frac{\partial}{\partial r}(r^2 E_r) + r\frac{\partial}{\partial \theta}(\sin\theta E_\theta) + r\frac{\partial E_\phi}{\partial \phi}\right] = 0.$$

(b) 식 (1.53)과 식 (2.70b)로부터

$$\begin{aligned}
-\frac{\partial \mathbf{B}}{\partial t} &= \nabla \times \mathbf{E} \\
&= \frac{1}{r^2\sin\theta}\left[\hat{\mathbf{r}}\left\{\frac{\partial}{\partial\theta}(r\sin\theta\, E_\phi) - \frac{\partial}{\partial\phi}(rE_\theta)\right\}\right. \\
&\quad \left. + \hat{\boldsymbol{\theta}}\, r\left\{\frac{\partial E_r}{\partial\phi} - \frac{\partial}{\partial r}(r\sin\theta\, E_\phi)\right\} + \hat{\boldsymbol{\phi}}\, r\sin\theta\left\{\frac{\partial}{\partial r}(rE_\theta) - \frac{\partial E_r}{\partial\theta}\right\}\right] \\
&= \hat{\mathbf{r}}\frac{E_0}{r^2\sin\theta}\left[\cos(\omega t - kr) + \frac{1}{kr}\sin(\omega t - kr)\right]\frac{\partial}{\partial\theta}(\sin^2\theta) \\
&\quad - \hat{\boldsymbol{\theta}}\frac{E_0\sin\theta}{r}\frac{\partial}{\partial r}\left[\cos(\omega t - kr) + \frac{1}{kr}\sin(\omega t - kr)\right] \\
&= \hat{\mathbf{r}}\frac{2E_0\cos\theta}{r^2}\left[\cos(\omega t - kr) + \frac{1}{kr}\sin(\omega t - kr)\right] \\
&\quad - \hat{\boldsymbol{\theta}}\frac{E_0\sin\theta}{r}\left[k\sin(\omega t - kr) - \frac{1}{kr^2}\sin(\omega t - kr) - \frac{1}{r}\cos(\omega t - kr)\right]
\end{aligned}$$

이므로

$$\begin{aligned}
\mathbf{B} = &-\hat{\mathbf{r}}\frac{2E_0\cos\theta}{\omega r^2}\left[\sin(\omega t - kr) - \frac{1}{kr}\cos(\omega t - kr)\right] \\
&- \hat{\boldsymbol{\theta}}\frac{E_0\sin\theta}{\omega r}\left[k\cos(\omega t - kr) - \frac{1}{kr^2}\cos(\omega t - kr) + \frac{1}{r}\sin(\omega t - kr)\right].
\end{aligned}$$

(c) $\frac{1}{c^2}\frac{\partial \mathbf{E}}{\partial t} = -\frac{E_0\omega}{c^2}\frac{\sin\theta}{r}\left[\sin(\omega t - kr) - \frac{1}{kr}\cos(\omega t - kr)\right]\hat{\boldsymbol{\phi}}$

$$
\begin{aligned}
&\nabla \times \mathbf{B} \\
&= \frac{1}{r^2\sin\theta}\left[\hat{\mathbf{r}}\left\{\frac{\partial}{\partial\theta}(r\sin\theta B_\phi) - \frac{\partial}{\partial\phi}(rB_\theta)\right\}\right. \\
&\qquad\left. + \hat{\boldsymbol{\theta}} r\left\{\frac{\partial B_r}{\partial\phi} - \frac{\partial}{\partial r}(r\sin\theta B_\phi)\right\} + \hat{\boldsymbol{\phi}} r\sin\theta\left\{\frac{\partial}{\partial r}(rB_\theta) - \frac{\partial B_r}{\partial\theta}\right\}\right] \\
&= \hat{\boldsymbol{\phi}}\frac{1}{r}\left[\frac{-E_0\sin\theta}{\omega}\frac{\partial}{\partial r}\left\{k\cos(\omega t - kr) - \frac{1}{kr^2}\cos(\omega t - kr) + \frac{1}{r}\sin(\omega t - kr)\right\}\right. \\
&\qquad\left. + \frac{2E_0}{\omega r^2}\frac{\partial\cos\theta}{\partial\theta}\left\{\sin(\omega t - kr) - \frac{1}{kr}\cos(\omega t - kr)\right\}\right] \\
&= \hat{\boldsymbol{\phi}}\left[\frac{-E_0\sin\theta}{\omega r}\left\{k^2\sin(\omega t - kr) + \frac{2}{kr^3}\cos(\omega t - kr)\right.\right. \\
&\qquad\left. - \frac{1}{r^2}\sin(\omega t - kr) - \frac{1}{r^2}\sin(\omega t - kr) - \frac{k\cos(\omega t - kr)}{r}\right\} \\
&\qquad\left. - \frac{2E_0}{\omega r^3}\sin\theta\left\{\sin(\omega t - kr) - \frac{1}{kr}\cos(\omega t - kr)\right\}\right] \\
&= -\hat{\boldsymbol{\phi}}\left[\frac{E_0\omega\sin\theta}{\omega^2 r}k^2\sin(\omega t - kr) - \frac{E_0\sin\theta}{\omega r^2}k\cos(\omega t - kr)\right]\ [\omega/k = c]
\end{aligned}
$$

[5.2] 4각형 도파관 안의 TE 모드에서 다음을 구하라.

(a) 단위 길이당 에너지 U_l

(b) 단위 시간당 전달되는 에너지 U_t

(c) U_t / U_l

풀이 (a) 식 (3.7)로부터 에너지밀도가 $u = \left(\epsilon_0|\mathbf{E}|^2 + \mu_0|\mathbf{H}|^2\right)/2$이므로 단위 길이당 에너지는 이것을 시간 평균한 값을 면적적분한 값이다. TE 모드일 때는 $E_z = 0$이고 $\gamma = j\beta$이므로 식 (5.10), (5.11), (5.28)~(5.32)로부터

$$
\begin{aligned}
\langle \mathbf{E}^2 \rangle &= \left\langle \left|\mathrm{Re}\left\{E_x^{(0)}(x,\ y)e^{j(\omega t - \beta z)}\right\}\hat{\mathbf{x}} + \mathrm{Re}\left\{E_y^{(0)}(x,\ y)e^{j(\omega t - \beta z)}\right\}\hat{\mathbf{y}}\right|^2 \right\rangle \\
&= \frac{\omega^2\mu_0^2 H_0^2}{h^4}\left(\frac{n\pi}{b}\right)^2\cos^2\left(\frac{m\pi x}{a}\right)\sin^2\left(\frac{n\pi y}{b}\right) < \sin^2(\omega t - \beta z) >
\end{aligned}
$$

$$+\frac{\omega^2\mu_0^2 H_0^2}{h^4}\left(\frac{m\pi}{a}\right)^2\sin^2\left(\frac{m\pi x}{a}\right)\cos^2\left(\frac{n\pi y}{b}\right) < \sin^2(\omega t-\beta z) >$$

$$\langle \mathbf{H}^2\rangle = \left\langle \left| \mathrm{Re}\left\{H_x^{(0)}(x,\ y)e^{j(\omega t-\beta z)}\right\}\hat{\mathbf{x}} + \mathrm{Re}\left\{H_y^{(0)}(x,\ y)e^{j(\omega t-\beta z)}\right\}\hat{\mathbf{y}}\right.\right.$$

$$\left.\left. + \mathrm{Re}\left\{E_z^{(0)}(x,\ y)e^{j(\omega t-\beta z)}\right\}\hat{\mathbf{z}}\right|^2\right\rangle$$

$$= \frac{\beta^2 H_0^2}{h^4}\left(\frac{m\pi}{a}\right)^2\sin^2\left(\frac{m\pi x}{a}\right)^2\cos^2\left(\frac{n\pi y}{b}\right)^2 < \sin^2(\omega t-\beta z) >$$

$$+\frac{\beta^2 H_0^2}{h^4}\left(\frac{n\pi}{b}\right)^2\cos^2\left(\frac{m\pi x}{a}\right)^2\sin^2\left(\frac{n\pi y}{b}\right)^2 < \sin^2(\omega t-\beta z) >$$

$$+ H_0^2\cos^2\left(\frac{m\pi x}{a}\right)^2\sin^2\left(\frac{n\pi y}{b}\right)^2 < \cos^2(\omega t-\beta z) >$$

이다. 따라서 $\sin^2 x = (1-\cos 2x)/2$, $\cos^2 x = (1+\cos 2x)/2$ 로부터

$$\langle\sin^2(\omega t-\beta z)\rangle = \langle\cos^2(\omega t-\beta z)\rangle = 1/2$$

$$\int_0^a \sin^2\left(\frac{m\pi x}{a}\right)dx = \int_0^a \cos^2\left(\frac{m\pi x}{a}\right)dx = \frac{a}{2},$$

$$\int_0^b \sin^2\left(\frac{m\pi y}{a}\right)dy = \int_0^b \cos^2\left(\frac{m\pi y}{a}\right)dy = \frac{b}{2}$$

를 사용하면

$$U_l = \int_S u\,da = \frac{\epsilon_0}{2}\frac{\omega^2\mu_0^2 H_0^2}{h^4}\frac{ab}{8}\left[\left(\frac{m\pi}{a}\right)^2 + \left(\frac{n\pi}{b}\right)^2\right]$$

$$+\frac{\mu_0}{2}H_0^2\frac{ab}{8}\left[\frac{\beta^2}{h^4}\left\{\left(\frac{m\pi}{a}\right)^2+\left(\frac{n\pi}{b}\right)^2\right\}+1\right]$$

이고 식 (5.33)과 (5.22)를 대입하면

$$U_l = \frac{\epsilon_0\omega^2\mu_0^2 H_0^2}{h^2}\frac{ab}{16} + \mu_0 H_0^2\frac{ab}{16}\left[\frac{\beta^2}{h^2}+1\right]$$

$$= \frac{ab\,\mu_0 H_0^2}{16h^2}\left[\epsilon_0\mu_0\omega^2 + \beta^2 + h^2\right] = \frac{ab\,\epsilon_0\mu_0^2\omega^2 H_0^2}{8h^2}.$$

(b) 포인팅벡터 $\mathbf{P} = \mathbf{E}\times\mathbf{H}$ 가 단위 시간당 단면 S를 통하여 나가는 에너지(복사일률)

이므로 단위 시간당 나가는 에너지는 P_z 를 시간평균한 값을 면적적분한 값이다.

$$\langle P_z \rangle = \langle \left| \left[\mathrm{Re}\left\{ \mathbf{E}^{(0)}(x,\ y) e^{j(\omega t - \beta z)} \right\} \times \mathrm{Re}\left\{ \mathbf{H}^{(0)}(x,\ y) e^{j(\omega t - \beta z)} \right\} \right]_z \right| \rangle$$
$$= \frac{\beta\omega\mu_0 H_0^2}{h^4}\left(\frac{n\pi}{b}\right)^2 \cos^2\left(\frac{m\pi x}{a}\right)\sin^2\left(\frac{n\pi y}{b}\right)\langle \sin^2(\omega t - \beta z)\rangle$$
$$+ \frac{\beta\omega\mu_0 H_0^2}{h^4}\left(\frac{m\pi}{a}\right)^2 \sin^2\left(\frac{m\pi x}{a}\right)\cos^2\left(\frac{n\pi y}{b}\right)\langle \sin^2(\omega t - \beta z)\rangle$$

이므로

$$U_t = \int_S < P_z > da = \frac{\beta\omega\mu_0 H_0^2}{h^4}\frac{ab}{8}\left[\left(\frac{m\pi}{a}\right)^2 + \left(\frac{n\pi}{b}\right)^2\right]$$
$$= \frac{\beta\omega\mu_0 H_0^2}{h^2}\frac{ab}{8}.$$

(c) $$\frac{U_t}{U_l} = \frac{8h^2}{ab\,\epsilon_0\mu_0^2\omega^2 H_0^2}\frac{\beta\omega\mu_0 H_0^2 ab}{8h^2} = \frac{\beta}{\epsilon_0\mu_0\omega}$$
$$= \frac{c^2}{\omega}\sqrt{\omega^2\epsilon_0\mu_0 - h^2} = \frac{c^2}{\omega}\sqrt{\frac{\omega^2}{c^2} - \frac{\omega_c^2}{c^2}}$$
$$= c\sqrt{1 - \left(\frac{\omega_c}{\omega}\right)^2} = v_g \text{ (군속도)}$$

여기서 식 (5.22)에 $\gamma \to j\beta$와 $K = \omega\sqrt{\mu_0\epsilon_0}$ [식 (5.13b) 아래 참고]를 대입했다.

[5.3] 지면에서 높이 h인 지점에 전기쌍극자가 수직축 방향으로 놓여 있다. 지면에서 전자기파의 세기가 최대인 지점을 구하라.

풀이

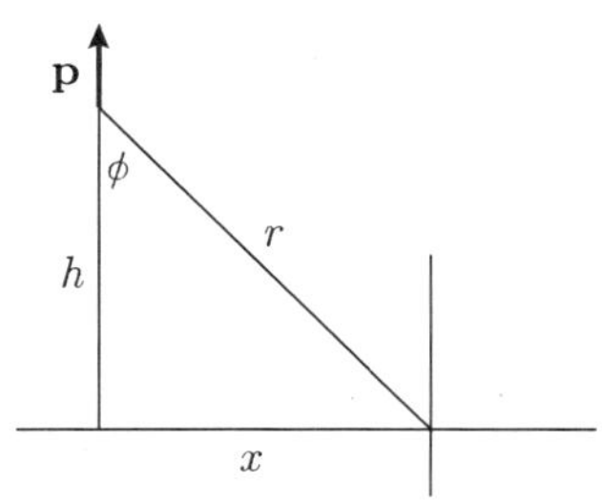

그림과 같은 좌표를 선택하면 위치 x 지점의 포인팅벡터의 크기는 식 (5.64)로부터

$$\overline{P} = \frac{\omega^2 I_0^2 s^2}{32\pi^2 \epsilon_0 c^3 r^2} \sin^2\theta$$

이고 방향은 r 방향이다. $\theta = \pi - \phi$ 이다. 전자기파의 세기 I는 단위 면적당 단위 시간당 에너지이므로[주의 : 지면과 전자기파의 진행방향에 수직인 면 사이의 각은 ϕ 이다]

$$I = \overline{P} \cos\phi = \frac{\omega^2 I_0^2 s^2}{32\pi^2 \epsilon_0 c^3 r^2} \sin^2\phi \cos\phi = \frac{\omega^2 I_0^2 s^2}{32\pi^2 \epsilon_0 c^3} \frac{hx^2}{(x^2+h^2)^{5/2}}$$

이다. 따라서 $dI/dx = 0$ 으로부터

$$2x(x^2+h^2)^{5/2} - x^2(5/2)(x^2+h^2)^{3/2} 2x = 0$$

또는 $3x^2 - 2h^2 = 0$ 으로부터 $x = \sqrt{2/3}\, h$ 이다.

[5.4] 쌍극자모멘트가 $\mathbf{p} = p_0(\cos\omega t\,\hat{\mathbf{x}} + \sin\omega t\,\hat{\mathbf{y}})$ 인 회전하는 전기쌍극자에 의한 복사일률을 구하라.

풀이 연습문제 5.9에서 $\alpha = \pi/2$ 이므로

$$\begin{aligned}\overline{P} &= \frac{I_0^2 s^2 k^3}{32\pi^2 \omega \epsilon_0 r^2}\left[\cos^2\theta\{\cos\phi + \cos(\phi - \pi/2)\}^2\right.\\ &\quad \left. + \{\sin\phi + \sin(\phi - \pi/2)\}^2\right]\\ &= \frac{I_0^2 s^2 k^3}{32\pi^2 \omega \epsilon_0 r^2}\left[\cos^2\theta\{\cos\phi + \sin\phi\}^2 + \{\sin\phi - \cos\phi\}^2\right]\\ &= \frac{I_0^2 s^2 k^3}{32\pi^2 \omega \epsilon_0 r^2}\left[\cos^2\theta(1 + 2\cos\phi\sin\phi) + 1 - 2\sin\phi\cos\phi\right]\end{aligned}$$

이고

$$\int_0^{2\pi} 2\sin\phi\cos\phi\, d\phi = \int_0^{2\pi} \sin(2\phi)\, d\phi = 0$$

$$\int_0^{\pi}\int_0^{2\pi}\sin\theta\,d\theta\,d\phi = 4\pi$$

$$\int_0^{\pi}\int_0^{2\pi}\cos^2\theta\sin\theta\,d\theta\,d\phi = \frac{4\pi}{3}$$

를 사용하면

$$\frac{dW}{dt} = \int \overline{P}\,da = \int \overline{P}\,r^2\sin\theta\,d\theta\,d\phi$$
$$= \frac{I_0^2 s^2 k^3}{32\pi^2\omega\,\epsilon_0}\left(4\pi + \frac{4\pi}{3}\right) = \frac{I_0^2 s^2 k^3}{6\pi\omega\,\epsilon_0}$$

[5.5] 미시적 관점의 전기전도도

(a) 질량이 m이고 전하량이 $-e$인 전자에 정전기장 $\mathbf{E}$와 속도 $\mathbf{v}$에 비례하는 감쇠력이 작용한다. 정상상태일 때의 전기전도도를 구하라.

(b) 전기장이 $\mathbf{E} = \mathbf{E}_0 e^{j(\omega t - kz)}$일 때 속도를 $\mathbf{v} = \mathbf{v}_0 e^{j\omega t}$라 가정하여 전기전도도를 구하라.

(c) 저항이 큰 경우 즉, $m\omega \ll b$일 때 전기전도도를 구하라.

(d) 저항이 작은 경우 **분산관계식**(ω와 k의 관계식)을 $\omega_{\mathrm{p}} = \sqrt{ne^2/m\epsilon}$의 **플라즈마 진동수**(plasma frequency)로 나타내라.

풀이 (a) 뉴턴의 운동방정식 $\mathbf{F} = m\mathbf{a} = -e\mathbf{E} - b\mathbf{v}$ [b : 비례상수]에서 정상상태에서는 $\mathbf{a} = 0$이므로 $\mathbf{v} = -e\mathbf{E}/b$이고 식 (2.3b) 또는 연습문제 2.1로부터

$$\mathbf{J} = \rho\mathbf{v} = -ne\,\mathbf{v} = \frac{ne^2}{b}\mathbf{E} = \sigma_0\mathbf{E}$$

이다. 따라서

$$\sigma_0 = ne^2/b.$$

(b) $\mathbf{F} = m\mathbf{a} = m(d\mathbf{v}/dt) = jm\omega\mathbf{v}$ 로부터 $jm\omega\mathbf{v} = -e\mathbf{E} - b\mathbf{v}$ 이므로

$$\mathbf{J} = -ne\,\mathbf{v} = \frac{ne^2}{b + jm\omega}\mathbf{E} = \sigma(\omega)\mathbf{E}$$

이다. 따라서

$$\sigma(\omega) = \frac{ne^2}{b + jm\omega} = \frac{\sigma_0}{1 + j(\sigma_0 m\omega/ne^2)}$$

$$= \frac{\sigma_0}{1 + (\sigma_0 m\omega/ne^2)^2}\left(1 - j\frac{\sigma_0 m\omega}{ne^2}\right) \equiv \sigma_\mathrm{r} - j\sigma_\mathrm{i}$$

이고 $k = \alpha - j\beta$ 로 두면 식 (5.90)의 증명으로부터

$$\alpha^2 - \beta^2 - 2j\alpha\beta = \omega^2\mu\epsilon - j\omega\mu\sigma = \omega^2\mu\epsilon - \omega\mu\sigma_\mathrm{i} - j\omega\mu\sigma_\mathrm{r}$$

이므로

$$\alpha^2 - \beta^2 = \omega^2\mu(\epsilon - \sigma_\mathrm{i}/\omega)$$

$$2\alpha\beta = \omega\mu\sigma_\mathrm{r}.$$

(c) $\sigma \approx \sigma_0$

(d) $\sigma \approx -j\left(\frac{ne^2}{m\omega}\right)$

$$k^2 = \omega^2\mu\epsilon - j\omega\mu\sigma = \omega^2\mu\epsilon - \frac{ne^2\omega\mu}{m\omega} = \omega^2\mu\epsilon\left(1 - \frac{ne^2}{m\epsilon\omega^2}\right) = \omega^2\mu\epsilon\left(1 - \frac{\omega_\mathrm{p}^2}{\omega^2}\right)$$

[5.6] 질량이 m 이고 전하량이 q 인 입자에 전기장 $E(t) = E_0\cos(\omega t)$ 에 의한 구동력과 속도에 비례하는 감쇠력 그리고 변위에 비례하는 복원력이 작용한다.

(a) 입자의 진동으로 인해 생기는 전기쌍극자 모멘트를 구하라.

(b) 유전상수를 구하라.

(c) 입자의 진동효과가 작다고 가정하여 굴절률 n 과 세기가 $1/e$ 로 감소하는 두께의 역수인 흡수계수 α 를 구하라.

(d) 공명진동수[$\omega = \omega_i$]에서 멀리 떨어진 지점[$\omega \ll \omega_i$]에서 감쇠항을 무시하여 코시 공식(Cauchy's formula) $n = 1 + a + b\omega^2$ 를 유도하라.

풀이 (a) 감쇠상수가 b 인 감쇠력을 $-mb(dz/dt)$, 힘상수가 k 인 복원력을 $-kz = -m\omega_0^2 z$ 라 하면[$\omega_0 = \sqrt{k/m}$: 고유진동수] 뉴턴의 운동방정식은

$$F = ma = m\frac{d^2z}{dt^2} = F_{\text{복원력}} + F_{\text{감쇠력}} + F_{\text{구동력}}$$

이므로 $E(t)=E_0 e^{j\omega t}$의 복소수를 사용하면[나중에 실수부를 선택]

$$\frac{d^2 z}{dt^2}+b\frac{dz}{dt}+\omega_0^2 z=\frac{q}{m}E_0 e^{j\omega t}$$

이다. 진동해를 $z(t)=z_0 e^{j\omega t}$라 하면

$$-\omega^2 z_0+jb\omega z_0+\omega_0^2 z_0=(q/m)E_0$$

이므로

$$z_0=\frac{q/m}{\omega_0^2-\omega^2+jb\omega}E_0$$

따라서 전기쌍극자 모멘트는

$$p(t)=qz(t)=\frac{q^2/m}{\omega_0^2-\omega^2+jb\omega}E_0 e^{j\omega t}.$$

(b) 일반적으로 전자마다 고유진동수(ω_i)와 감쇠상수(b_i)가 다르므로 i 번째 분자 안의 전자수를 N_i라 하고 단위 부피당 분자수를 n이라 하면 분극벡터는

$$\mathbf{P}=\frac{nq^2}{m}\sum_i\frac{N_i}{\omega_i^2-\omega^2+jb_i\omega}\mathbf{E}$$

이다. 식 (2.19)에 의해 $\mathbf{P}=\epsilon_0\chi_{\rm e}\mathbf{E}$이므로 유전상수는 $\epsilon_{\rm r}$은

$$\epsilon_{\rm r}=(1+\chi_{\rm e})=1+\frac{nq^2}{m\epsilon_0}\sum_i\frac{N_i}{\omega_i^2-\omega^2+jb_i\omega}. \quad (*-1)$$

(c) 파동방정식

$$\nabla^2\mathbf{E}=\epsilon\mu_0\frac{\partial^2\mathbf{E}}{\partial \mathrm{t}^2}$$

의 해를 $\mathbf{E}(z,\ t)=\mathbf{E}_0 e^{j(\omega t-kz)}$로 선택하면 $k=\omega\sqrt{\epsilon\mu_0}$이다. 따라서

$$k=k_{\rm r}-jk_{\rm i}$$

로 두면

$$\mathbf{E}(z,\ t)=\mathbf{E}_0 e^{-k_{\rm i}z}e^{j(\omega t-k_{\rm r}z)}$$

이다. 세기는 E^2에 비례하므로 흡수계수(absorption coefficient) α는

$$\alpha = 2k_{\mathrm{i}}$$

이고 굴절률 n_{r}은[식 (5.96)]

$$n_{\mathrm{r}} = \frac{ck_{\mathrm{r}}}{\omega}$$

이다. 한편,

$$k = \omega\sqrt{\epsilon\mu_0} = \omega\sqrt{\epsilon_{\mathrm{r}}\epsilon_0\mu_0} = (\omega/c)\sqrt{\epsilon_r}$$

이고 식 (*−1)의 둘째 항이 작은 경우 $(1+x)^{1/2} \approx 1 + x/2$의 테일러 급수로 전개하면

$$k \approx \frac{\omega}{c}\left[1 + \frac{nq^2}{2m\epsilon_0}\sum_i \frac{N_i}{\omega_i^2 - \omega^2 + jb_i\omega}\right]$$

이므로

$$n_{\mathrm{r}} \approx 1 + \frac{nq^2}{2m\epsilon_0}\sum_i \frac{N_i(\omega_i^2 - \omega^2)}{(\omega_i^2 - \omega^2)^2 + b_i^2\omega^2}$$

$$\alpha \approx \frac{nq^2\omega^2}{mc\epsilon_0}\sum_i \frac{N_i b_i}{(\omega_i^2 - \omega^2)^2 + b_i^2\omega^2}$$

이다. 흡수계수가 최대(굴절률이 최소)인 $\omega = \omega_i$를 공명진동수(resonance frequency)라 한다.

(d) 감쇠항을 무시하고 테일러 급수로 전개하면

$$\begin{aligned} n_{\mathrm{r}} &\approx 1 + \frac{nq^2}{2m\epsilon_0}\sum_i \frac{N_i}{\omega_i^2 - \omega^2} = 1 + \frac{nq^2}{2m\epsilon_0}\sum_i \frac{N_i}{\omega_i^2}\left(1 - \frac{\omega^2}{\omega_i^2}\right)^{-1} \\ &\approx 1 + \frac{nq^2}{2m\epsilon_0}\sum_i \frac{N_i}{\omega_i^2}\left(1 + \frac{\omega^2}{\omega_i^2}\right) \\ &= 1 + \frac{nq^2}{2m\epsilon_0}\sum_i \frac{N_i}{\omega_i^2} + \frac{nq^2}{2m\epsilon_0}\sum_i \frac{N_i}{\omega_i^4}\omega^2. \end{aligned}$$

[5.7] 전기장이 입사평면에 수직이고 $\mu_1 = \mu_2$일 때 반사율과 투과율이 같아지는 입사각을 구하라.

풀이 식 (5.131)과 식 (5.135)가 같아지는 각이므로

$$(Z_2 \cos\theta_1 - Z_1 \cos\theta_2)^2 = 4Z_1 Z_2 \cos\theta_1 \cos\theta_2$$

에 $Z_1/Z_2 \approx n_2/n_1$와 $\sin\theta_2 = (n_1/n_2)\sin\theta_1$을 대입하면 된다.

[5.8] 진동수가 ω인 전자기파가 수직으로 매질 I(굴절률 n_1)에서 두께 a의 매질 II(굴절률 n_2)를 뚫고 매질 III(굴절류 n_3)를 지나갈 때의 투과율[식 (5.133)]를 구하라. $\mu_1 = \mu_2 = \mu_3 = \mu$로 가정하라.

풀이 I과 II 영역에서는 반사파가 있으므로 오른쪽(right)과 왼쪽(left) 방향으로 진행하는 파가 모두 있으며 III 영역에서는 오른쪽 방향으로 진행하는 파만 있다. 따라서 $k = \omega/v$이므로 x 방향으로 진행하는 파인 경우 식 (5.104)로부터

$$\text{I 영역 : } \mathbf{E}_1(x,\ t) = (E_{1r}^0\, e^{j(\omega t - k_1 x)} + E_{1l}^0\, e^{j(\omega t + k_1 x)})\hat{\mathbf{y}}$$

$$\mathbf{B}_1(x,\ t) = \frac{1}{v_1}(E_{1r}^0\, e^{j(\omega t - k_1 x)} - E_{1l}^0\, e^{j(\omega t + k_1 x)})\hat{\mathbf{z}}$$

$$\text{II 영역 : } \mathbf{E}_2(x,\ t) = (E_{2r}^0\, e^{j(\omega t - k_2 x)} + E_{2l}^0\, e^{j(\omega t + k_2 x)})\hat{\mathbf{y}}$$

$$\mathbf{B}_2(x,\ t) = \frac{1}{v_2}(E_{2r}^0\, e^{j(\omega t - k_2 x)} - E_{2l}^0\, e^{j(\omega t + k_2 x)})\hat{\mathbf{z}}$$

$$\text{III 영역 : } \mathbf{E}_3(x,\ t) = E_{3r}^0\, e^{j(\omega t - k_3 x)}\hat{\mathbf{y}}$$

$$\mathbf{B}_3(x,\ t) = \frac{1}{v_3} E_{3r}^0\, e^{j(\omega t - k_3 x)}\hat{\mathbf{z}}$$

이고, 여기에 경계면에 나란한 성분 $\mathbf{E}_\parallel$과 $\mathbf{B}_\parallel$가 연속이라는 경계조건[식 (3.19)과 (3.22)]을 적용하면[$J_s = 0,\ \mu_1 = \mu_2$]

$$x = 0\ :\ E_{1r}^0 + E_{1l}^0 = E_{2r}^0 + E_{2l}^0 \tag{*-1}$$

$$\left[E_{1r}^0 - E_{1l}^0\right]/v_1 = (E_{2r}^0 - E_{2l}^0)/v_2 \tag{*-2}$$

$$x=a\ :\ E_{2r}^{0}\,e^{-jk_2a}+E_{2l}^{0}\,e^{jk_2a}=E_{3r}^{0}\,e^{-jk_3a} \tag{*-3}$$

$$\left[E_{2r}^{0}\,e^{-jk_2a}-E_{2l}^{0}\,e^{jk_2a}\right]/v_2=E_{3r}^{0}\,e^{-jk_3a}/v_3 \tag{*-4}$$

이다. 식 (*−1)과 (*−2)로부터

$$E_{2r}^{0}=\frac{1}{2}E_{1r}^{0}\left(1+\frac{v_2}{v_1}\right)+\frac{1}{2}E_{1l}^{0}\left(1-\frac{v_2}{v_1}\right)$$

$$E_{2l}^{0}=\frac{1}{2}E_{1r}^{0}\left(1-\frac{v_2}{v_1}\right)+\frac{1}{2}E_{1l}^{0}\left(1+\frac{v_2}{v_1}\right)$$

이므로 $\alpha=v_2/v_1$, $\beta=v_3/v_2$로 두고 위 식들을 식 (*−3)과 (*−4)에 대입하면

$$\begin{aligned}&[E_{1r}^{0}(1+\alpha)+E_{1l}^{0}(1-\alpha)]e^{-jk_2a}\\&\quad+[E_{1r}^{0}(1-\alpha)+E_{1l}^{0}(1+\alpha)]e^{jk_2a}=2E_{3r}^{0}\,e^{-jk_3a}\end{aligned} \tag{*-5}$$

$$\begin{aligned}&\beta[E_{1r}^{0}(1+\alpha)+E_{1l}^{0}(1-\alpha)]e^{-jk_2a}\\&\quad-\beta[E_{1r}^{0}(1-\alpha)+E_{1l}^{0}(1+\alpha)]e^{jk_2a}=2E_{3r}^{0}\,e^{-jk_3a}\end{aligned} \tag{*-6}$$

이다. 식 (*−5)는

$$\begin{aligned}&E_{1l}^{0}\left[(1-\alpha)e^{-jk_2a}+(1+\alpha)e^{jk_2a}\right]\\&=-E_{1r}^{0}\left[(1+\alpha)e^{-jk_2a}+(1-\alpha)e^{jk_2a}\right]+2E_{3r}^{0}\,e^{-jk_3a}\end{aligned}$$

이므로 이것을 식 (*−6)

$$\begin{aligned}&E_{1r}^{0}\beta\left[(1+\alpha)e^{-jk_2a}-(1-\alpha)e^{jk_2a}\right]\\&+E_{1l}^{0}\beta\left[(1-\alpha)e^{-jk_2a}-(1+\alpha)e^{jk_2a}\right]=2E_{3r}^{0}\,e^{-jk_3a}\end{aligned}$$

에 대입하면

$$\begin{aligned}&E_{1r}^{0}\beta\left[(1+\alpha)e^{-jk_2a}-(1-\alpha)e^{jk_2a}\right]\times\left[(1-\alpha)e^{-jk_2a}+(1+\alpha)e^{jk_2a}\right]\\&+\beta\left[(1-\alpha)e^{-jk_2a}-(1+\alpha)e^{jk_2a}\right]\\&\times\left[-E_{1r}^{0}\left\{(1+\alpha)e^{-jk_2a}+(1-\alpha)e^{jk_2a}\right\}+2E_{3r}^{0}\,e^{-jk_3a}\right]\\&=2E_{3r}^{0}\times\left[(1-\alpha)e^{-jk_2a}+(1+\alpha)e^{jk_2a}\right]e^{-jk_3a}\end{aligned}$$

이 된다. 이것을 정리하면

$$
\begin{aligned}
&2E_{1r}\beta\left[(1+\alpha)^2-(1-\alpha)^2\right]\\
&=2E_{3r}^0\,e^{-jk_3a}\times\left[(1-\alpha)(1-\beta)e^{-jk_2a}+(1+\alpha)(1+\beta)e^{jk_2a}\right]\\
&=2E_{3r}^0\,e^{-jk_3a}\times\left[(1+\alpha\beta)2\cos(k_2a)+2j(\alpha+\beta)\sin(k_2a)\right]
\end{aligned}
$$

이 된다. 따라서 식 (5.133)으로부터[$Z_i=\mu v_i$, $\theta_1=\theta_2=0$] 투과율 T는

$$
\begin{aligned}
\frac{1}{T}=\frac{v_3|E_{1r}^0|^2}{v_1|E_{3r}^0|^2}&=\frac{v_3|(1+\alpha\beta)2\cos(k_2a)+2j(\alpha+\beta)\sin(k_2a)|^2}{v_1\left[\beta\{(1+\alpha)^2-(1-\alpha)^2\}\right]^2}\\
&=\frac{v_3\left[4(1+\alpha\beta)^2\cos^2(k_2a)+4(\alpha+\beta)^2\sin^2(k_2a)\right]}{v_1 16\alpha^2\beta^2}\\
&=\frac{v_3\left[(1+\alpha\beta)^2+\{(\alpha+\beta)^2-(1+\alpha\beta)^2\}\sin^2(k_2a)\right]}{4v_1\alpha^2\beta^2}\\
&=\frac{v_3\left[(1+\alpha\beta)^2+\left[\alpha^2+\beta^2-1-\alpha^2\beta^2\right]\sin^2(k_2a)\right]}{4v_1\alpha^2\beta^2}\\
&=\frac{v_3\left[(1+\alpha\beta)^2-(1-\alpha^2)(1-\beta^2)\sin^2(k_2a)\right]}{4v_1\alpha^2\beta^2}
\end{aligned}
$$

에서 $v_i=c/n_i$, $\alpha=v_2/v_1=n_1/n_2$, $\beta=v_3/v_2=n_2/n_3$이므로

$$
\begin{aligned}
\frac{1}{T}&=\frac{n_1}{n_3}\frac{\left[(1+n_1/n_3)^2-\left[(1-n_1^2/n_2^2)(1-n_2^2/n_3^2)\right]\sin^2(k_2a)\right]}{4n_1^2/n_3^2}\\
&=\frac{1}{4n_1n_3}\left[(n_1+n_3)^2-\frac{(n_2^2-n_1^2)(n_3^2-n_2^2)}{n_2^2}\sin^2(k_2a)\right].
\end{aligned}
$$

[5.9] 전기장이 입사평면에 수직인 경우 소멸파에 의해 매질을 관통하여 전달되는 평균에너지는 없음을 보여라.

풀이 식 (5.115)로부터[$D\equiv jK_{2z}$]

$$
\mathbf{E}_2=E_2^0\,e^{Dz}\,e^{j(\omega t-k_{2x}x)}\hat{\mathbf{y}}
$$

이고 식 (5.104)로부터($E_2 = E_2^0 e^{Dz}$)

$$\mathbf{H}_2 = \frac{1}{\mu_2 \omega} \mathbf{k}_2 \times \mathbf{E}_2 = \frac{1}{\mu_2 \omega} k_{2x} E_2 \hat{\mathbf{z}} - \frac{1}{\mu_2 \omega} k_{2z} E_2 \hat{\mathbf{x}}$$
$$= \frac{1}{\mu_2 \omega} k_{2x} E_2 \hat{\mathbf{z}} + \frac{jD}{\mu_2 \omega} E_2 \hat{\mathbf{x}}$$

이므로 전달되는 에너지의 시간 평균값은

$$\overline{\mathbf{P}}_2 = < |\mathrm{Re}\{\mathbf{E}_2\} \times \mathrm{Re}\{\mathbf{H}_2\}| >$$
$$= \frac{1}{\mu_2 \omega} \left(E_2^0\right)^2 e^{2Dz} \left[k_{2x} < \cos^2(\omega t - k_{2x} x) > \hat{\mathbf{x}}\right.$$
$$\left. - D < \cos(\omega t - k_{2x} x) \sin(\omega t - k_{2x} x) > \hat{\mathbf{z}}\right]$$

이다. 여기서 $< \cos(\omega t - k_{2x} x) \sin(\omega t - k_{2x} x) > = 0$ 이고 $< \cos^2(\omega t - k_{2x} x) > = 1/2$ 이므로 $\hat{\mathbf{z}}$ 방향으로 전달되는 에너지는 없고 $\hat{\mathbf{x}}$ 방향으로만

$$\overline{P}_{2x} = \frac{k_{2x}}{2\mu_2 \omega} \left(E_2^0\right)^2 e^{-2D|z|}$$

의 에너지가 평균적으로 전달된다. 매질 내에는 수많은 경계면이 있으므로 내부반사에 의해 평균적으로 투과되는 에너지는 없고 수평 방향으로만 에너지가 전달된다. 이것을 내부전반사라 하고 이것에 의해 입사파와 반사파의 위상차가 생긴다.

CHAPTER 06

전자기학의 특수해법

6.1 영상법

[6.1] 반지름 a의 접지된 도체구 중심에서 거리 $d(>a)$인 지점에 점전하 Q가 있다.

(a) 영상전하의 크기와 위치를 구하라.

(b) 임의의 지점$(r,\ \theta)$에서의 전기퍼텐셜을 구하라. $r=a$이면 어떻게 되는가?

(c) 전기장을 구하라.

(d) 표면에서 전기장의 접선성분을 구하라.

(e) 표면 전하밀도 ρ_{s}와 유도전하 $Q_{유도}$를 구하라.

(f) 영상전하가 원전하에 가하는 힘을 구하라.

풀이

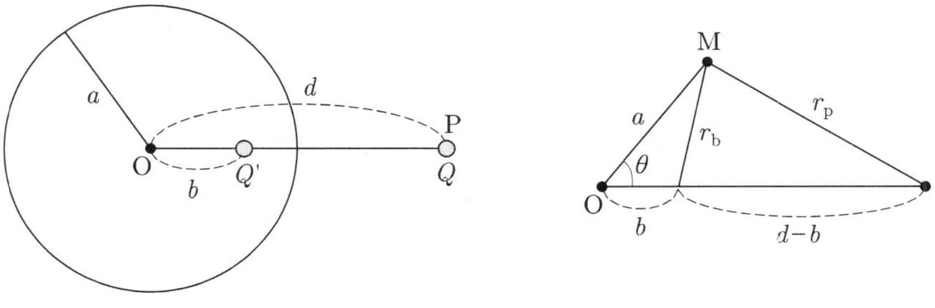

(a) 그림과 같이 영상전하의 전하를 Q'으로 두고 위치는 대칭성에 의해 b라 하자. 접지되어 있으므로 도체 표면의 M 지점의 전위는 0이므로

$$\frac{1}{4\pi\epsilon_0}\left(\frac{Q}{r_{\rm p}}+\frac{Q'}{r_{\rm b}}\right)=0$$

따라서 식 (B.7)로부터

$$-\frac{Q'}{Q}=\frac{r_{\rm b}}{r_{\rm p}}=\frac{(a^2+b^2-2ab\cos\theta)^{1/2}}{(a^2+d^2-2ad\cos\theta)^{1/2}}$$

$$=\frac{a}{d}\left[\frac{1+(b/a)^2-2(b/a)\cos\theta}{1+(a/d)^2-2(a/d)\cos\theta}\right]^{1/2}$$

이다. 이 식은

$$b=\frac{a^2}{d},\quad Q'=-\frac{a}{d}Q$$

일 때 만족된다.

(b) 아래 그림과 같은 좌표를 선택한다.

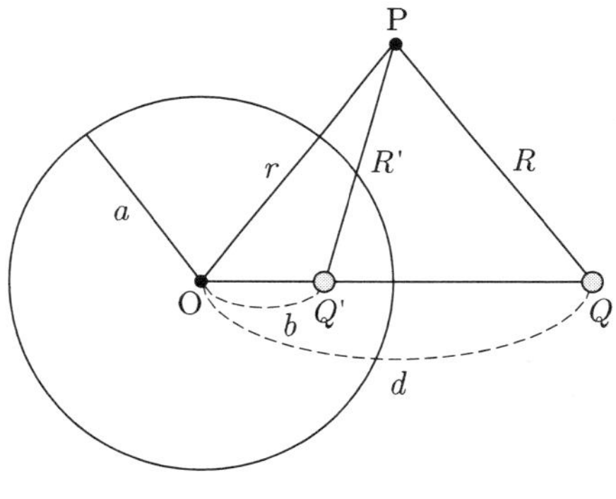

$$V(r,\ \theta)=\frac{1}{4\pi\epsilon_0}\left(\frac{Q}{R}+\frac{Q'}{R'}\right)=\frac{Q}{4\pi\epsilon_0}\left(\frac{1}{R}-\frac{a/d}{R'}\right)$$

여기서

$$R^2=r^2+d^2-2rd\cos\theta$$

$$R'^2=r^2+(a^2/d)^2-2r(a^2/d)\cos\theta$$

이고 $r=a$이면

$$\frac{a/d}{R'} = \frac{a}{d}[a^2 + (a^2/d)^2 - 2a(a^2/d)\cos\theta]^{-1/2} = \frac{1}{R}$$

이므로

$$V(a,\ \theta) = 0.$$

(c) 식 (2.12a) $\mathbf{E} = -\nabla V$에 식 (1.51)를 사용하면

$$E_r = -\frac{\partial V}{\partial r} = \frac{Q}{4\pi\epsilon_0}\left[\frac{r - d\cos\theta}{R^3} - \frac{(a/d)\{r - (a^2/d)\cos\theta\}}{R'^3}\right]$$

$$E_\theta = -\frac{1}{r}\frac{\partial V}{\partial\theta} = \frac{Qd\sin\theta}{4\pi\epsilon_0}\left[\frac{1}{R^3} - \frac{(a/d)^3}{R'^3}\right].$$

(d) $$\left[\frac{1}{R^3} - \frac{(a/d)^3}{R'^3}\right]_{r=a} = \frac{1}{(a^2 + d^2 - 2ad\cos\theta)^{3/2}} - \left(\frac{a}{d}\right)^3 \frac{1}{[a^2 + (a^2/d)^2 - 2(a^3/d)\cos\theta]^{3/2}} = 0$$

이므로 $E_\theta(r = a) = 0$이다.

(e) 식 (2.36)으로부터

$$\begin{aligned}
\rho_s &= \epsilon_0 E_r(a,\ \theta) \\
&= \frac{Q}{4\pi}\left[\frac{a - d\cos\theta}{(a^2 + d^2 - 2ad\cos\theta)^{3/2}} - \frac{a}{d}\frac{a - (a^2/d)\cos\theta\}}{[a^2 + (a^2/d)^2 - 2(a^3/d)\cos\theta]^{3/2}}\right] \\
&= \frac{Q}{4\pi}\left[\frac{a - d\cos\theta}{(a^2 + d^2 - 2ad\cos\theta)^{3/2}} - \left(\frac{d}{a}\right)^2\frac{a - (a^2/d)\cos\theta\}}{[a^2 + d^2 - 2ad\cos\theta]^{3/2}}\right] \\
&= \frac{Q(a^2 - d^2)}{4\pi a}\frac{1}{(a^2 + d^2 - 2ad\cos\theta)^{3/2}}
\end{aligned}$$

이고 $Q_{유도} = \int \rho_s\, da$ 에 $da = a^2\sin\theta\, d\theta\, d\phi$를 대입하면

$$\begin{aligned}
Q_{유도} &= \frac{Q(a^2 - d^2)}{4\pi a}\int_0^{2\pi} d\phi \int_0^{\pi} \frac{a^2\sin\theta\, d\theta}{[a^2 + d^2 - 2ad\cos\theta]^{3/2}} \\
&= \frac{aQ(a^2 - d^2)}{2}\int_{-1}^{1}\frac{dt}{[a^2 + d^2 - 2a\,dt]^{3/2}}
\end{aligned}$$

이다. 따라서 $a^2 + d^2 - 2atd \equiv u$로 두면

$$Q_{유도} = \frac{aQ(a^2-d^2)}{2}\frac{-1}{2ad}\int u^{-3/2}du$$

$$= \frac{aQ(a^2-d^2)}{2}\frac{-1}{2ad}(-2)\frac{1}{\sqrt{a^2+d^2-2atd}}\Bigg|_{t=-1}^{1}$$

$$= \frac{aQ(a^2-d^2)}{2ad}\left[\frac{1}{\sqrt{(a-d)^2}}-\frac{1}{\sqrt{(a+d)^2}}\right]$$

$$= \frac{aQ(a^2-d^2)}{2ad}\left[\frac{1}{d-a}-\frac{1}{d+a}\right]$$

$$= -\frac{a}{d}Q\,[\text{영상전하와 같다}].$$

(f) $F = \dfrac{QQ'}{4\pi\epsilon_0}\dfrac{1}{(d-b)^2} = -\dfrac{Q^2ad}{4\pi\epsilon_0(d^2-a^2)^2}$ [− : 인력]

[6.2] 연습문제 6.1에서 점전하가 도체구 안에 있을 때 영상전하의 크기와 위치를 구하라.

풀이

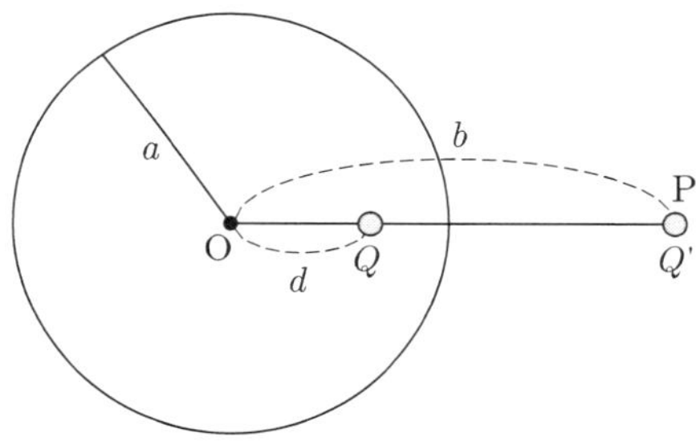

위 그림을 연습문제 6.1(a)와 비교하면 $d \Leftrightarrow b$, $Q \Leftrightarrow Q'$이므로

$$d = \frac{a^2}{b}, \quad Q = -\frac{a}{b}Q'$$

이다. 따라서

$$b = \frac{a^2}{d}, \quad Q' = -\frac{b}{a}Q = -\frac{a}{d}Q.$$

[6.3] 선 전하밀도가 λ인 직선전하가 반지름 a인 원통도체의 주심축에서 수직거리 $D\ (>a)$ 지점에 나란하게 놓여 있다. 임의의 지점에서의 전위를 구하라.

풀이

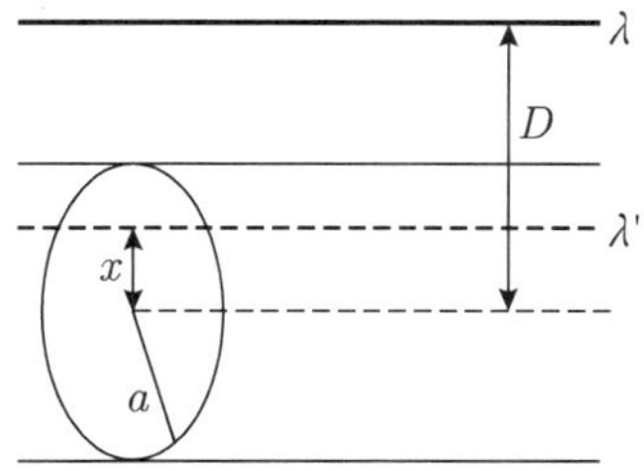

연습문제 2.6(a)에 의해 선 전하밀도 λ의 직선전하에서 수직거리 r인 지점의 전위는

$$V(r) = -\frac{\lambda}{2\pi\epsilon_0}\ln\left(\frac{r}{c}\right)$$

이므로 등전위면은 원통이다. 영상전하를 그림과 같이 선 전하밀도 λ'의 직선전하로 둔다. 도체 표면에서의 전위는 일정하고 연습문제 2.6(b)에 의해 선 전하밀도 $\pm\lambda$의 두 직선전하에 의한 등전위면은 원통이므로 $\lambda' = -\lambda$이다. 따라서 임의의 지점의 전위는

$$V(r) = \frac{\lambda}{2\pi\epsilon_0}\ln\left(\frac{r_-}{r_+}\right)$$

이다. $r_+(r_-)$는 $+(-)$ 선전하로부터의 직선거리이다. 연습문제 2.6(b)에서 $y_0 = x + d$, $R^2 = y_0^2 - d^2$이고 $R = a$이므로

$$a^2 = (x+d)^2 - d^2 = x^2 + 2xd$$

이다. 따라서 $D = 2d + x$를 대입하면

$$a^2 = x^2 + 2x(D-x)/2 = xD$$

즉

$$x = a^2/D.$$

6.2 변수분리 방법

[6.4] 간격이 d이고 전위차가 V_0인 평행판 축전기가 있다. 라플라스 방정식을 풀어서 전위, 전기장, 표면 전하밀도를 구하라.

풀이 $d^2V/dx^2 = 0$로부터

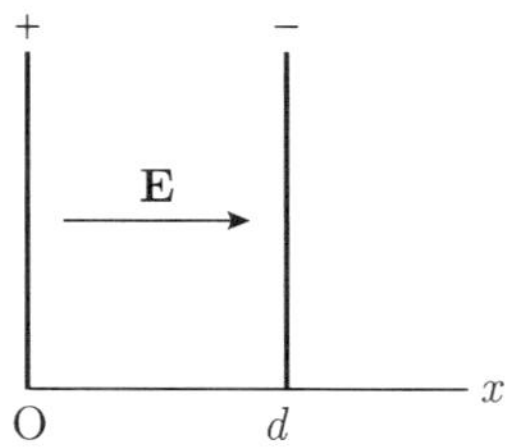

$$V(x) = -\frac{V_0 x}{d}, \quad \mathbf{E} = -\hat{\mathbf{x}}\frac{\partial V}{\partial x} = \hat{\mathbf{x}}\frac{V_0}{d}$$

이고 축전기 외부에서는 전기장이 0이라고 가정하면 식 (3.20)으로부터

$$\rho_s(\text{음극}) = \epsilon_0 \hat{\mathbf{n}} \cdot \mathbf{E} = -\frac{\epsilon_0 V}{d}, \quad \rho_s(\text{양극}) = \frac{\epsilon_0 V}{d}.$$

[6.5] 반지름이 a인 유전체[유전율 ϵ_1] 원통이 축과 수직 방향인 균일한 전기장 $\mathbf{E}_0$ 안에 놓여 있다. 원통 밖의 임의의 지점에서의 전위를 구하라. 원통은 유전율이 ϵ_2인 유전체로 둘러싸여 있다.

풀이 (i) 예 6.4로부터 $r > a$일 때는 $V(r \to \infty) \neq \infty$이므로

$$V_{\text{out}} = -E_0 r \cos\theta + \sum_{n=1}^{\infty} b_n r^{-n} \cos(n\theta)$$

이고 $r < a$일 때는 $V(r \to 0) \neq \infty$이므로

$$V_{\text{in}} = -E_0 r \cos\theta + \sum_{n=1}^{\infty} a_n r^n \cos(n\theta)$$

$$= \sum_{n=1}^{\infty} A_n r^n \cos(n\theta) \; [A_1 = a_1 - E_0, \; A_i = a_i \; (i \neq 1)].$$

(ii) 연습문제 3.6의 V의 경계조건으로부터

$$V_{\text{out}}(r = a) = V_{\text{in}}(r = a)$$

이고 D의 경계조건인 식 (3.20)으로부터

$$\text{D} : \epsilon_2 \left(\frac{\partial V_{\text{out}}}{\partial r} \right)_{r=a} = \epsilon_1 \left(\frac{\partial V_{\text{in}}}{\partial r} \right)_{r=a}$$

즉

$$\epsilon_2 \left[-E_0 \cos\theta - \sum_{i=1}^{\infty} n b_n a^{-n-1} \cos(n\theta) \right] = \epsilon_1 \sum_{i=1}^{\infty} n A_n a^{n-1} \cos(n\theta)$$

이므로

$$n = 1 \text{일 때} : -E_0 + b_1 a^{-2} = A_1, \; -\epsilon_2 (E_0 + b_1 a^{-2}) = \epsilon_1 A_1$$

$$\Rightarrow -\epsilon_2 (E_0 + b_1 a^{-2}) = \epsilon_1 (-E_0 + b_1 a^{-2})$$

$$\Rightarrow b_1 = \frac{\epsilon_1 - \epsilon_2}{\epsilon_1 + \epsilon_2} a^2 E_0$$

$$A_1 = -E_0 + b_1 a^{-2} = -E_0 + \frac{\epsilon_1 - \epsilon_2}{\epsilon_1 + \epsilon_2} a^2 E_0 a^{-2}$$

$$= -\frac{2\epsilon_2}{\epsilon_1 + \epsilon_2} E_0$$

$$n \neq 1 \text{일 때} : b_n a^{-n} = A_n a^n, \; -\epsilon_2 b_n a^{-n-1} = \epsilon_1 A_n a^{n-1}$$

$$\Rightarrow b_n = A_n = 0.$$

이다. 따라서

$$V_{\text{out}} = -E_0 \left(r - \frac{\epsilon_1 - \epsilon_2}{\epsilon_1 + \epsilon_2} \frac{a^2}{r} \right) \cos\theta$$

$$V_{\text{in}} = -\frac{2\epsilon_2 E_0}{\epsilon_1 + \epsilon_2} r \cos\theta.$$

[6.6] 반지름이 R_1, R_2인 동심구의 안쪽 구는 전위가 V_0이고 바깥쪽 구는 전위가 0이다. 구 껍질 사이의 전위를 구하라.

풀이 식 (6.8)에서 대칭성에 의해 전위가 r만의 함수이므로

$$\frac{d}{dr}\left(r^2\frac{dV}{dr}\right)=0$$

로부터 $r^2(dV/dr)=a$ (상수)이므로

$$V(r)=-\frac{a}{r}+b$$

이다. 따라서 $V(R_1)=V_0$, $V(R_2)=0$이므로 $b=a/R_2$이고

$$a=-R_1\left(V_0-\frac{a}{R_2}\right)$$

즉, $a=R_1R_2V_0/(R_1-R_2)$ 이다.

[6.7] 반지름 a의 도체구가 z축 방향의 일정한 전기장 $\mathrm{E}=E_0\hat{\mathbf{z}}$ 안에 있다. 구 표면의 전위가 V_0로 일정할 때 임의의 지점에서의 전위를 구하라.

풀이 E에 의한 전위가 $V_1=-\mathbf{E}\cdot\mathbf{r}=-E_0z=-E_0r\cos\theta$이고 유도전하에 의한 전위 V_2는 z축에 대해 대칭이므로($m=0$) 예 6.5(e)에서 $V(r\to\infty,\ \theta)\neq\infty$일 때

$$V_2=\sum_{n=0}^{m}(b_n/r^{n+1})P_n(\cos\theta)$$

이므로 식 (B.34)로부터 $\cos\theta=P_1(\cos\theta)$를 사용하면

$$V(r,\ \theta)=V_1+V_2=-E_0rP_1(\cos\theta)+\sum_{n=0}\frac{b_n}{r^{n+1}}P_n(\cos\theta)$$

이다. 구 표면에서는

$$V_0=-E_0aP_1(\cos\theta)+\sum_{n=0}\frac{b_n}{a^{n+1}}P_n(\cos\theta)$$

이므로 양변을 비교하면$[P_0(x)=1]$

$$n=0\text{일 때}:\ V_0=b_0/a$$

$$n=1\text{일 때}:\ 0=-E_0a+b_1/a^2$$

$$n>1\text{일 때}:\ b_n=0$$

이므로

$$V(r,\ \theta) = -E_0\left(r - \frac{a^3}{r^2}\right)\cos\theta + V_0\frac{a}{r}.$$

[6.8] 진공 내에서의 전위가 $V = x^2 + 2y^2 + z^2$일 때 부피 전하밀도를 구하라.

풀이 푸아송 방정식[식 (6.1)]

$$\nabla^2 V = \frac{\partial^2 x^2}{\partial x^2} + \frac{\partial^2 2y^2}{\partial x^2} + \frac{\partial^2 z^2}{\partial x^2} = 8 = -\frac{\rho}{\epsilon_0}$$

로부터

$$\rho = -8\epsilon_0.$$

[6.9] 반지름이 R인 구가 $\mathbf{M} = M_0\hat{\mathbf{z}}$로 일정하게 자화되어 있다. 자기 스칼라퍼텐셜과 자기장을 구하라.

풀이 예 6.7에서 $V_{\mathrm{m}}^{\mathrm{in}}(r=0,\ \theta) \neq \infty$, $V_{\mathrm{m}}^{\mathrm{out}}(r\to\infty,\ \theta) = 0$이므로

$$V_{\mathrm{m}}^{\mathrm{in}}(r,\ \theta) = \sum_n a_n r^n P_n(\cos\theta)$$

$$V_{\mathrm{m}}^{\mathrm{out}}(r,\ \theta) = \sum_n d_n r^{-n-1} P_n(\cos\theta)$$

이고 식 (2.53)와 식 (6.10)으로부터 $\mathbf{M}$이 있을 때는 $\mathbf{B} = -\mu_0\nabla V_{\mathrm{m}} + \mu_0\mathbf{M}$이고 $\mathbf{H} = -\mu_0\nabla V_{\mathrm{m}}$이므로 식 (1.51)로부터

$$B_{\mathrm{n}}^{\mathrm{in}}(r,\ \theta) = -\mu_0\frac{\partial V_{\mathrm{m}}^{\mathrm{in}}}{\partial r} + \mu_0 M_0\cos\theta$$

$$= -\mu_0\sum_{n=0}^{\infty} n a_n r^{n-1} P_n(\cos\theta) + \mu_0 M_0\cos\theta$$

$$B_{\mathrm{n}}^{\mathrm{out}}(r,\ \theta) = -\mu_0\frac{\partial V_{\mathrm{m}}^{\mathrm{out}}}{\partial r} = \mu_0\sum_{n=0}^{\infty}(n+1)\frac{d_n}{r^{n+2}}P_n(\cos\theta)$$

$$H_{\mathrm{t}}^{\mathrm{in}}(r,\ \theta) = -\frac{1}{r}\frac{\partial V_{\mathrm{m}}^{\mathrm{in}}}{\partial\theta} = -\frac{1}{r}\sum_{n=0}^{\infty} a_n r^n P_n{}'(\cos\theta)$$

$$H_t^{out}(r,\ \theta) = -\frac{1}{r}\frac{\partial V_m^{out}}{\partial\theta} = -\frac{1}{r}\sum_{n=0}^{\infty}\frac{d_n}{r^{n+1}}P_n{}'(\cos\theta)$$

이다. 따라서 식 (3.21) $B_n^{in}(R,\ \theta) = B_n^{out}(R,\ \theta)$로부터

$$n = 1\ :\ a_1 - M_0 = -2d_1R^{-3} \qquad (*-1)$$

$$n \neq 1\ :\ -na_nR^{n-1} = (n+1)\,d_nR^{-(n+2)} \qquad (*-2)$$

이고 식 (3.22) $H_t^{in}(R,\ \theta) = H_t^{out}(R,\ \theta)$로부터

$$a_nR^n = d_nR^{-(n+1)} \quad (*-3)$$

이다. 식 (*−3)을 식 (*−1)에 대입하면

$$a_1 - M_0 = -2R^{-3}a_1R^3$$

이므로 $a_1 = M_0/3$, $d_1 = M_0R^3/3$이고 식 (*−2)로부터 $n \neq 1$일 때는 $a_n = d_n = 0$이다. 따라서

$$V_m^{in}(r,\ \theta) = \frac{1}{3}M_0 r\cos\theta$$

$$V_m^{out}(r,\ \theta) = \frac{M_0R^3}{3r^2}\cos\theta$$

이고 식 (1.51)과 그림 3.9로부터

$$\begin{aligned}\mathbf{B}^{in} &= -\mu_0\left[\hat{\mathbf{r}}\frac{\partial V_m^{in}}{\partial r} + \hat{\boldsymbol{\theta}}\frac{1}{r}\frac{\partial V_m^{in}}{\partial\theta}\right] + \mu_0M_0\cos\theta\,\hat{\mathbf{r}} - \mu_0M_0\sin\theta\,\hat{\boldsymbol{\theta}} \\ &= \frac{2}{3}\mu_0M_0(\cos\theta\,\hat{\mathbf{r}} - \sin\theta\,\hat{\boldsymbol{\theta}})\end{aligned}$$

$$\mathbf{B}^{out} = -\mu_0\left[\hat{\mathbf{r}}\frac{\partial V_m^{out}}{\partial r} + \hat{\boldsymbol{\theta}}\frac{1}{r}\frac{\partial V_m^{out}}{\partial\theta}\right] = \frac{\mu_0M_0}{3}\left(\frac{R}{r}\right)^3(2\cos\theta\,\hat{\mathbf{r}} + \sin\theta\,\hat{\boldsymbol{\theta}})$$

이다. $\theta = 0$이면 예 4.16의 결과와 같다.

6.3 그린함수 방법

[6.10] 예 6.8에서 $r > R$이다.

(a) 임의의 θ에 대해서 $V(\mathbf{r})$을 $\cos\alpha$로 멱급수 전개하라.

(b) $\cos\alpha$ 항을 적분하라.

(c) $\cos^3\alpha$ 항을 적분하라.

(d) 결과를 구하라.

(e) $r \gg R$일 때는 어떻게 되는가?

(f) $\theta = 0$, $\rho = R/z$일 때는 어떻게 되는가?

풀이 (a) 식 (1.34)를 고려하면

$$\mathbf{r}' = r'(\sin\theta'\cos\phi'\hat{\mathbf{x}} + \sin\theta'\sin\phi'\hat{\mathbf{y}} + \cos\theta'\hat{\mathbf{z}})$$

$$\mathbf{r} = r(\sin\theta\cos\phi\hat{\mathbf{x}} + \sin\theta\sin\phi\hat{\mathbf{y}} + \cos\theta\hat{\mathbf{z}})$$

로부터

$$\begin{aligned}\mathbf{r}'\cdot\mathbf{r} &= rr'[\sin\theta'\sin\theta\cos\phi'\cos\phi + \sin\theta'\sin\theta\sin\phi'\sin\phi + \cos\theta'\cos\theta]\\ &= rr'[\sin\theta'\sin\theta\cos(\phi-\phi') + \cos\theta\cos\theta'] = rr'\cos\alpha\end{aligned}$$

이므로

$$\cos\alpha = [\sin\theta'\sin\theta\cos(\phi-\phi') + \cos\theta\cos\theta']$$

이다. 따라서 $da' = R^2\sin\theta' d\theta' d\phi'$[표 1.2]이므로

$$\begin{aligned}V(\mathbf{r}) &= \frac{1}{4\pi}\int_0^{2\pi} d\phi' \int_0^{\pi} \sin\theta' d\theta' V(R, \theta', \phi') \frac{R(r^2-R^2)}{(r^2+R^2-2Rr\cos\alpha)^{3/2}}\\ &= \frac{VR(r^2-R^2)}{4\pi}\int_0^{2\pi} d\phi' \left[-\int_0^{\pi/2} d(\cos\theta') + \int_{\pi/2}^{\pi} d(\cos\theta')\right]\\ &\quad\times\frac{1}{(r^2+R^2-2Rr\cos\alpha)^{3/2}}\end{aligned}$$

이고 두 번째 적분에서 $\theta' \to \pi + \theta'$로 두면

$$\cos\theta' \to -\cos\theta',\ \sin\theta' \to -\sin\theta',\ \cos\alpha \to -\cos\alpha$$

이므로

$$V(r,\ \theta,\ \phi) = \frac{VR(r^2 - R^2)}{4\pi}\int_0^{2\pi} d\phi' \int_0^1 d(\cos\theta')$$
$$\times\left[\frac{1}{(r^2 + R^2 - 2Rr\cos\alpha)^{3/2}} - \frac{1}{(r^2 + R^2 + 2Rr\cos\alpha)^{3/2}}\right]$$

이 된다. 이것을 계산하기 위해 $t = Rr/(R^2 + r^2)$으로 두고 식 (B.12)의 이항전개

$$(1+x)^n = 1 + nx + \frac{n(n-1)}{2!}x^2 + \cdots$$

를 적용하면

$$\begin{aligned}
&(R^2 + r^2 - 2Rr\cos\alpha)^{-3/2} - (R^2 + r^2 + 2Rr\cos\alpha)^{-3/2} \\
&= (R^2 + r^2)^{-3/2}\left[(1 - 2t\cos\alpha)^{-3/2} - (1 + 2t\cos\alpha)^{-3/2}\right] \\
&= \frac{1}{(R^2 + r^2)^{3/2}}\left[-\frac{3}{2}(-2t\cos\alpha)2\right. \\
&\quad \left. + \frac{1}{3!}\left(-\frac{3}{2}\right)\left(-\frac{5}{2}\right)\left(-\frac{7}{2}\right)(-2t\cos\alpha)^3 2 + \cdots\right] \\
&= (R^2 + r^2)^{-3/2}\left[6t\cos\alpha + 35t^3\cos^3\alpha + \cdots\right]
\end{aligned}$$

이므로

$$\begin{aligned}
&V(r,\ \theta,\ \phi) \\
&= \frac{VR(r^2 - R^2)}{4\pi(R^2 + r^2)^{3/2}}\int_0^{2\pi} d\phi' \int_0^1 d(\cos\theta')(6t\cos\alpha + 35t^3\cos^3\alpha + \cdots).
\end{aligned}$$

(b) $\int_0^{2\pi}\cos(\phi - \phi')\,d\phi' = 0$이므로

$$\begin{aligned}
&\int_0^{2\pi} d\phi' \int_0^1 d(\cos\theta')\cos\alpha \\
&= \int_0^{2\pi} d\phi' \int_0^1 d(\cos\theta')[\cos\theta\cos\theta'] = 2\pi\cos\theta \cdot \frac{1}{2} = \pi\cos\theta.
\end{aligned}$$

(c) $$\begin{aligned}
\cos^3\alpha &= [\cos\theta\cos\theta' + \sin\theta\sin\theta'\cos(\phi - \phi')]^3 \\
&= \cos^3\theta\cos^3\theta' + 3\cos\theta\cos\theta'\sin^2\theta\sin^2\theta'\cos^2(\phi - \phi') \\
&\quad + 3\cos^2\theta\cos^2\theta'\sin\theta\sin\theta'\cos(\phi - \phi') + \sin^3\theta\sin^3\theta'\cos^3(\phi - \phi')
\end{aligned}$$

에서

$$\int_0^{2\pi} \cos^{\text{odd}}(\phi - \phi')d\phi' = 0$$

$$\int_0^{2\pi} \cos^2(\phi - \phi')d\phi' = \int_0^{2\pi} \frac{1 + \cos[2(\phi - \phi')]}{2} d\phi' = \pi$$

$$\int_0^1 \cos\theta' \sin^2\theta' d(\cos\theta') = \int_0^1 t(1 - t^2)dt = \frac{1}{4} = \int_0^1 \cos^3\theta' d(\cos\theta')$$

이므로

$$\int_0^{2\pi} d\phi' \int_0^1 d(\cos\theta')\cos^3\alpha = \frac{1}{4} 2\pi \cos^3\theta + 3\cos\theta \sin^2\theta \frac{1}{4}\pi$$

$$= \frac{\pi}{4} \cos\theta (3 - \cos^2\theta).$$

(d) $$V(r,\ \theta,\ \phi) = \frac{VR(r^2 - R^2)}{4\pi(r^2 + R^2)^{3/2}} \left[6t\pi\cos\theta + 35t^3 \frac{\pi}{4} \cos\theta(3 - \cos^2\theta) + \cdots \right]$$

$$= \frac{3VR(r^2 - R^2)Rr}{2(r^2 + R^2)^{5/2}} \cos\theta \left[1 + \frac{35}{24} \frac{R^2 r^2}{(R^2 + r^2)^2}(3 - \cos^2\theta) + \cdots \right]$$

(e) $\rho = R/r \ll 1$이라 두고 테일러 급수로 전개하면

$$V(r,\ \theta,\ \phi) = \frac{3V}{2}\rho^2[(1 - \rho^2)(1 + \rho^2)^{-5/2}]\cos\theta$$

$$\times \left[1 + \frac{35}{24} \frac{\rho^2}{(1 + \rho^2)^2}(3 - \cos^2\theta) + \cdots \right]$$

$$\approx \frac{3}{2} V\rho^2 \cos\theta \left[(1 - \rho^2)\left(1 - \frac{5}{2}\rho^2\right) \right] \left[1 + \frac{35}{24}\rho^2(3 - \cos^2\theta) + \cdots \right]$$

$$\approx \frac{3}{2} V\rho^2 \cos\theta \left(1 - \frac{7}{2}\rho^2\right) \left[1 + \frac{35}{24}\rho^2(3 - \cos^2\theta) + \cdots \right]$$

$$= \frac{3}{2} V\rho^2 \left[\cos\theta - \frac{7}{12}\rho^2 \left(\frac{5}{2}\cos^3\theta - \frac{3}{2}\cos\theta \right) + \cdots \right]$$

(f) $$V(z) = V\left[\frac{3R^2}{2z^2} - \frac{7}{8}\frac{R^4}{z^4} + \cdots \right] = V\left[1 - \left(1 - \frac{3R^2}{2z^2} + \frac{7}{8}\frac{R^4}{z^4} + \cdots\right) \right]$$

$$= V\left[1 - \left(1 - \frac{R^2}{z^2}\right)\left(1 - \frac{R^2}{2z^2} + \frac{3}{8}\frac{R^4}{z^4} - \cdots\right) \right]$$

$$\approx V\left[1-\left(1-\frac{R^2}{z^2}\right)\left(1+\frac{R^2}{z^2}\right)^{-1/2}\right]$$

$$= V\left[1-\frac{z^2-R^2}{z\sqrt{z^2+R^2}}\right] = [\text{예 } 6.8(\text{b})]$$

6.4 기타 방법

[6.11] 무한 유전체[유전율 ϵ_2] 안의 점전하 Q가 만드는 전기장 속에 놓인 반지름 a의 다른 유전체구[유전율 ϵ_1] 안과 밖의 전위를 구하라.

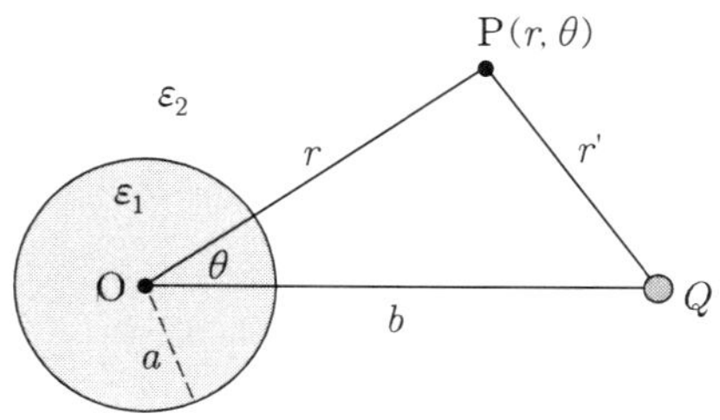

그림 6.5 연습문제 6.11

풀이 (i) $r > a$일 때 : 예 6.5로부터

$$V_{\text{out}} = \frac{Q}{4\pi\epsilon_2 r'} + \sum_{n=0}^{\infty}\frac{b_n}{r^{n+1}}P_n(\cos\theta)$$

이고 $r' = (r^2+b^2-2rb\cos\theta)^{1/2}$이므로 $b > r > a$일 때는 점전하 항은 예 6.10(c)의 결과를 사용하면

$$V_{\text{out}} = \sum_{n=0}^{\infty}\left[\frac{1}{4\pi\epsilon_2}\frac{Q}{b}\left(\frac{r}{b}\right)^n + \frac{b_n}{r^{n+1}}\right]P_n(\cos\theta).$$

(ii) $r < a$ (구 안)일 때 : 예 6.5로부터

$$V_{\text{in}} = \frac{Q}{4\pi\epsilon_1 r'} + \sum_{n=0}^{\infty}a_n r^n P_n(\cos\theta) = \sum_{n=0}^{\infty}A_n r^n P_n(\cos\theta)$$

$$[A_n = a_n + Q/4\pi\epsilon_1 b^2]$$

(ii) 경계조건 : V의 경계조건은 연습문제 3.6으로부터

$$V_{\text{out}}(r=a) = V_{\text{in}}(r=a)$$

이고 D의 경계조건인 식 (3.20)으로부터

$$D\ :\ \epsilon_2\left(\frac{\partial V_{\text{out}}}{\partial r}\right)_{r=a} = \epsilon_1\left(\frac{\partial V_{\text{in}}}{\partial r}\right)_{r=a}$$

이므로

$$\frac{1}{4\pi\epsilon_2}\frac{Q}{b^{n+1}}a^n + \frac{b_n}{a^{n+1}} = A_n a^n \qquad (*-1)$$

$$\frac{1}{4\pi}\frac{Q}{b^{n+1}}n a^{n-1} - \epsilon_2(n+1)\frac{b_n}{a^{n+2}}$$

$$= \epsilon_1 A_n n a^{n-1} = \epsilon_1\frac{n}{a}\left[\frac{1}{4\pi\epsilon_2}\frac{Q}{b^{n+1}}a^n + \frac{b_n}{a^{n+1}}\right] \qquad (*-2)$$

이다. 식 (*−2)의 마지막 단계에 식 (*−1)를 대입했다. 따라서

$$\frac{1}{4\pi}\frac{Q}{b^{n+1}}n a^{n-1}\left[1-\frac{\epsilon_1}{\epsilon_2}\right] = \frac{b_n}{a^{n+2}}\left[\epsilon_1 n + \epsilon_2(n+1)\right]$$

이므로

$$b_n = \frac{Q}{4\pi}\frac{\epsilon_2-\epsilon_1}{\epsilon_2}\frac{a^{2n+1}}{b^{n+1}}\frac{n}{n\epsilon_1+(n+1)\epsilon_2}$$

$$\begin{aligned}
A_n &= \frac{1}{4\pi\epsilon_2}\frac{Q}{b^{n+1}} + \frac{b_n}{a^{2n+1}} \\
&= \frac{1}{4\pi\epsilon_2}\frac{Q}{b^{n+1}} + \frac{Q}{4\pi}\frac{\epsilon_2-\epsilon_1}{\epsilon_2}\frac{1}{b^{n+1}}\frac{n}{n\epsilon_1+(n+1)\epsilon_2} \\
&= \frac{1}{4\pi\epsilon_2}\frac{Q}{b^{n+1}}\left[1+(\epsilon_2-\epsilon_1)\frac{n}{n\epsilon_1+(n+1)\epsilon_2}\right] \\
&= \frac{1}{4\pi}\frac{Q}{b^{n+1}}\left[\frac{2n+1}{n\epsilon_1+(n+1)\epsilon_2}\right].
\end{aligned}$$

6.5 보충문제

[6.1] 접지되지 않은 도체구 밖에 점전하가 있을 때 영상전하의 크기와 위치를 정하라.

풀이 접지되지 않았으므로 도체의 전하는 0이다. 따라서 Q'과 크기가 같고 부호가 반대인 다른 영상전하 Q''이 있어야 하고 도체 표면의 전위는 일정하므로 위치는 중심이어야 한다.

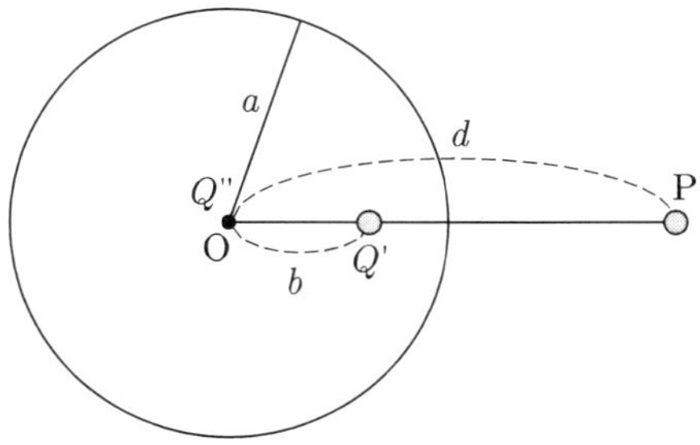

[6.2] 전위가 $\pm V_0$인 2개의 평행인 매우 긴 원통형 금속 도선[반지름 a]이 거리 D 만큼 떨어져 있다. 영상법으로 각 도선의 전하를 구하라.

풀이 연습문제 2.6(b)의 결과를 사용하기 위해 그림과 같이 선 전하밀도 $\pm\lambda$의 직선전하를 설정한다.

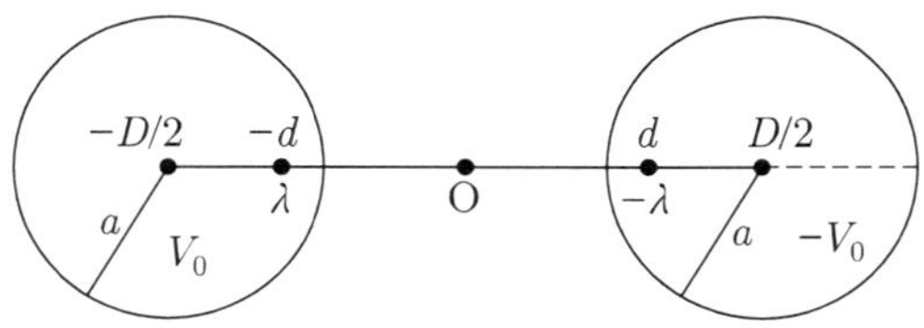

연습문제 2.6(b)로부터 $V_0 = (\lambda/4\pi\epsilon_0)\ln c$이므로

$$\frac{D}{2} = y_0 = d\frac{c+1}{c-1} = d\frac{e^{4\pi\epsilon_0 V_0/\lambda}+1}{e^{4\pi\epsilon_0 V_0/\lambda}-1}$$

$$= d\,\frac{e^{2\pi\epsilon_0 V_0/\lambda}+e^{-2\pi\epsilon_0 V_0/\lambda}}{e^{2\pi\epsilon_0 V_0/\lambda}-e^{-2\pi\epsilon_0 V_0/\lambda}} = d\coth\left(\frac{2\pi\epsilon_0 V_0}{\lambda}\right)$$

이고

$$a^2 = R^2 = y_0^2 - d^2 = d^2 \frac{\left(e^{4\pi\epsilon_0 V_0/\lambda} + 1\right)^2 - \left(e^{4\pi\epsilon_0 V_0/\lambda} - 1\right)^2}{\left(e^{4\pi\epsilon_0 V_0/\lambda} - 1\right)^2}$$

즉,

$$a = \frac{2d e^{2\pi\epsilon_0 V_0/\lambda}}{e^{4\pi\epsilon_0 V_0/\lambda} - 1} = \frac{d}{\sinh(2\pi\epsilon_0 V_0/\lambda)}$$

이다. 따라서

$$\frac{D}{2a} = \coth\left(\frac{2\pi\epsilon_0 V_0}{\lambda}\right)\sinh\left(\frac{2\pi\epsilon_0 V_0}{\lambda}\right) = \cosh\left(\frac{2\pi\epsilon_0 V_0}{\lambda}\right)$$

이므로

$$\lambda = \frac{2\pi\epsilon_0 V_0}{\cosh^{-1}(D/2a)}.$$

[6.3] 전기쌍극자 모멘트가 p인 점 쌍극자가 무한 도체판으로부터 수직거리가 d인 지점에 도체판의 법선에 대해 θ 방향으로 놓여 있다. 이 쌍극자의 안정된 상태를 구하라.

풀이

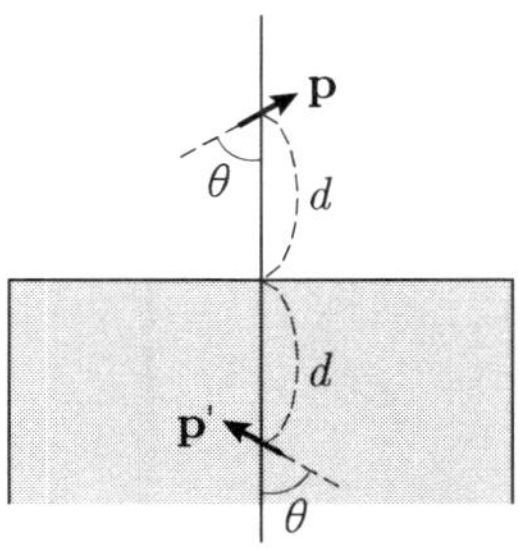

(a) 영상전하

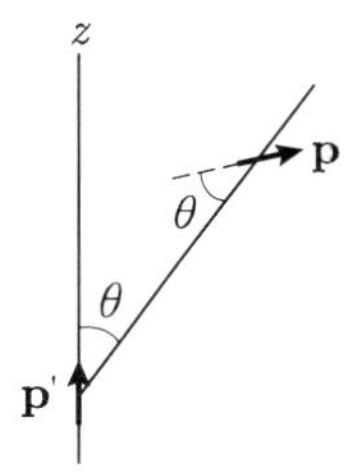

(b) 좌표 회전

그림 (a)와 같이 영상전하를 도입하고 이것을 그림 (b)와 같이 좌표회전을 하면 $|\mathbf{p}'| = |\mathbf{p}|$이고

$$\mathbf{p} = p\cos\theta\hat{\mathbf{r}} + p\sin\theta\hat{\boldsymbol{\theta}}$$

이다. 그림 3.9로부터 $\mathbf{p}' = p\cos\theta\hat{\mathbf{r}} - p\sin\theta\hat{\boldsymbol{\theta}}$ 이므로 $\mathbf{p}'$에 의한 $\mathbf{p}$가 있는 지점의

전기장은[그림 3.9 아래]

$$\mathbf{E}' = \frac{p}{4\pi\epsilon_0(2d)^3}(2\cos\theta\hat{\mathbf{r}} + \sin\theta\hat{\boldsymbol{\theta}})$$

이고 이것이 p에 가하는 토크는[식 (2.15)]

$$\mathbf{N} = \mathbf{p}\times\mathbf{E}' = \frac{p^2}{32\pi\epsilon_0 d^3}(\cos\theta\hat{\mathbf{r}} + \sin\theta\hat{\boldsymbol{\theta}})\times(2\cos\theta\hat{\mathbf{r}} + \sin\theta\hat{\boldsymbol{\theta}})$$

$$= -\hat{\phi}\frac{p^2\sin\theta\cos\theta}{32\pi\epsilon_0 d^3} = -\hat{\phi}\frac{p^2\sin 2\theta}{64\pi\epsilon_0 d^3} \text{ (지면 바깥쪽 방향)}$$

이다. 따라서 $\theta = 0,\ \pi/2,\ \pi$일 때 평형이지만 식 (2.16)에 의해 에너지가

$$U = -\mathbf{p}\cdot\mathbf{E}' = -\frac{p^2}{32\pi\epsilon_0 d^3}(2\cos^2\theta + \sin^2\theta)$$

이므로 $\theta = 0,\ \pi$일 때 최소이므로 안정하다. $0 < \theta < \pi/2$일 때는 $-\hat{\phi}$ 방향, $\pi/2 < \theta < \pi$일 때는 $\hat{\phi}$ 방향으로 회전력이 작용한다. 즉, $\theta = 0$ 근방에서는 θ가 감소하는 방향으로, $\theta = \pi$ 근방에서는 θ가 증가하는 방향으로 토크가 작용하므로 안정 평형점이고 $\theta = \pi/2$ 근방에서는 $\theta = \pi/2$에서 멀어지는 방향으로 토크가 작용하므로 불안정 평형점이다.

[6.4] 그림 6.6에서 접지된 도체 내의 영상전하를 구하라.

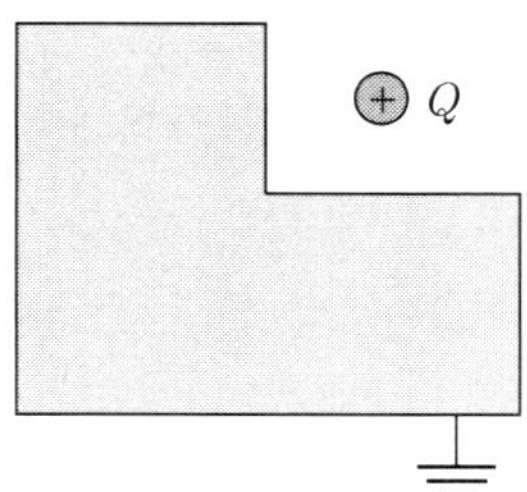

그림 6.6 보충문제 6.4

풀이 접지되었으므로 도체 내의 전하는 일정하지 않고 전위가 일정하므로 그림과 같이 영상전하는 대칭으로 분포한다.

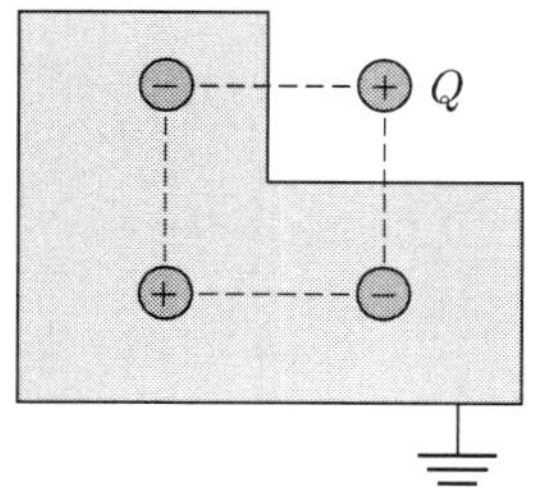

[6.5] 그림 6.7과 같이 나란한 두 접지된 평면 사이에 있는 점전하 Q 가 받는 힘을 구하라.

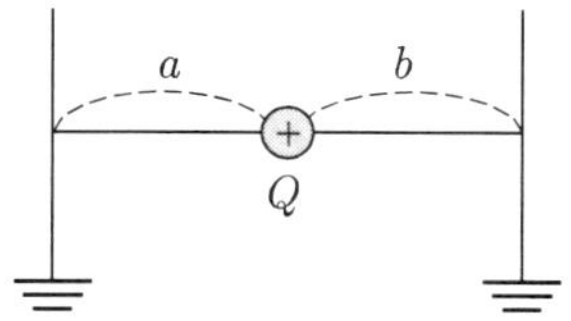

그림 6.7 보충문제 6.5

풀이 그림과 같이 영상전하를 도입한다.

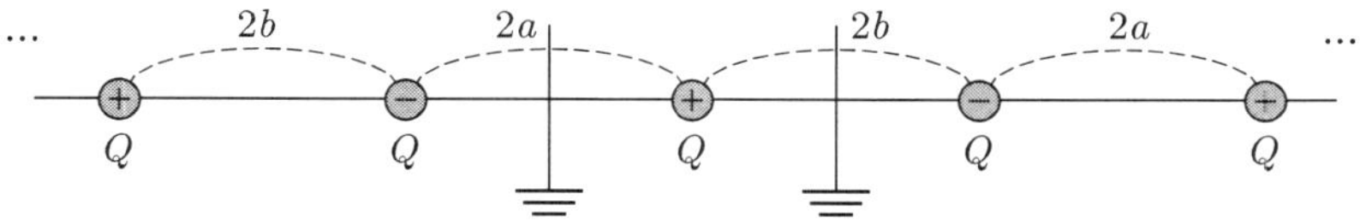

$$
\begin{aligned}
F &= F_{\text{오른쪽}} + F_{\text{왼쪽}} \\
&= \frac{Q^2}{4\pi\epsilon_0}\left[\frac{1}{(2b)^2} - \frac{1}{(2a+2b)^2} + \frac{1}{(2a+4b)^2} + \cdots\right] \\
&\quad - \frac{Q^2}{4\pi\epsilon_0}\left[\frac{1}{(2a)^2} - \frac{1}{(2a+2b)^2} + \frac{1}{(4a+2b)^2} + \cdots\right].
\end{aligned}
$$

[6.6] 유전율이 ϵ_1, ϵ_2인 두 유전체가 그림 6.8과 같이 접하고 있을 때 전하 Q가 받는 힘을 구하라.

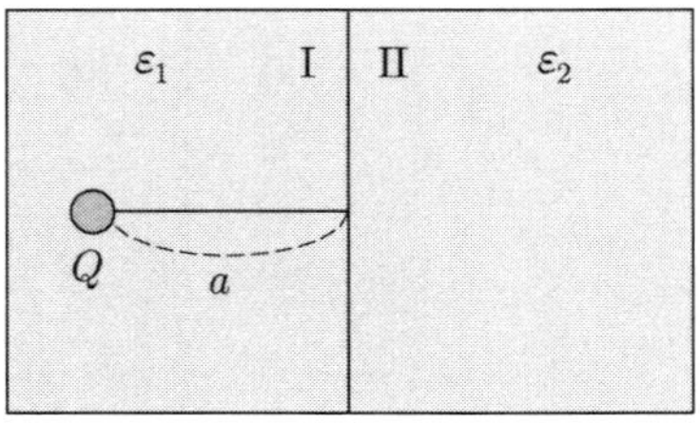

그림 6.8 보충문제 6.6

풀이 영상법과 전기장의 경계조건을 사용하여 구한다.

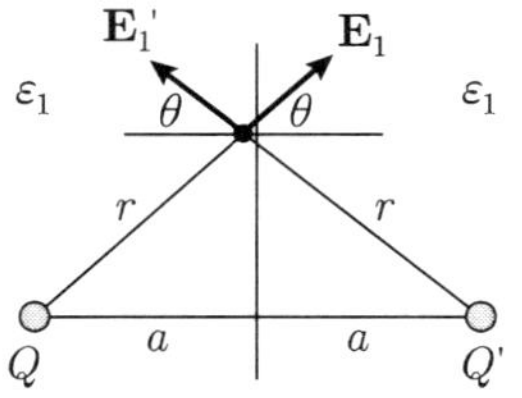

(a) I 영역의 전기장

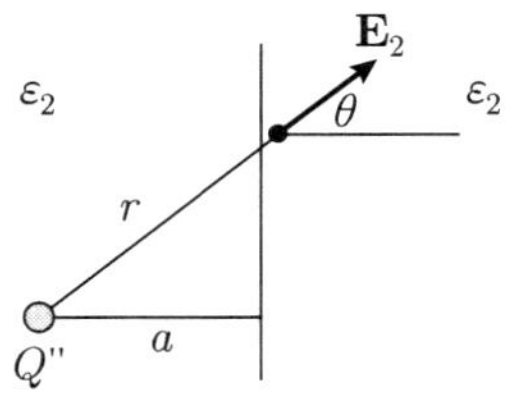

(b) II 영역의 전기장

I 영역의 전기장을 구하기 위하여 그림 (a)와 같이 II 영역을 유전율이 ϵ_1인 유전체로 가정하고 영상전하 Q'을 도입하면 I 영역의 전기장의 접선성분과 전속밀도의 법선성분은

$$E_{1t} = \frac{Q+Q'}{4\pi\epsilon_1 r^2}\sin\theta, \quad D_{1n} = \frac{Q-Q'}{4\pi r^2}\cos\theta$$

이고, II 영역의 전기장을 구하기 위하여 그림 (b)와 같이 I 영역을 유전율이 ϵ_2인 유전체로 가정하고 영상전하 Q''을 도입하면 II 영역의 전기장의 접선성분과 전속밀도의 법선성분은

$$E_{2t} = \frac{Q''}{4\pi\epsilon_2 r^2}\sin\theta, \quad D_{2n} = \frac{Q''}{4\pi r^2}\cos\theta$$

이다. 따라서 $D_{1n} = D_{2n}$[식 (3.20)]와 $E_{1t} = E_{2t}$[식 (3.19)]로부터

$$Q'' = Q - Q', \quad \frac{Q+Q'}{\epsilon_1} = \frac{Q''}{\epsilon_2}$$

이므로

$$\left(\frac{1}{\epsilon_1}+\frac{1}{\epsilon_2}\right)Q' = \left(\frac{1}{\epsilon_2}-\frac{1}{\epsilon_1}\right)Q$$

이다. 따라서

$$Q' = \frac{\epsilon_1 - \epsilon_2}{\epsilon_1 + \epsilon_2}Q, \;\; F = \frac{QQ'}{4\pi\epsilon_1(2a)^2}.$$

[6.7] 투자율이 μ_1, μ_2인 두 자성체가 그림 6.9와 같이 접하고 있을 때 지면 안쪽을 향하는 전류 I가 받는 힘을 구하라.

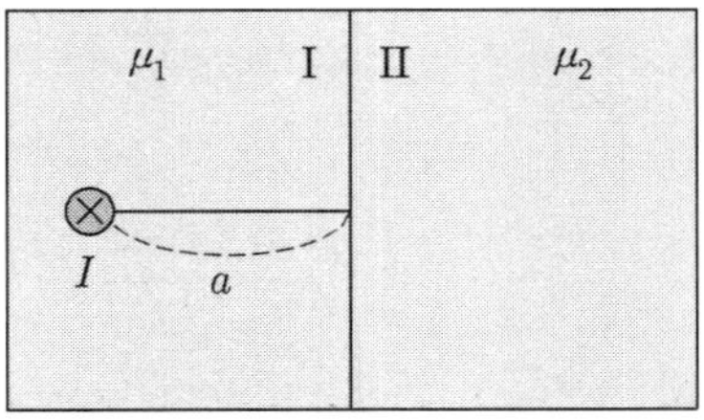

그림 6.9 보충문제 6.7

풀이 영상법과 자기장의 경계조건을 사용하여 구한다.

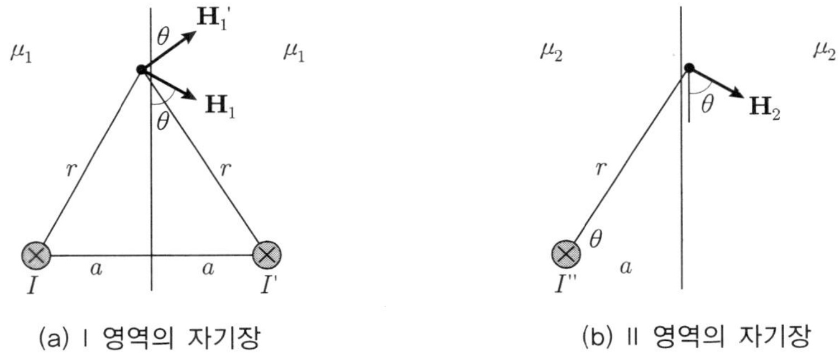

I 영역의 자기장을 구하기 위하여 그림 (a)와 같이 II 영역을 투자율이 μ_1인 자성체로 가정하고 영상전류 I'을 도입하면 I 영역의 자기장의 접선성분과 자기장세기의 법선성분은

$$H_{1t} = \frac{I' - I}{2\pi r}\cos\theta, \quad B_{1n} = \frac{\mu_1(I + I')}{2\pi r}\sin\theta$$

이고, II 영역의 자기장을 구하기 위하여 그림 (b)와 같이 I 영역을 투자율이 μ_2인 자성체로 가정하고 영상전류 I''을 도입하면 II 영역의 자기장의 접선성분과 자기장 세기의 법선성분은

$$H_{2t} = \frac{-I''}{2\pi r}\cos\theta, \quad B_{2n} = \frac{\mu_2 I''}{2\pi r}\sin\theta$$

이다. 따라서 $B_{1n} = B_{2n}$[식 (3.21)]과 $H_{1t} = H_{2t}$[식 (3.22]로부터

$$-I'' = I' - I, \quad \mu_1(I + I') = \mu_2 I''$$

이므로

$$I' = \frac{\mu_2 - \mu_1}{\mu_1 + \mu_2} I$$

이고 I'이 I에 가하는 힘은 $F = IlB'$이다. l은 도선의 길이이고 $B' = \mu_1 I'/2\pi(2a)$ 이다.

[6.8] 그림 6.10과 같이 z축 방향으로 놓인 무한 사각관이 있다. $z=0$인 면의 전위만 V_0이고 나머지 면의 전위는 0이다. $V(x, y, z)$를 구하라.

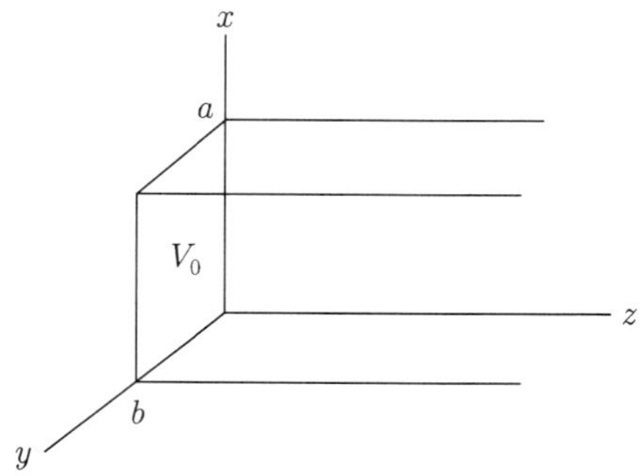

그림 6.10 보충문제 6.8

풀이 라플라스 방정식

$$\frac{\partial^2 V}{\partial x^2}+\frac{\partial^2 V}{\partial y^2}+\frac{\partial^2 V}{\partial z^2}=0$$

에 $V(x,\ y,\ z)=X(x)\,Y(y)\,Z(z)$를 대입하면

$$\frac{1}{X}\frac{d^2X}{dx^2}+\frac{1}{Y}\frac{d^2Y}{dy^2}+\frac{1}{Z}\frac{d^2Z}{dz^2}=0$$

이므로

$$\frac{d^2X}{dx^2}=-\alpha^2X,\quad \frac{d^2Y}{dy^2}=-\beta^2Y,\quad \frac{d^2Z}{dz^2}=(\alpha^2+\beta^2)Y$$

로 두면

$$X(x)=A\sin(\alpha x)+B\cos(\alpha x)$$

$$Y(x)=C\sin(\beta y)+D\cos(\beta y)$$

$$Z(z)=Ee^{z\sqrt{\alpha^2+\beta^2}}+Fe^{-z\sqrt{\alpha^2+\beta^2}}$$

이다. 여기에 경계조건 $X(0)=0$와 $Y(0)=0$을 적용하면 $B=D=0$이고 $X(a)=0$와 $Y(b)=0$으로부터 $\alpha=n\pi/a$, $\beta=m\pi/b$이다. 또한 $Z(\infty)\to 0$이므로 $E=0$로 두고 정리하면

$$V(x,\ y,\ z)$$
$$=\sum_{n,\,m=1}^{\infty}C_{nm}\exp\left[-\pi z\sqrt{(n/a)^2+(m/b)^2}\right]\sin(n\pi x/a)\sin(m\pi y/b)$$

이 된다. 또한, $z=0$에서의 경계조건 $V(x,\ y,\ 0)=V_0$로부터

$$V_0=\sum_{n,\,m=1}^{\infty}C_{nm}\sin(n\pi x/a)\sin(m\pi y/b)$$

이므로 양변에 $\sin(n'\pi x/a)\sin(m'\pi y/b)$을 곱하고 적분하면

$$\sum_{n,\,m=1}^{\infty}C_{nm}\int_0^a\sin(n\pi x/a)\sin(n'\pi x/a)\,dx\int_0^b\sin(m\pi y/a)\sin(m'\pi y/b)\,dy$$
$$=V_0\int_0^a\sin(n'\pi x/a)\,dx\int_0^b\sin(m'\pi y/b)\,dy$$

이 된다. 따라서 식 (B.5)로부터

$$C_{n'm'}\frac{ab}{4} = V_0\begin{cases} 0 & (n \text{ 또는 } m\text{이 짝수}) \\ 4ab/n'm'\pi^2 & (n\text{과 } m\text{이 홀수}) \end{cases}$$

이므로

$$V(x,\ y,\ z) = \frac{16\,V_0}{\pi^2}\sum_{n,\,m\,=\,\text{odd}}^{\infty}\frac{1}{nm}\exp\left[-\pi z\sqrt{(n/a)^2+(m/b)^2}\,\right]$$

$$\times\sin(n\pi x/a)\sin(m\pi y/b).$$

[6.9] 원통좌표계에서 라플라스 방정식의 해를 구하라.

풀이 식 (1.50)으로부터 원통좌표계에서의 라플라스 방정식은

$$\nabla^2 V = \frac{1}{r}\frac{\partial}{\partial r}\left(r\frac{\partial V}{\partial r}\right) + \frac{1}{r^2}\frac{\partial^2 V}{\partial \theta^2} + \frac{\partial^2 V}{\partial z^2} = 0$$

이므로 $V(r,\ \theta,\ z) = R(r)\Theta(\theta)Z(z)$를 대입하면

$$\frac{1}{rR}\frac{d}{dr}\left(r\frac{dR}{dr}\right) + \frac{1}{r^2\Theta}\frac{d^2\Theta}{d\theta^2} + \frac{1}{Z}\frac{d^2 Z}{dz^2} = 0. \qquad (*-1)$$

(i) $\Theta(\theta)$: $d^2\Theta/d\theta^2 \equiv -m^2\Theta$로 두면

$$\Theta = A\sin(m\theta) + B\cos(m\theta). \qquad (*-2)$$

$$(m = 1,\ 2,\ 3,\ \cdots)$$

(ii) $Z(z)$: $d^2Z/dz^2 \equiv k^2 Z$로 두면

$$Z = Ce^{kz} + De^{-kz}. \qquad (*-3)$$

(iii) $R(r)$: (*−2)와 (*−3)을 (*−1)에 대입하면

$$\frac{1}{rR}\frac{d}{dr}\left(r\frac{dR}{dr}\right) - \frac{m^2}{r^2} + k^2 = 0$$

또는

$$\frac{d^2R}{dr^2} + \frac{1}{r}\frac{dR}{dr} + \left(k^2 - \frac{m^2}{r^2}\right)R = 0$$

이 되고 $\rho = kr$로 두면

$$\rho^2 \frac{d^2 R}{d\rho^2} + \rho \frac{dR}{d\rho} + (\rho^2 - m^2) R = 0$$

이 된다. 이것은 베셀 미분방정식[식 (B.58)]이므로 해는

$$R(\rho) = E J_m(\rho) + G N_m(\rho)$$

이다. 여기서 E와 G는 상수이고

$$J_m(\rho) = \left(\frac{\rho}{2}\right)^m \sum_{n=1}^{\infty} \frac{(-1)^n}{\Gamma(n+1)\Gamma(n+m+1)} \left(\frac{\rho}{2}\right)^{2n} \quad : \text{베셀(Bessel)함수}$$

$$N_m(\rho) = \frac{\cos(m\pi) J_m(\rho) - J_{-m}(\rho)}{\sin(m\pi)}$$

: 노이만(Neumann)함수 또는 웨버(Weber)함수

이다. $\Gamma(n) = (n-1)!$은 감마(Gamma)함수이다[식 (B.26)].

[6.10] 사잇각이 α인 반무한 도체평면[전위 V_0] 사이의 전위와 전기장을 구하라.

풀이

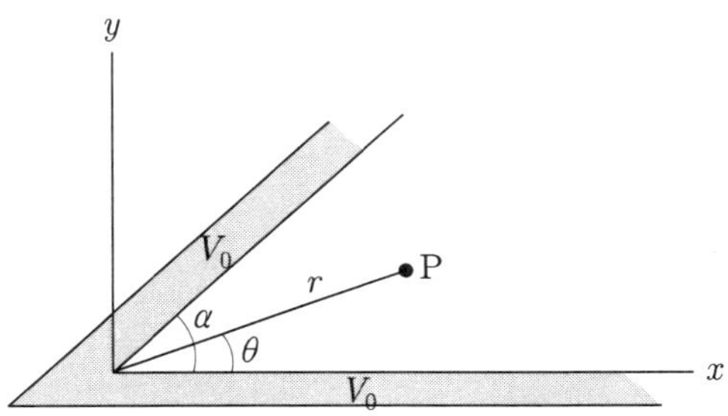

$V \neq V(z)$이므로 식 (1.50)으로부터

$$\frac{1}{r} \frac{\partial}{\partial r}\left(r \frac{\partial V}{\partial r}\right) + \frac{1}{r^2} \frac{\partial^2 V}{\partial \theta^2} = 0$$

이고 이것의 해는 예 6.3으로부터

$$V = \sum_{m=1}^{\infty} [a_m \sin(m\theta) + b_m \cos(m\theta)](c_m r^m + d_m r^{-m})$$

$$+(a_0\theta+b_0)(c_0\ln r+d_0)$$

이다. $V(r\to 0)\neq\infty$ 이어야 하므로 $d_m=c_0=0$이고 $V(0,\ \theta)=V_0$이므로 $a_0=0$, $b_0d_0=V_0$ 이다. 또한, $V(r,\ 0)=V(r,\ \alpha)=V_0$ 로부터 $b_m=0$, $m\alpha=n\pi$ 이다. 따라서

$$V(r,\ \theta)=V_0+\sum_{n=1}^{\infty}A_n\sin\left(\frac{n\pi\theta}{\alpha}\right)r^{n\pi/\alpha}$$

이고 $\mathbf{E}=-\nabla V$에 식 (1.47)를 적용하면

$$E_r=-\frac{\partial V}{\partial r}=-\frac{\pi}{\alpha}\sum_{n=1}^{\infty}nA_n\sin\left(\frac{n\pi\theta}{\alpha}\right)r^{n\pi/\alpha-1}$$

$$E_\theta=-\frac{1}{r}\frac{\partial V}{\partial\theta}=-\frac{\pi}{\alpha}\sum_{n=1}^{\infty}nA_n\cos\left(\frac{n\pi\theta}{\alpha}\right)r^{n\pi/\alpha-1}.$$

[6.11] 안쪽 반지름이 R_1이고 바깥쪽 반지름이 R_2인 속이 빈 원통의 안쪽 면의 전위는 V_0로 일정하고 바깥쪽 면의 전위는 0이다. 원통 사이에서의 전위를 구하라.

풀이 대칭성에 의해 $V=V(r)$ 이고 식 (1.50)으로부터

$$\frac{1}{r}\frac{\partial}{\partial r}\left(r\frac{\partial V}{\partial r}\right)=0$$

이므로 $V(r)=c_1\ln r+c_2$이다. 따라서 $V(R_2)=0$으로부터

$$c_2=-c_1\ln R_2$$

이고 $V(R_1)=V_0$ 로부터 $V_0=c_1\ln R_1-c_1\ln R_2$ 이므로

$$c_1=V_0/\ln(R_1/R_2),\quad c_2=-V_0\ln R_2/\ln(R_1/R_2).$$

[6.12] 아랫면과 옆면의 전위는 0이고 윗면의 전위는 $V(r,\ \theta)$ 인 길이 L, 반지름 R 인 원통이 있다. $V(r,\ \theta,\ z)$를 구하라.

풀이 보충 문제 6.9로부터 $V(r,\ \theta,\ z)=R(r)\Theta(\theta)Z(z)$에서

$$\Theta = A\sin(m\theta) + B\cos(m\theta)$$

$$Z = Ce^{kz} + De^{-kz}$$

$$R(r) = EJ_m(kr) + GN_m(kr)$$

이다. $V(r,\ \theta,\ 0) = 0$으로부터 $C + D = 0$이므로

$$Z \sim \sinh(kz)$$

이고[식 (B.11)] $V(r \to 0)$가 유한해야 하므로 $G = 0$이다[식 (B.66)]. 또한, $V(R,\ \theta,\ z) = 0$이므로 $J_m(kR) = 0$에 의해 k가 결정된다[값이 여러 개일 수 있다]. 따라서 θ에 대한 경계조건이 있으면 m 값도 여러 개가 가능하므로 일반적으로 해는

$$V(r,\ \theta,\ z) = \sum_m \sum_n J_m(k_n r)\sinh(k_n z)[A_{mn}\sin(m\theta) + B_{mn}\cos(m\theta)]$$

이다. $z = L$에서는

$$\begin{aligned} V(r,\ \theta,\ L) &= V(r,\ \theta) \\ &= \sum_m \sum_n J_m(k_n r)\sinh(k_n L)[A_{mn}\sin(m\theta) + B_{mn}\cos(m\theta)] \end{aligned}$$

이므로 $r J_{m'}(k_{n'} r)\sin(m'\theta)$를 곱하고 직교조건 식 (B.25)와 베셀함수의 직교조건 [식 (B.63)]

$$\int_0^R J_m(k_n r) J_m(k_{n'} r) r\, dr = \frac{R^2}{2}[J_{m+1}(k_n R)]^2 \delta_{k_n, k_{n'}}$$

를 사용하여 적분하면

$$\begin{aligned} &\int_0^{2\pi} d\theta \int_0^R r\, dr\, J_{m'}(k_{n'} r)\, V(r,\ \theta)\sin(m'\theta) \\ &= \sum_{m,n} \int_0^R r\, dr\, J_m(k_n r) J_{m'}(k_{n'} r)\sinh(k_n L)\, A_{mn}\pi\, \delta_{mm'} \\ &= A_{m'n'} \frac{\pi R^2}{2}[J_{m'+1}(k_{n'} R)]^2 \sinh(k_{n'} L) \end{aligned}$$

이 된다. 따라서

$$A_{mn} = \frac{2\operatorname{cosech}(k_n L)}{\pi R^2 [J_{m+1}(k_n R)]^2} \int_0^{2\pi} d\theta \int_0^R r\,dr\, J_m(k_n r)\, V(r,\ \theta) \sin(m\theta)$$

이고 같은 방법으로 $r J_{m'}(k_{n'} r)\cos(m'\theta)$를 곱하여 적분하면

$$B_{mn} = \frac{2\operatorname{cosech}(k_n L)}{\pi R^2 [J_{m+1}(k_n R)]^2} \int_0^{2\pi} d\theta \int_0^R r\,dr\, J_m(k_n r)\, V(r,\ \theta) \cos(m\theta).$$

[6.13] 유전율이 ϵ_1이고 반지름이 a인 유전체가 일정한 전기장 $\mathbf{E} = E_0 \hat{\mathbf{z}}$ 안에 있다. 유전체는 유전율이 ϵ_2인 유전체 안에 있다. 전위를 구하라.

풀이 $\mathbf{E}$에 의한 전위는 $V = -\mathbf{E} \cdot \mathbf{r} = -\mathbf{E}_0 r\cos\theta = -\mathbf{E}_0 r P_1(\cos\theta)$이다.

(i) 예 6.5로부터 ϕ에 대해서는 일정하므로[$m = 0$] 구 밖의 전위 V_{out}와 구 안의 전위 V_{in}은

$$V_{\text{out}} = -E_0 r P_1(\cos\theta) + \sum_{n=0}^{\infty} \frac{b_n}{r^{n+1}} P_n(\cos\theta)$$

$$V_{\text{in}} = -E_0 r P_1(\cos\theta) + \sum_{n=0}^{\infty} a_n r^n P_n(\cos\theta) = \sum_{n=0}^{\infty} A_n r^n P_n(\cos\theta).$$

(ii) V의 경계조건인 연습문제 3.6의 $V_{\text{out}}(a) = V_{\text{in}}(a)$를 적용하면

$$n = 0\ :\ b_0/a = A_0 \qquad (*-1)$$

$$n = 1\ :\ -E_0 a + b_1/a^2 = A_1 a \qquad (*-2)$$

$$n = 2\ :\ b_2/a^3 = A_2 a^2\ . \qquad (*-3)$$

(iii) $\mathbf{D}$의 경계조건인 식 (3.20)으로부터 $\epsilon_2(\partial V_{\text{out}}/\partial r)_{r=a} = \epsilon_1(\partial V_{\text{in}}/\partial r)_{r=a}$를 적용하면

$$\frac{\partial V_{\text{out}}}{\partial r} = -E_0 P_1(\cos\theta) - \sum_{n=0}^{\infty}(n+1)\frac{b_n}{r^{n+2}} P_n(\cos\theta)$$

$$\frac{\partial V_{\text{in}}}{\partial r} = \sum_{n=0}^{\infty} A_n n r^{n-1} P_n(\cos\theta)$$

이므로

$$n=0\ :\ b_0/a^2=0 \tag{*-4}$$

$$n=1\ :\ -\epsilon_2\left(E_0+2b_1/a^3\right)=\epsilon_1 A_1 \tag{*-5}$$

$$n=2\ :\ -3b_2\epsilon_2/a^4=2A_2 a\epsilon_1\ . \tag{*-6}$$

(iv) (*−1)와 (*−4)로부터

$$b_0=A_0=0$$

이고 (*−2)를 (*−5)에 대입하면

$$-\epsilon_2\left(E_0+2b_1/a^3\right)=\epsilon_1(-E_0+b_1/a^3)$$

이므로

$$b_1=\frac{\epsilon_1-\epsilon_2}{\epsilon_1+2\epsilon_2}a^3E_0,\quad A_1=-\frac{3\epsilon_2}{\epsilon_1+2\epsilon_2}E_0$$

이다. 또한, (*−3)과 (*−6)으로부터 $A_2=b_2=0$이고 같은 방법으로 하면

$$A_i=b_i=0\ (i\geq 2).$$

(v) 결과는

$$V_{\text{out}}=-E_0 r\cos\theta+\frac{\epsilon_1-\epsilon_2}{\epsilon_1+2\epsilon_2}a^3E_0\frac{\cos\theta}{r^2}$$

$$V_{\text{in}}=-\frac{3\epsilon_2}{\epsilon_1+2\epsilon_2}E_0 r\cos\theta.$$

[6.14] 반지름이 R인 구 표면에서의 전위가

$$V(R,\ \theta)=\begin{cases} V_0\ (0\leq\theta<\pi/2) \\ -V_0\ (\pi/2<\theta\leq\pi)\end{cases}$$

로 축 대칭이다. (a) 구 내부와 (b) 외부에서의 전위를 예 6.5의 방법으로 구하고 (c) $r=z>R$일 때 예 6.8 또는 연습문제 6.10의 결과와 비교하라.

풀이 (a) 구 내부에서의 전위

ϕ에 대해 대칭이므로 예 6.5(f)에서 $r \to 0$일 때 $V(0,\ \theta)$가 유한해야 하므로 $b_n = 0$이다.

$$V(r,\ \theta) = \sum_{n=0}^{\infty} a_n r^n P_n(\cos\theta)$$

$r = R$일 때는 양변에 $P_{n'}(\cos\theta)$를 곱하고 $d(\cos\theta)$로 적분하여 식 (B.36)을 적용하면

$$\begin{aligned}
&\int_{-1}^{1} P_{n'}(\cos\theta)\, V(R,\ \theta)\, d(\cos\theta) \\
&= \sum_{n=0}^{\infty} a_n R^n \int_{-1}^{1} P_{n'}(\cos\theta) P_n(\cos\theta)\, d(\cos\theta) \\
&= a_{n'} R^{n'} \frac{2}{2n'+2}
\end{aligned}$$

이 된다. 따라서

$$\begin{aligned}
a_n &= \frac{2n+1}{2R^n} \int_{-1}^{1} P_n(\cos\theta)\, V(R,\ \theta)\, d(\cos\theta) \\
&= \frac{2n+1}{2R^n} V_0 \left[\int_{0}^{1} P_n(x)\, dx - \int_{-1}^{0} P_n(x)\, dx \right]
\end{aligned}$$

이다. 여기서 식 (B.34)에 의해

P_n이 우함수(even function)[n : even]일 때 :

$a_n = 0$

P_n이 기함수(odd function)[n : odd]일 때 :

$$\int_{0}^{1} P_1(x)\, dx = \int_{0}^{1} x\, dx = \frac{1}{2} = -\int_{-1}^{0} P_1(x)\, dx$$

$$\begin{aligned}
\int_{0}^{1} P_3(x)\, dx &= \int_{0}^{1} \frac{5x^3 - 3x}{2}\, dx = \left[\frac{5x^4}{8} - 3\frac{x^2}{4} \right]_{x=0}^{1} = -\frac{1}{8} \\
&= -\int_{-1}^{0} P_3(x)\, dx
\end{aligned}$$

이므로

$$a_1 = \frac{3}{2R} V_0, \quad a_3 = \frac{7}{2R^3} V_0\left(-\frac{1}{4}\right), \ \cdots$$

이다. 따라서 식 (B.27)과 (B.29)를 사용하면

$$V(r,\ \theta) = V_0\left[\frac{3}{2}\left(\frac{r}{R}\right)P_1(\cos\theta) - \frac{7}{8}\left(\frac{r}{R}\right)^3 P_3(\cos\theta) + \cdots\right]$$

$$= \frac{V_0}{\sqrt{\pi}} \sum_{n=1}^{\infty} (-1)^{n-1} \frac{(2n-1/2)}{n!} \Gamma(n-1/2)\left(\frac{r}{R}\right)^{2n-1} P_{2n-1}(\cos\theta).$$

(b) 구 외부에서의 전위

예 6.5(e)에서 $r \to \infty$일 때 $V(\infty,\ \theta)$가 유한해야 하므로 $a_n = 0$이다.

$$V(r,\ \theta) = \sum_{n=0}^{\infty} b_n r^{-n-1} P_n(\cos\theta)$$

따라서 (a)와 같이 하면

$$b_1 = \frac{3}{2} R^2 V_0, \quad b_3 = \frac{7}{2} R^4 V_0\left(-\frac{1}{4}\right), \quad \cdots$$

이므로

$$V(r,\ \theta) = V_0\left[\frac{3}{2}\left(\frac{R}{r}\right)^2 P_1(\cos\theta) - \frac{7}{8}\left(\frac{R}{r}\right)^4 P_3(\cos\theta) + \cdots\right]$$

$$= \frac{V_0}{\sqrt{\pi}} \sum_{n=1}^{\infty} (-1)^{n-1} \frac{(2n-1/2)}{n!} \Gamma(n-1/2)\left(\frac{R}{r}\right)^{2n} P_{2n-1}(\cos\theta).$$

(c) $\cos\theta = 1$이면 $P_n(1) = 1$이므로

$$V(z) = \frac{V_0}{\sqrt{\pi}} \sum_{n=1}^{\infty} (-1)^{n-1} \frac{(2n-1/2)}{n!} \Gamma(n-1/2)\left(\frac{R}{r}\right)^{2n}$$

$$= \frac{V_0}{\sqrt{\pi}}\left[\frac{3}{2}\Gamma(1/2)\left(\frac{R}{z}\right)^2 - \frac{7/2}{2!}\Gamma(3/2)\left(\frac{R}{z}\right)^4 + \cdots\right]$$

$$= V_0\left[\frac{3}{2}\left(\frac{R}{z}\right)^2 - \frac{7}{8}\left(\frac{R}{z}\right)^4 + \cdots\right]$$

이다. 이것은 연습문제 6.10(f)에 의해

$$V(z) = V_0\left[1 - \frac{z^2 - R^2}{z\sqrt{z^2 + R^2}}\right]$$

이므로 예 6.8(b)의 결과와 같다.

[6.15] 접지된 반지름이 a인 도체공을 유전상수가 ϵ_r인 유전체가 반지름 b까지 구형으로 둘러싼다. 일정한 전기장 $\mathbf{E} = E_0\hat{\mathbf{z}}$를 가할 때 유전체 내에서의 전위를 구하라.

풀이 (i) 접지된 공의 전위를 0으로 두면 예 6.5(f)로부터

$$V_{\text{out}}(r,\ \theta) = -E_0 r\cos\theta + \sum_{l=0}^{\infty}\frac{B_l}{r^{l+1}}P_l(\cos\theta) \quad (b < r)$$

$$V_{\text{die}}(r,\ \theta) = \sum_l\left(A_l r^l + \frac{C_l}{r^{l+1}}\right)P_l(\cos\theta) \quad (a < r < b)$$

$$V_{\text{in}}(r,\ \theta) = 0 \qquad (r < a).$$

(ii) 연습문제 3.6의 $[V_{\text{out}}]_{r=b} = [V_{\text{die}}]_{r=b}$ 로부터

$$-E_0 b\cos\theta + \sum_{l=0}^{\infty}\frac{B_l}{b^{l+1}}P_l(\cos\theta) = \sum_l\left(A_l b^l + \frac{C_l}{b^{l+1}}\right)P_l(\cos\theta).$$

(iii) 식 (3.20)으로부터 $\epsilon_0(\partial V_{\text{out}}/\partial r)_{r=b} = \epsilon(\partial V_{\text{die}}/\partial r)_{r=b}$이므로

$$-E_0\cos\theta - \sum_{l=0}^{\infty}(l+1)\frac{B_l}{b^{l+2}}P_l(\cos\theta)$$

$$= \epsilon_r\sum_l\left(A_l l b^{l-1} - (l+1)\frac{C_l}{b^{l+2}}\right)P_l(\cos\theta).$$

(iv) 연습문제 3.6으로부터 $[V_{\text{in}}]_{r=a} = [V_{\text{die}}]_{r=a} = 0$이므로

$$A_l a^l + \frac{C_l}{a^{l+1}} = 0$$

즉,

$$C_l = -a^{2l+1}A_l.$$

(v) $l=1$일 때는 (ii)로부터

$$-E_0 b+\frac{B_1}{b^2}=A_1 b-\frac{a^3 A_1}{b^2}$$

이므로

$$B_1=E_0 b^3+A_1\left(b^3-a^3\right)$$

이고 (iii)으로부터

$$-E_0 b^3-\epsilon_{\mathrm{r}} A_1\left(b^3+2a^3\right)=2B_1=2E_0 b^3+2A_1\left(b^3-a^3\right)$$

이므로

$$A_1=\frac{-3E_0 b^3}{2\left(b^3-a^3\right)+\epsilon_{\mathrm{r}}\left(b^3+2a^3\right)}.$$

(vi) $l \neq 1$일 때는 (ii)으로부터

$$\frac{B_l}{b^{l+1}}=\left(b^l-\frac{a^{2l+1}}{b^{l+1}}\right)A_l$$

이고 (iii)으로부터

$$-(l+1)\frac{B_l}{b^{l+2}}=\epsilon_{\mathrm{r}}\left[l A_l b^{l-1}+(l+1)\frac{a^{2l+1}}{b^{l+2}}A_l\right]$$

이므로

$$A_l=B_l=0\,[l \neq 1 \text{일 때}].$$

(vii) 결과

$$V_{\mathrm{die}}(r,\ \theta)=\frac{-3E_0 b^3}{2\left(b^3-a^3\right)+\epsilon_{\mathrm{r}}\left(b^3+2a^3\right)}\left(r-\frac{a^3}{r^2}\right)\cos\theta.$$

[6.16] 반지름이 b인 바깥쪽 구의 분반구의 전위는 0, 남반구의 전위는 V_0이고 반지름이 a인 안쪽 구의 북반구의 전위는 V_0, 남반구의 전위는 0이다. $a \le r \le b$에서의 전위를 구하라. $b \to \infty$일 때와 $a \to 0$일 때는 어떻게 되는가?

풀이 경계조건은

$$V(a,\ \theta,\ \phi) = \begin{cases} V_0 & (0 \le \theta < \pi/2) \\ 0 & (\pi/2 < \theta \le \pi) \end{cases}$$

$$V(b,\ \theta,\ \phi) = \begin{cases} 0 & (0 \le \theta < \pi/2) \\ V_0 & (\pi/2 < \theta \le \pi) \end{cases}$$

이고 예 6.5(f)로부터

$$V(r,\ \theta) = \sum_{n=0}^{\infty}\left(A_n r^n + \frac{B_n}{r^{n+1}}\right)P_n(\cos\theta).$$

(i) $r = a$일 때 :

$$\int_0^1 V_0 P_{n'}(\cos\theta)d(\cos\theta)$$

$$= \sum_{n=0}^{\infty}\left(A_n a^n + \frac{B_n}{a^{n+1}}\right)\int_{-1}^1 P_{n'}(\cos\theta)P_n(\cos\theta)d(\cos\theta)$$

에서 식 (B.34)를 대입하고 식 (B.36)을 적용하면

$$\frac{2}{2n+1}\left(A_n a^n + \frac{B_n}{a^{n+1}}\right) = V_0\int_0^1 P_n(x)\,dx = V_0\begin{cases} 1 & (n=0) \\ 0 & (n:\text{even}) \\ N_n & (n:\text{odd}) \end{cases}$$

이므로[N_n 은 계산가능]

$$A_0 + \frac{B_0}{a} = \frac{V_0}{2} \qquad (*-1)$$

$$A_{2l+1}a^{2l+1} + \frac{B_{2l+1}}{a^{2(l+1)}} = \frac{V_0}{2}(4l+3)N_{2l+1}\ (l = 0,\ 1,\ 2,\ \cdots). \qquad (*-2)$$

(ii) $r = b$일 때 :

$$-\int_0^{-1} V_0 P_{n'}(\cos\theta)d(\cos\theta)$$

$$= \sum_{n=0}^{\infty}\left(A_n b^n + \frac{B_n}{b^{n+1}}\right)\int_{-1}^1 P_{n'}(\cos\theta)P_n(\cos\theta)d(\cos\theta)$$

에서

$$\frac{2}{2n+1}\left(A_n b^n + \frac{B_n}{b^{n+1}}\right) = -V_0 \int_0^{-1} P_n(x)\,dx$$

$$= -V_0 \begin{cases} -1 & (n=0) \\ 0 & (n:\text{even}) \\ N_n & (n:\text{odd}) \end{cases}$$

이므로

$$A_0 + \frac{B_0}{b} = \frac{V_0}{2} \tag{*-3}$$

$$A_{2l+1} b^{2l+1} + \frac{B_{2l+1}}{b^{2(l+1)}} = -\frac{V_0}{2}(4l+3)N_{2l+1} \quad (l=0,\ 1,\ 2,\ \cdots). \tag{*-4}$$

(iii) (*−1)과 (*−3)으로부터

$$A_0 = V_0/2, \quad B_0 = 0.$$

(iv) (*−2)와 (*−3)으로부터

$$\begin{pmatrix} a^{2l+1} & a^{-2(l+1)} \\ b^{2l+1} & b^{-2(l+1)} \end{pmatrix}\begin{pmatrix} A_{2l+1} \\ B_{2l+1} \end{pmatrix} = \frac{V_0}{2}(4l+3)N_{2l-1}\begin{pmatrix} 1 \\ -1 \end{pmatrix}$$

이므로

$$A_{2l+1} = \frac{(V_0/2)(4l+3)N_{2l+1}}{a^{2l+1}b^{-2(l+1)} - a^{-2(l+1)}b^{2l+1}}\begin{vmatrix} 1 & a^{-2(l+1)} \\ -1 & b^{-2(l+1)} \end{vmatrix}$$

$$= \frac{V_0(4l+3)N_{2l+1}}{2}\frac{b^{-2(l+1)} + a^{-2(l+1)}}{a^{2l+1}b^{-2(l+1)} - a^{-2(l+1)}b^{2l+1}}$$

$$= \frac{V_0(4l+3)N_{2l+1}}{2a^{2l+1}}\frac{1+(a/b)^{2l+2}}{(a/b)^{2l+2} - (b/a)^{2l+1}}$$

$$B_{2l+1} = \frac{(V_0/2)(4l+3)N_{2l+1}}{a^{2l+1}b^{-2(l+1)} - a^{-2(l+1)}b^{2l+1}}\begin{vmatrix} a^{2l+1} & 1 \\ b^{2l+1} & -1 \end{vmatrix}$$

$$= -\frac{V_0(4l+3)N_{2l+1}}{2}\frac{a^{2l+1} + b^{2l+1}}{a^{2l+1}b^{-2(l+1)} - a^{-2(l+1)}b^{2l+1}}$$

$$= -\frac{V_0(4l+3)N_{2l+1}}{2}a^{2l+2}\frac{1+(b/a)^{2l+1}}{(a/b)^{2l+2} - (b/a)^{2l+1}}.$$

(v) 결과

$$V(r,\ \theta,\ \phi)=\frac{V_0}{2}\left[1+\sum_{l=0}^{n}(4l+3)\left\{\left(\frac{r}{a}\right)^{2l+1}\frac{1+(a/b)^{2l+2}}{(a/b)^{2l+2}-(b/a)^{2l+1}}\right.\right.$$
$$\left.\left.-\left(\frac{a}{r}\right)^{2l+2}\frac{1+(b/a)^{2l+1}}{(a/b)^{2l+2}-(b/a)^{2l+1}}\right\}P_{2l+1}(\cos\theta)N_{2l+1}\right]$$

(vi) $b\to\infty$일 때 :

$$V(r,\ \theta,\ \phi)=\frac{V_0}{2}\left[1+\sum_{l=0}^{n}(4l+3)\left(\frac{a}{r}\right)^{2l+2}N_{2l+1}P_{2l+1}(\cos\theta)\right]$$

(vii) $a\to 0$일 때 :

$$V(r,\ \theta,\ \phi)=\frac{V_0}{2}\left[1-\sum_{l=0}^{n}(4l+3)\left(\frac{r}{b}\right)^{2l+1}N_{2l+1}P_{2l+1}(\cos\theta)\right]$$

[6.17] 반지름이 a이고 유전상수가 ϵ_{r} 인 유전체구의 중심에 쌍극자 모멘트가 p인 전기쌍극자가 있다. 전위를 구하라.

풀이 (i) 식 (3.30)과 예 6.5(f)로부터

$$V_{\mathrm{out}}(r,\ \theta)=\sum_{l=0}^{\infty}\frac{B_l}{r^{l+1}}P_l(\cos\theta)\quad (\text{쌍극자항 포함됨})$$

$$V_{\mathrm{in}}(r,\ \theta)=\frac{p\cos\theta}{4\pi\epsilon_0\epsilon_{\mathrm{r}}r^2}+\sum_{l=0}^{\infty}A_l r^l P_l(\cos\theta).$$

(ii) 연습문제 3.6의 $[V_{\mathrm{in}}(r,\ \theta)]_{r=a}=[V_{\mathrm{out}}(r,\ \theta)]_{r=a}$ 로부터

$$l=1\text{일 때 : }\ \frac{B_1}{a^2}=\frac{p}{4\pi\epsilon_0\epsilon_{\mathrm{r}}a^2}+A_1 a$$

$$l\neq 1\text{일 때 : }\ \frac{B_l}{a^{l+1}}=A_l a^l.$$

(iii) 식 (3.20)의 $\epsilon_0\epsilon_{\mathrm{r}}\left[\dfrac{\partial V_{\mathrm{in}}(r,\ \theta)}{\partial r}\right]_{r=a}=\epsilon_0\left[\dfrac{\partial V_{\mathrm{out}}(r,\ \theta)}{\partial r}\right]_{r=a}$ 로부터

$$\epsilon_r\left[-2\frac{p\cos\theta}{4\pi\epsilon_0\epsilon_r a^3}+\sum_{l=0}^{\infty} l A_l a^{l-1} P_l(\cos\theta)\right]=-\sum_{l=0}^{\infty}\frac{(l+1)B_l}{a^{l+2}}P_l(\cos\theta)$$

이므로

$$l\neq 1\text{일 때 : } \epsilon_r l A_l a^{l-1}=-\frac{(l+1)B_l}{a^{l+2}}=-\frac{(l+1)}{a^{l+2}}A_l a^{2+1}$$

$$\Rightarrow A_l=B_l=0$$

$$l=1\text{일 때 : } \epsilon_r\left[-2\frac{p}{4\pi\epsilon_0\epsilon_r a^3}+A_1\right]$$

$$=-\frac{2B_1}{a^3}=-\frac{2}{a^3}\left[\frac{p}{4\pi\epsilon_0\epsilon_r}+A_1a^3\right]$$

$$\Rightarrow A_1=\frac{2p}{4\pi\epsilon_0\epsilon_r a^3}\frac{(\epsilon_r-1)}{\epsilon_r+2}$$

$$B_1=\frac{p}{4\pi\epsilon_0\epsilon_r}+A_1a^3=\frac{p}{4\pi\epsilon_0\epsilon_r}+\frac{2p}{4\pi\epsilon_0\epsilon_r}\frac{(\epsilon_r-1)}{\epsilon_r+2}$$

$$=\frac{p}{4\pi\epsilon_0}\frac{3}{\epsilon_r+2}.$$

(iv) 결과

$$V_{\text{in}}(r,\ \theta)=\frac{p\cos\theta}{4\pi\epsilon_0\epsilon_r r^2}+A_1 r P_1(\cos\theta)=\frac{p\cos\theta}{4\pi\epsilon_0\epsilon_r r^2}\left[1+\frac{\epsilon_r-1}{\epsilon_r+2}\frac{2r^3}{a^3}\right]$$

$$V_{\text{out}}(r,\ \theta)=\frac{B_1}{r^2}P_1(\cos\theta)=\frac{p\cos\theta}{4\pi\epsilon_0 r^2}\frac{3}{\epsilon_r+2}$$

[6.18] 부피 전하밀도가 $\rho(r)=\rho_0 e^{-ar}$일 때 전위를 (a) 가우스 법칙과 (b) 푸아송 방정식으로부터 구하라.

풀이 (a) 반지름이 r인 구면을 가우스 면으로 선택하면 식 (2.27)로부터

$$\int_S \mathbf{E}\cdot d\mathbf{a}=\frac{1}{\epsilon_0}\int\rho(r)\,d\tau=\frac{1}{\epsilon_0}\int_0^r \rho_0 e^{-ar}4\pi r^2 dr$$

이므로

$$E_r r^2 = \frac{\rho_0}{\epsilon_0}\int_0^r e^{-ar} r^2 dr = \frac{\rho_0}{\epsilon_0}\left[\frac{r^2}{-a}e^{-ar}\Big|_{r=0}^{r} + \frac{2}{a}\int_0^r e^{-ar} r\,dr\right]$$

$$= -\frac{\rho_0 r^2}{\epsilon_0 a}e^{-ar} + \frac{2\rho_0}{\epsilon_0 a}\left[\frac{r}{-a}e^{-ar}\Big|_{r=0}^{r} + \frac{1}{a}\int_0^r e^{-ar}dr\right]$$

$$= -\frac{\rho_0 r^2}{\epsilon_0 a}e^{-ar} - \frac{2\rho_0 r}{\epsilon_0 a^2}e^{-ar} + \frac{2\rho_0}{\epsilon_0 a^3}(1 - e^{-ar})$$

이고 정리하면

$$E_r = -\frac{\rho_0}{\epsilon_0 a}e^{-ar} - \frac{2\rho_0}{\epsilon_0 a^3}\left(\frac{a}{r} + \frac{1}{r^2}\right)e^{-ar} + \frac{2\rho_0}{\epsilon_0 a^3}\frac{1}{r^2}$$

$$= \frac{\rho_0}{\epsilon_0 a^2}\frac{d}{dr}e^{-ar} + \frac{2\rho_0}{\epsilon_0 a^3}\frac{d}{dr}\frac{e^{-ar}}{r} - \frac{2\rho_0}{\epsilon_0 a^3}\frac{d}{dr}\frac{1}{r}$$

이다. 따라서 $E_r = -dV/dr$이므로

$$V(r) = -\frac{\rho_0}{\epsilon_0 a^2}e^{-ar} + \frac{2\rho_0}{\epsilon_0 a^3 r}(1 - e^{-ar}) + c.$$

이고 c는 경계조건이 주어지면 결정된다.

(b) 식 (6.9)의 푸아송 방정식에 식 (1.54)를 적용하면

$$\frac{1}{r^2}\frac{d}{dr}\left(r^2\frac{dV}{dr}\right) = -\frac{\rho_0}{\epsilon_0}e^{-ar}$$

로부터

$$\frac{dV}{dr} = -\frac{1}{r^2}\int\frac{\rho_0}{\epsilon_0}e^{-ar}r^2 dr + \frac{c_1}{r^2}$$

$$= -\frac{\rho_0}{\epsilon_0 r^2}\left[\frac{r^2}{-a}e^{-ar} + \frac{2}{a}\int e^{-ar} r\,dr\right] + \frac{c_1}{r^2}$$

$$= \frac{\rho_0}{\epsilon_0 a}e^{-ar} - \frac{2\rho_0}{\epsilon_0 r^2 a}\left[\frac{re^{-ar}}{-a} + \frac{1}{a}\int e^{-ar}dr\right] + \frac{c_1}{r^2}$$

$$= \frac{\rho_0}{\epsilon_0 a}e^{-ar} + \frac{2\rho_0}{\epsilon_0 r a^2}e^{-ar} + \frac{2\rho_0}{\epsilon_0 r^2 a^3}e^{-ar} + \frac{c_1}{r^2}$$

$$= \frac{\rho_0}{\epsilon_0 a}e^{-ar} - \frac{2\rho_0}{\epsilon_0 a^3}\frac{d}{dr}\left(\frac{e^{-ar}}{r}\right) + \frac{c_1}{r^2}$$

이므로

$$V(r) = -\frac{2\rho_0}{\epsilon_0 a^3 r}e^{-ar} - \frac{\rho_0}{\epsilon_0 a^2}e^{-ar} - \frac{c_1}{r} + c_2$$

이다. c_1과 c_2는 경계조건이 주어지면 결정된다. $r \to \infty$ 일 때 $V \to 0$으로 선택하면 $c_2 = 0$이고 c_1은 다른 경계조건이 주어져야 한다.

[6.19] 전류 I의 무한 직선전류가 z축을 따라 흐르고 왼쪽[l : $0 \le \phi < \pi$]과 오른쪽[r : $\pi \le \phi < 2\pi$]에는 투자율이 μ_r, μ_l인 매질이 있다. 자기 스칼라퍼텐셜과 자기장을 구하라.

풀이 식 (1.47)를 식 (6.10)에 적용하면 V_m은 ϕ만의 함수이다. 즉 무한직선이므로 V_m은 z함수가 아니고 V_m이 r의 함수이면 자기장은 r 방향으로 퍼져나가므로 맞지 않다. 따라서 식 (6.11)은

$$\frac{\partial^2 V_m}{\partial \phi^2} = 0$$

이고 해는

$$V_m^l = c_l\phi + c_1, \quad V_m^r = c_r\phi + c_2$$

이다. c_1과 c_2는 적분상수이므로 식 (6.10)과 식 (1.47)로부터

$$\mathbf{B}^l = -\frac{\mu_l}{r}\frac{\partial V_m^l}{\partial \phi}\hat{\phi} = -\frac{c_l \mu_l}{r}\hat{\phi}$$

$$\mathbf{B}^r = -\frac{\mu_r}{r}\frac{\partial V_m^r}{\partial \phi}\hat{\phi} = -\frac{c_r \mu_r}{r}\hat{\phi}$$

이고 앙페르의 법칙[식 (2.52)]을 적용하면

$$\oint \mathrm{H} \cdot dl = -\frac{c_l + c_r}{r}\pi r = I$$

이므로

$$c_l + c_r = -I/\pi \qquad (*-1)$$

이다. 또한, $\phi = 0$ 또는 $\phi = \pi$에서의 경계조건 $B_l = B_r$로부터

$$c_{\mathrm{l}}\,\mu_{\mathrm{l}} = c_{\mathrm{r}}\,\mu_{\mathrm{r}}$$

이므로 이것을 식 (*-1)에 대입하면

$$c_{\mathrm{l}} + c_{\mathrm{l}}\frac{\mu_{\mathrm{l}}}{\mu_{\mathrm{r}}} = -\frac{I}{\pi}$$

이다. 따라서

$$c_{\mathrm{l}} = -\frac{\mu_{\mathrm{r}}\,I}{\pi(\mu_{\mathrm{l}}+\mu_{\mathrm{r}})}, \quad c_{\mathrm{r}} = -\frac{\mu_{\mathrm{l}}\,I}{\pi(\mu_{\mathrm{l}}+\mu_{\mathrm{r}})}.$$

[6.20] 그린함수의 구면좌표 표현

(a) 다음을 증명하라.

$$\frac{1}{|\mathbf{r}-\mathbf{r}'|} = 4\pi\sum_{l=0}^{\infty}\sum_{m=-l}^{l}\frac{1}{2l+1}\frac{r_<^l}{r_>^{l+1}}Y_{lm}^*(\theta',\ \phi')\,Y_{lm}(\theta,\ \phi)$$

$r_<(r_>)$은 r과 r' 중에서 작은(큰) 수이고 $Y_{lm}(\theta,\ \phi)$는 구면 조화함수[식 (B.43)]이다.

(b) $G(\mathbf{r},\ \mathbf{r}') = \dfrac{1}{|\mathbf{r}-\mathbf{r}'|} - \dfrac{R/r'}{|\mathbf{r}-(R^2/r'^2)\mathbf{r}'|}$을 $rr' > R$일 때 (a)처럼 구면 조화함수로 나타내라.

(c) 구면 조화함수의 추가정리(additional theorem)

$$\sum_{l=0}^{\infty}\sum_{m=-l}^{l}Y_{lm}^*(\theta',\ \phi')\,Y_{lm}(\theta,\ \phi) = \delta(\cos\theta-\cos\theta')\delta(\phi-\phi')$$

를 사용하여 식 (1.76)의 델타함수를 구면좌표계로 나타내면

$$\delta(\mathbf{r}-\mathbf{r}') = \frac{1}{r^2}\delta(r-r')\sum_{l=0}^{\infty}\sum_{m=-l}^{l}Y_{lm}^*(\theta',\ \phi')\,Y_{lm}(\theta,\ \phi)$$

가 된다.

$$G(\mathbf{r},\ \mathbf{r}') = \sum_{l=0}^{\infty}\sum_{m=-l}^{l}f_l(r,\ r')\,Y_{lm}^*(\theta',\ \phi')\,Y_{lm}(\theta,\ \phi)$$

로 두고 $\nabla^2 G(\mathbf{r},\ \mathbf{r}') = -4\pi\delta(\mathbf{r}-\mathbf{r}')$이 되도록 $f(r,\ r')$의 방정식을 구하라.

풀이 (a) 예 6.10과 연습문제 6.10(a)로부터

$$\frac{1}{|\mathbf{r}-\mathbf{r}'|}=\frac{1}{r_>}\sum_{l=0}^{\infty}\left(\frac{r_<}{r_>}\right)^l P_l(\cos\alpha)$$

$$\cos\alpha=\cos\theta\cos\theta'+\sin\theta\sin\theta'\cos(\phi-\phi')$$

이므로 구면 조화함수의 추가정리

$$\sum_{m=-l}^{l}Y_{lm}^*(\theta',\ \phi')Y_{lm}(\theta,\ \phi)=\frac{2l+1}{4\pi}P_l(\cos\alpha)$$

를 대입한다.

(b) $G(\mathbf{r},\ \mathbf{r}')=\dfrac{1}{(r^2+r'^2-2rr'\cos\alpha)^{1/2}}-\dfrac{1}{(r^2r'^2/R^2+R^2-2rr'\cos\alpha)^{1/2}}$

$$=4\pi\sum_{l=0}^{\infty}\sum_{m=-l}^{l}\frac{1}{2l+1}\left[\frac{r_<^l}{r_>^{l+1}}-\frac{R^l}{(rr'/R)^{l+1}}\right]Y_{lm}^*(\theta',\ \phi')Y_{lm}(\theta,\ \phi)$$

(c) 식 (1.54)로부터 $\nabla^2 f_l(r,\ r')=\dfrac{1}{r}\dfrac{d^2}{dr^2}(rf_l)$ 이고 연습문제 B.3으로부터

$$\nabla^2 Y_{lm}(\theta,\ \phi)=-l(l+1)r^{-2}Y_{lm}(\theta,\ \phi)$$

이므로

$$\frac{1}{r}\frac{d^2}{dr^2}(rf_l)-\frac{l(l+1)}{r^2}f_l=-\frac{4\pi}{r^2}\delta(r-r').$$

[6.21] 보충문제 6.20에서

(a) $r\neq r'$일 때 $f_l(r,\ r')$를 구하라.

(b) $r<r'$일 때 $G(r=a,\ r')=0$인 디리클레 조건을 적용하라.

(c) $r>r'$일 때 $G(r=b,\ r')=0$ $(a<b)$인 디리클레 조건을 적용하라.

(d) 보충문제 6.20의 (c)를 $r'-\epsilon$ 에서 $r'+\epsilon$ $(\epsilon\to 0)$까지 적분하라.

(e) $f_l(r,\ r')$를 구하라.

(f) $G(\mathbf{r},\ \mathbf{r}')$를 구하라

(g) 내원이 없으면[$a\to 0$] 어떻게 되는가?

풀이 (a) $r\dfrac{d^2}{dr^2}(rf_l)-l(l+1)f_l=0$에서 $f_l\sim r^n$으로 두면 $n(n+1)-l(l+1)=0$

즉, $n=l,\ -l-1$이므로

$$f_l(r,\ r')=Ar^l+Br^{-l-1}.$$

(b) $f_l(a,\ r')=0=Aa^l+Ba^{-l-1}$ 즉, $B=-Aa^{2l+1}$이므로

$$f_l(r,\ r')=A\left(r^l-\frac{a^{2l+1}}{r^{l+1}}\right)\ [r<r'\text{일 때}].$$

(c) $f_l(b,\ r')=0=Ab^l+Bb^{-l-1}$ 즉, $B=-Ab^{2l+1}$이므로

$$f_l(r,\ r')=A\left(r^l-\frac{b^{2l+1}}{r^{l+1}}\right)=-b^{2l+1}A\left(\frac{1}{r^{l+1}}-\frac{r^l}{b^{2l+1}}\right)\ [r>r'\text{일 때}].$$

(d) $\left[\dfrac{d}{dr}\{rf_l(r,\ r')\}\right]_{r'+\epsilon}-\left[\dfrac{d}{dr}\{rf_l(r,\ r')\}\right]_{r'-\epsilon}=-\dfrac{4\pi}{r'}$

(e) (b)와 (c)로부터 $f_l(r,\ r')=C\left(r_<^l-\dfrac{a^{2l+1}}{r_<^{l+1}}\right)\left(\dfrac{1}{r_>^{l+1}}-\dfrac{r_>^l}{b^{2l+1}}\right)$로 둔다.

$$\begin{aligned}
&\left[\frac{d}{dr}\{rf_l(r,\ r')\}\right]_{r'+\epsilon}\ [r_>=r,\ r_<=r']\\
&=C\left((r')^l-\frac{a^{2l+1}}{(r')^{l+1}}\right)\left[\frac{d}{dr}\left(\frac{1}{r^l}-\frac{r^{l+1}}{b^{2l+1}}\right)\right]_{r'+\epsilon}\\
&=C\left((r')^l-\frac{a^{2l+1}}{(r')^{l+1}}\right)\left[\frac{-l}{r^{l+1}}-\frac{(l+1)r^l}{b^{2l+1}}\right]_{r'+\epsilon}\\
&=-\frac{C}{r'}\left[1-\left(\frac{a}{r'}\right)^{2l+1}\right]\left[l+(l+1)\left(\frac{r'}{b}\right)^{2l+1}\right]
\end{aligned}$$

$$\begin{aligned}
&\left[\frac{d}{dr}\{rf_l(r,\ r')\}\right]_{r'-\epsilon}\ [r_>=r',\ r_<=r]\\
&=C\left[\frac{1}{(r')^{l+1}}-\frac{(r')^l}{b^{2l+1}}\right]\left[\frac{d}{dr}\left(r^{l+1}-\frac{a^{2l+1}}{r^l}\right)\right]_{r'-\epsilon}\\
&=C\left[\frac{1}{(r')^{l+1}}-\frac{(r')^l}{b^{2l+1}}\right]\left[(l+1)(r')^l+l\frac{a^{2l+1}}{(r')^{l+1}}\right]
\end{aligned}$$

$$= \frac{C}{r'}\left[1-\left(\frac{r'}{b}\right)^{2l+1}\right]\left[(l+1)+l\left(\frac{a}{r'}\right)^{2l+1}\right]$$

따라서

$$-\frac{C}{r'}\left[l+(l+1)\left(\frac{r'}{b}\right)^{2l+1}-l\left(\frac{a}{r'}\right)^{2l+1}-(l+1)\left(\frac{a}{b}\right)^{2l+1}\right.$$

$$\left.+(l+1)+l\left(\frac{a}{r'}\right)^{2l+1}-(l+1)\left(\frac{r'}{b}\right)^{2l+1}-l\left(\frac{a}{b}\right)^{2l+1}\right]$$

$$=-\frac{C}{r'}\left[(2l+1)-(2l+1)\left(\frac{a}{b}\right)^{2l+1}\right]=-\frac{4\pi}{r'}$$

이므로

$$C=\frac{4\pi}{(2l+1)[1-(a/b)^{2l+1}]}.$$

(f) $G(\mathbf{r},\ \mathbf{r}')$

$$=4\pi\sum_{l=0}^{\infty}\sum_{m=-l}^{l}\frac{Y_{lm}^{*}(\theta',\ \phi')\,Y_{lm}(\theta,\ \phi)}{(2l+1)[1-(a/b)^{2l+1}]}\left(r_<^l-\frac{a^{2l+1}}{r_<^{l+1}}\right)\left(\frac{1}{r_>^{l+1}}-\frac{r_>^l}{b^{2l+1}}\right)$$

(g) $G(\mathbf{r},\ \mathbf{r}')=\sum_{l=0}^{\infty}\sum_{m=-l}^{l}\frac{4\pi}{(2l+1)}r_<^l\left(\frac{1}{r_>^{l+1}}-\frac{r_>^l}{b^{2l+1}}\right)Y_{lm}^{*}(\theta',\ \phi')\,Y_{lm}(\theta,\ \phi)$

[6.22] 접지된 반지름 b인 구 안에 전하 q가 골고루 분포된 반지름 R인 원형고리가 있다.

(a) 식 (6.15)에서 전하밀도 항 $V(\mathbf{r})=\int_{V'}\rho(\mathbf{r}')G(\mathbf{r},\ \mathbf{r}')d\tau'$를 구하라.

(b) $b\to\infty$일 때는 어떻게 되는가?

풀이 (a) $\int\rho(\mathbf{r}')\,d\tau=\int\frac{q}{2\pi R^2}\delta(r'-R)\,\delta(\cos\theta')r^2\sin\theta'\,dr'\,d\theta'\,d\phi'=q$

이므로

$$\rho(\mathbf{r}')=\frac{q}{2\pi R^2}\delta(r'-R)\,\delta(\cos\theta')$$

이고 축대칭이므로 $m=0$이다. 따라서 $Y_{l0}(\theta,\ \phi)=\sqrt{(2l+1)/4\pi}\,P_l(\cos\theta)$

이므로

$$V(\mathbf{r}) = q\sum_{l=0}^{\infty} r_<^l \left(\frac{1}{r_>^{l+1}} - \frac{r_>^l}{b^{2l+1}}\right) P_l(0)\, P_l(\cos\theta).$$

(b) $V(\mathbf{r}) = q\sum_{l=0}^{\infty} \frac{r_<^l}{r_>^{l+1}} P_l(0)\, P_l(\cos\theta)$

: 반지름 R, 전하 q의 원형고리에 의한 전위

[6.23] 선 전하밀도 λ의 무한히 긴 대전된 도선 A가 z 축에 나란하게 놓여 있다(그림 6.11에서는 지면에 수직). 원통좌표계를 사용하여 P 지점의 전위를 구하라.

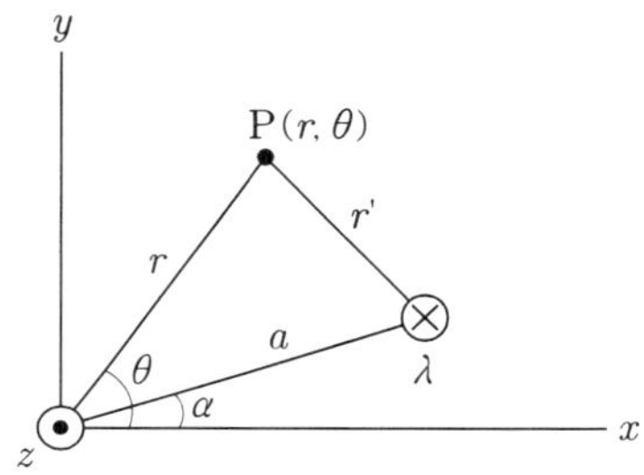

그림 6.11 보충문제 6.23

풀이 (i) 연습문제 2.6으로부터

$$V = -\frac{\lambda}{2\pi\epsilon_0}\ln r' + C \text{ (생략)}$$

이고 $r' = \sqrt{r^2 + a^2 - 2ar\cos(\theta - \alpha)}$ 이다.

(ii) $r > a$일 때는

$$r' = r\left[1 + \left(\frac{a}{r}\right)^2 - 2\left(\frac{a}{r}\right)\cos(\theta - \alpha)\right]^{1/2}$$

이므로

$$V = -\frac{\lambda}{2\pi\epsilon_0}\left[\ln r + \frac{1}{2}\ln\left\{1 + \left(\frac{a}{r}\right)^2 - 2\left(\frac{a}{r}\right)\cos(\theta - \alpha)\right\}\right]$$

$$= -\frac{\lambda}{2\pi\epsilon_0}\ln r - \frac{\lambda}{4\pi\epsilon_0}\ln\left[\left\{1-\left(\frac{a}{r}\right)e^{i(\theta-\alpha)}\right\}\left\{1-\left(\frac{a}{r}\right)e^{-i(\theta-\alpha)}\right\}\right]$$

에서 테일러 급수전개 (B.18)를 적용하면

$$V = -\frac{\lambda}{2\pi\epsilon_0}\ln r$$

$$-\frac{\lambda}{4\pi\epsilon_0}\left[-\left(\frac{a}{r}\right)e^{i(\theta-\alpha)} - \frac{1}{2}\left(\frac{a}{r}\right)^2 e^{2i(\theta-\alpha)} - \frac{1}{3}\left(\frac{a}{r}\right)^3 e^{3i(\theta-\alpha)} - \cdots\right]$$

$$-\frac{\lambda}{4\pi\epsilon_0}\left[-\left(\frac{a}{r}\right)e^{-i(\theta-\alpha)} - \frac{1}{2}\left(\frac{a}{r}\right)^2 e^{-2i(\theta-\alpha)} - \frac{1}{3}\left(\frac{a}{r}\right)^3 e^{-3i(\theta-\alpha)} - \cdots\right]$$

$$= -\frac{\lambda}{2\pi\epsilon_0}\ln r + \frac{\lambda}{2\pi\epsilon_0}\left[\left(\frac{a}{r}\right)\cos(\theta-\alpha) + \frac{1}{2}\left(\frac{a}{r}\right)^2\cos\{2(\theta-\alpha)\}\right.$$

$$\left. + \frac{1}{3}\left(\frac{a}{r}\right)^3\cos\{3(\theta-\alpha)\} + \cdots\right]$$

$$= \frac{\lambda}{2\pi\epsilon_0}\left[\sum_{n=1}^{\infty}\frac{1}{n}\left(\frac{a}{r}\right)^n\cos\{n(\theta-\alpha)\} - \ln r\right].$$

(iii) $r < a$일 때는

$$r' = a\left[1+\left(\frac{r}{a}\right)^2 - 2\left(\frac{r}{a}\right)\cos(\theta-\alpha)\right]^{1/2}$$

이므로 (ii)와 같은 방식으로 계산하면

$$V = \frac{\lambda}{2\pi\epsilon_0}\left[\sum_{n=1}^{\infty}\frac{1}{n}\left(\frac{r}{a}\right)^n\cos\{n(\theta-\alpha)\} - \ln a\right].$$

SUPPLEMENT B

수학 공식

B.3 르장드르 다항식

[B.1] 르장드르 함수의 다음 회귀공식(recurrence formula)을 증명하라.

(a) $P_{n+1}(x) = \dfrac{2n+1}{n+1} x P_n(x) - \dfrac{n}{n+1} P_{n-1}(x)$ (B.46)

(b) $\dfrac{dP_{n+1}(x)}{dx} - \dfrac{dP_{n-1}(x)}{dx} = (2n+1)P_n(x) \ (n \geq 1)$ (B.47)

풀이 (a) 식 (B.32)의 양변을 t로 미분하고 $1-2xt+t^2$을 곱하면

$$\frac{x-t}{\sqrt{1-2xt+t^2}} = (x-t)\sum_{n=0}^{\infty} t^n P_n(x) = \sum_{n=0}^{\infty} (1-2xt+t^2)\, nt^{n-1} P_n(x)$$

이므로 정리하면

$$\sum_{n=0} t^n (2n+1) x P_n(x) - \sum_{n=0}^{\infty} t^{n+1} (n+1) P_n(x) - \sum_{n=1}^{\infty} t^{n-1} n P_n(x) = 0$$

또는

$$x P_0(x) + \sum_{n=1} t^n (2n+1) x P_n(x) - \sum_{n=0}^{\infty} t^{n+1}(n+1) P_n(x)$$

$$- P_1(x) - \sum_{n=2}^{\infty} t^{n-1} n P_n(x) = 0$$

이 된다. 따라서 식 (B.34)로부터 $x P_0(x) - P_1(x) = 0$ 이므로 셋째 항에서는 $n \to n-1$ 로, 마지막 항에서는 $n \to n+1$ 로 바꾸면

$$\sum_{n=1}^{\infty} t^n \left[(2n+1) x P_n(x) - n P_{n-1}(x) - (n+1) P_{n+1}(x) \right] = 0.$$

(b) 식 (B.32)의 양변을 x 로 미분하고 $1-2xt+t^2$ 을 곱하면

$$\frac{t}{\sqrt{1-2xt+t^2}} = \sum_{n=0}^{\infty} t^{n+1} P_n(x) = \sum_{n=0}^{\infty} (1-2xt+t^2) t^n P_n{}'(x)$$

이므로 $n \geq 1$ 일 때 t^{n+1}의 항은

$$P_n(x) = P_{n+1}{}'(x) - 2x P_n{}'(x) + P_{n-1}{}'(x)$$

이고 $(2n+1)$ 를 곱하면

$$\begin{aligned} &(2n+1) P_{n+1}{}'(x) + (2n+1) P_{n-1}{}'(x) \\ &= (2n+1) P_n(x) + 2(2n+1) x P_n{}'(x) \end{aligned} \qquad (*-1)$$

이다. 한편, (B.46)을 미분하고 2 를 곱하면

$$\begin{aligned} &2(n+1) P_{n+1}{}'(x) + 2n P_{n-1}{}'(x) \\ &= 2(2n+1) P_n(x) + 2(2n+1) x P_n{}'(x) \end{aligned} \qquad (*-2)$$

이므로 (*−2)에서 (*−1)을 빼면 된다.

[B.2] 르장드르 배함수의 다음 회귀공식을 증명하라.

(a) $P_l^{m+1}(x) = \dfrac{2mx}{\sqrt{1-x^2}} P_l^m(x) - [l(l+1) - m(m-1)] P_l^{m-1}(x)$ (B.48)

(b) $(2l+1) x P_l^m(x) = (l+m) P_{l-1}^m(x) + (l-m+1) P_{l+1}^m(x)$ (B.49)

(c) $\sqrt{1-x^2}\,\dfrac{dP_l^m(x)}{dx} = \dfrac{1}{2}P_l^{m+1}(x) - \dfrac{1}{2}(l+m)(l-m+1)P_l^{m-1}(x)$ (B.50)

풀이 (a) $\dfrac{d^n}{dx^n}[f(x)g(x)] = \displaystyle\sum_{s=0}^{n} \frac{n!}{(n-s)!\,s!}\left[\frac{d^{n-s}}{dx^{n-s}}f(x)\right]\cdot\left[\frac{d^s}{dx^s}g(x)\right]$

를 적용하여 르장드르 미분방정식

$$(1-x^2)P_l''(x) - 2xP_l'(x) + l(l+1)P_l(x) = 0$$

을 $(m-1)$ 번 미분하면

$$\begin{aligned}
&\frac{d^{m-1}}{dx^{m-1}}[(1-x^2)P_l''(x)] - 2\frac{d^{m-1}}{dx^{m-1}}[xP_l'(x)] + l(l+1)\frac{d^{m-1}}{dx^{m-1}}P_l(x)\\
&= \sum_{s=0}^{m-1}\frac{(m-1)!}{(m-1-s)!\,s!}\left[\frac{d^{m-1-s}}{dx^{m-1-s}}P_l''(x)\right]\left[\frac{d^s}{dx^s}(1-x^2)\right]\\
&\quad -2\sum_{k=0}^{m-1}\frac{(m-1)!}{(m-1-k)!\,k!}\left[\frac{d^{m-1-k}}{dx^{m-1-k}}P_l'(x)\right]\frac{d^k}{dx^k}x\\
&\quad + l(l+1)\frac{d^{m-1}}{dx^{m-1}}P_l(x) = 0
\end{aligned}$$

이므로

$$\begin{aligned}
&(1-x^2)\frac{d^{m-1}}{dx^{m-1}}P_l''(x) - 2(m-1)x\frac{d^{m-2}}{dx^{m-2}}P_l''(x)\\
&+\frac{(m-1)(m-2)}{2}(-2)\frac{d^{m-3}}{dx^{m-3}}P_l''(x) - 2x\frac{d^{m-1}}{dx^{m-1}}P_l'(x)\\
&-2(m-1)\frac{d^{m-2}}{dx^{m-2}}P_l'(x) + l(l+1)\frac{d^{m-1}}{dx^{m-1}}P_l(x) = 0
\end{aligned}$$

이다. 이것을 정리하면

$$\begin{aligned}
&(1-x^2)\frac{d^{m+1}}{dx^{m+1}}P_l(x)\\
&= 2mx\frac{d^m}{dx^m}P_l(x) - [l(l+1) - m(m-1)]\frac{d^{m-1}}{dx^{m-1}}P_l(x)
\end{aligned}$$

이 되고 $(1-x^2)^{(m-1)/2}$를 곱하면

$$(1-x^2)^{(m+1)/2}\frac{d^{m+1}}{dx^{m+1}}P_l(x)$$
$$=\frac{2mx}{\sqrt{1-x^2}}(1-x^2)^{m/2}\frac{d^m}{dx^m}P_l(x)$$
$$-[l(l+1)-m(m-1)](1-x^2)^{(m-1)/2}\frac{d^{m-1}}{dx^{m-1}}P_l(x)$$

이 된다. 따라서 식 (B.39)를 사용하면

$$P_l^{m+1}(x)=\frac{2mx}{\sqrt{1-x^2}}P_l^m(x)-[l(l+1)-m(m-1)]P_l^{m-1}(x)$$

이다. 식 (B.49)과 (B.50)도 같은 방식으로 증명할 수 있다.

[B.3] 다음을 증명하라.

$$\nabla^2 Y_{lm}(\theta,\ \phi)=-l(l+1)r^{-2}Y_{lm}(\theta,\ \phi) \tag{B.51}$$

풀이 식 (B.43)에서 $N_{lm}\equiv(-1)^m\sqrt{\frac{(2l+1)(l-m)!}{4\pi(l+m)!}}$ 로 두면 식 (1.54)로부터

$$\nabla^2 Y_{lm}(\theta,\ \phi)=\frac{1}{r^2\sin\theta}\left[\frac{\partial}{\partial\theta}\left(\sin\theta\frac{\partial Y_{lm}(\theta,\ \phi)}{\partial\theta}\right)+\frac{1}{\sin\theta}\frac{\partial^2 Y_{lm}(\theta,\ \phi)}{\partial\phi^2}\right]$$
$$=N_{lm}\left[\frac{e^{jm\phi}}{r^2\sin\theta}\frac{\partial}{\partial\theta}\left(\sin\theta\frac{\partial P_l^m(\cos\theta)}{\partial\theta}\right)+\frac{P_l^m(\cos\theta)}{r^2\sin^2\theta}\frac{\partial^2 e^{jm\phi}}{\partial\phi^2}\right]$$

이고

$$\frac{\partial}{\partial\theta}=\frac{\partial\cos\theta}{\partial\theta}\frac{\partial}{\partial\cos\theta}=-\sin\theta\frac{\partial}{\partial\cos\theta}$$

이므로

$$\nabla^2 Y_{lm}(\theta,\ \phi)$$
$$=\frac{N_{lm}e^{jm\phi}}{r^2}\left[\frac{1}{\sin\theta}\frac{\partial}{\partial\theta}\left\{-\sin^2\theta\frac{\partial P_l^m(\cos\theta)}{\partial\cos\theta}\right\}-\frac{m^2}{\sin^2\theta}P_l^m(\cos\theta)\right]$$
$$=\frac{N_{lm}e^{jm\phi}}{r^2}\left[-2\cos\theta\frac{\partial P_l^m(\cos\theta)}{\partial\cos\theta}+\sin^2\theta\frac{\partial^2 P_l^m(\cos\theta)}{\partial(\cos\theta)^2}-\frac{m^2}{\sin^2\theta}P_l^m(\cos\theta)\right]$$

이다. 따라서 $x = \cos\theta$로 두면

$$\nabla^2 Y_{lm}(\theta, \phi) = \frac{N_{lm} e^{jm\phi}}{r^2}\left[(1-x^2)\frac{\partial^2 P_l^m(x)}{\partial x^2} - 2x\frac{\partial P_l^m(x)}{\partial x} - \frac{m^2}{1-x^2}P_l^m(x)\right]$$

이므로 식 (B.40)을 대입하면

$$\nabla^2 Y_{lm}(\theta, \phi) = \frac{N_{lm} e^{jm\phi}}{r^2}[-l(l+1)]P_l^m(x) = -\frac{l(l+1)}{r^2}Y_{lm}(\theta, \phi).$$

전자기학 연습

2015년 2월 21일 1판 1쇄 인쇄
2015년 2월 25일 1판 1쇄 발행

저 자 ◎ **강남룡·최상돈**
발행자 ◎ **조승식**
발행처 ◎ (주) 도서출판 **북스힐**
서울시 강북구 한천로 153길 17
등 록 ◎ 제 22-457 호

TEL (02) 994-0071(代)
FAX (02) 994-0073
E-MAIL bookswin@unitel.co.kr
www.bookshill.com

값 12,000원

잘못된 책은 교환해 드립니다.

ISBN 978-89-5526-935-2